厦門大學
本科教材资助项目

环境生态工程
计算机辅助绘图基础

胡宏友　编著

厦门大学出版社
XIAMEN UNIVERSITY PRESS
国家一级出版社
全国百佳图书出版单位

图书在版编目（CIP）数据

环境生态工程计算机辅助绘图基础 / 胡宏友编著
. -- 厦门：厦门大学出版社，2022.12
ISBN 978-7-5615-8910-6

Ⅰ．①环… Ⅱ．①胡… Ⅲ．①环境生态学-生态工程
-计算机辅助设计 Ⅳ．①X171

中国版本图书馆CIP数据核字(2022)第244748号

责任编辑　陈进才
美术编辑　蒋卓群
技术编辑　许克华

出版发行　厦门大学出版社
社　　址　厦门市软件园二期望海路 39 号
邮政编码　361008
总　　机　0592-2181111　0592-2181406(传真)
营销中心　0592-2184458　0592-2181365
网　　址　http://www.xmupress.com
邮　　箱　xmup@xmupress.com
印　　刷　厦门市青友数字印刷科技有限公司

开本　787 mm×1 092 mm　1/16
印张　21.5
插页　2
字数　536 千字
版次　2022 年 12 月第 1 版
印次　2022 年 12 月第 1 次印刷
定价　48.00 元

本书如有印装质量问题请直接寄承印厂调换

厦门大学出版社
微信二维码

厦门大学出版社
微博二维码

前 言
Preface

环境生态工程是用生态学的原理、工程学手段，系统地防治污染、保护生态的一门技术科学。环境生态工程与传统环境工程最大的不同之处，在于它从自然和社会生态系统层面着手，结合工程治理、社会管理以及生态保护等多维度措施，综合地解决新形势下的环境与生态问题。从这一角度上，与其说环境生态工程是一种新兴工程类型，不如说它是一种创新性的系统治理的理念和思路。

党的二十大报告指出，"中国式现代化是人与自然和谐共生的现代化"，明确了我国新时代生态文明建设的战略任务，提出了从统筹产业结构调整、污染治理、生态保护、应对气候变化等多方角度，持续推动生态文明建设的战略思路和方法。报告还要求"加强重要生态系统的保护和修复，实施生物多样性保护重大工程"。因此，推动环境生态工程学科发展，培养环境生态工程专业技术人才是新的历史时期的重要任务。

正因为环境生态工程的系统性，其涉及的治理措施多样，治理工程类型涉及领域也比较多，比如流域综合整治、河流水环境综合治理、农业污染综合治理、美丽乡村建设、矿山污染绿色治理及生态恢复、海绵城市建设等。这些典型的环境生态工程中，其领域除了污染治理，还涉及生态水利、生态农业、生态园林等工程类型。设计方案既有规划层面，也有施工层面，包括设施、景观建设和社会管理构建等多方面的任务，设计绘图往往涉及层面复杂，内容及任务多样，需要从设计效果到施工详图等的多种表达形式。可见，环境生态工程设计在计算机绘图软件应用上，体现出专业性和综合性共存的特点。但计算制图软件众多，目前使用的相关教程多为专门软件教程，而针对环境生态工程的综合软件使用教程相对较少，对初学者而言，缺少系统化的认识，且难以抓住学习重点，导致花费大量的时间学习但效果不理想。

本书针对环境生态工程设计过程中涉及工程类型多、系统性强、方案及设计所需要的图形种类多样的特点，选择工程设计图设计软件 AutoCAD、效果图设计软件 SketchUp 和修图软件 Photoshop，重点突出以 AutoCAD 使用为基础的施工图绘制应用基础学习，拓展 SketchUp 和 Photoshop 用于效果图制作方法的学习。此外，还介绍了设计草稿底图时常用的辅助软件，如地图制作类软件等，以满足环境生态方案设计及工程制图实践中多样化需求。本书作为综合使用多个制图软件用于环境生态工程的绘图教材，不仅突出了环境生态工程设计需求的专业性、综合性和制图类型多样化的特点，还结合了规范要求等进行实例讲解，具有较强的实用性。

　　本书的内容安排如下：第一章，讲述环境生态工程制图相关基础知识，内容包括环境生态工程设计流程、图件种类、绘图相关标准及基本要求；第二章至第四章，关于工程制图软件使用方法的介绍，包括 AutoCAD、Photoshop 和 SketchUp，其中，以 AutoCAD 软件使用为重点，其他软件使用相对较为简单，仅针对界面及工具使用作基本介绍；第五章至第七章，关于工程制图软件在施工图，平面、立面和透视效果图上的应用实例。

　　本书重点突出以 AutoCAD 使用为基础的施工图绘制应用基础学习，拓展 SketchUp 和 Photoshop 用于效果图制作方法的学习。本书可作为环境生态工程专业本科生学习工程设计绘图的专业教材，同时也可作为园林、环保、水利等相关专业本科生提供的参考资料。

　　本书在编写过程中，得到研究生陈立宇、张彩云、陈靖、张家维等的大力支持，在些致以感谢！

胡宏友

2022 年 12 月

目 录
Contents

第一章 环境生态工程绘图概述

进行环境生态工程绘图时，应遵循相关标准与规范，这是所有工程绘图的基本要求。本章将介绍环境生态工程制图的流程、相关术语、制图标准及要求。

第一节 环境生态工程设计流程

环境生态工程项目设计包括一系列流程。首先，在遵循区域规划的基础上提出项目建议书，这是一个初步方案，对方案进行可行性研究并通过后，才可进行立项决策。然后，进入工程设计阶段，包括初步设计与详细设计，根据设计施工图进行采购、施工。最后，竣工交付，即为一个完整的工程项目流程。绘图本质上为设计服务，因此必须了解环境生态工程设计不同阶段的流程及其特点，才能更好地发挥计算机辅助绘图的功能。本节将对工程设计阶段的流程进行具体介绍。

一、工程设计流程

环境生态工程设计主要包括以下流程：

（1）了解任务需求。在进行方案设计前，首先需要充分了解该工程的任务需求、预期达到的功能目标，如水土保持、水质净化、景观绿化等。

（2）分析资料。收集并分析工程地区的相关环境、生态、地理、气象、水文等资料。

（3）调查现场。通过实地调查，了解工程地区的环境生态特点、地质水文情况以及对象功能，在此基础上诊断问题。

（4）提出措施。根据诊断的问题，提出解决措施和相应的工程方案。

（5）设计工程方案。结合工程地区的实际情况，将解决措施转化为具体的工程方案，分为初步设计与详细设计。初步设计主要是提出施工方案意见、编制设计概算等，而详细设计是对方案的进一步具体和深化，提供满足施工需要的图表资料，即充分考虑地形高程、地物特点（可利用辅助图件作为底图，如遥感图、等高线图），在 AutoCAD 中绘制具体工程图（该图件需包含地形数据、地物特征），使工程可以与实际情况相对应，并在此基础上利用 SketchUp、Photoshop 等软件绘制效果图。

二、设计草稿绘制

在绘制具体的工程图前，应先绘制设计草稿，这是一个从无至有的过程，在了解任务需要、结合现场调查的基础上，初步绘制各工程内容、工程地点与范围，为后续绘制精确的工程图打下基础。

设计草稿的绘制应基于现场调查的结果，并结合遥感影像、电子地图，充分考虑工程区域的地物特征、地形、高程等因素，从而绘制出切实可行的方案。例如，在水边种植植物，需考虑高程、淹水深度等因素，挺水植物、沉水植物对水深的要求不同，湿生、半湿生植物的种植区高程也不同，植被的选择也要因地制宜。充分考虑各种因素后，在电子地图上圈出主体工程、关键节点工程、辅助工程、配套工程等各项工程的地点、范围以及与工程相关的关键环境要素和地物特征等，表明各区域所采取的工程措施，即完成设计草稿的绘制。

三、工程图绘制

完成设计草稿后，需应用 AutoCAD 绘制精确的工程图，即将草稿上圈定的工程，用 AutoCAD 进行准确的符号化表示。

1. 总图绘制

应用 AutoCAD 绘制工程图，通常需要带有等高线的电子地图作为底图。绘制时，为不同的分项工程创建各自的图层，再结合设计草稿，将工程内容准确地表示在底图上。例如，工程为种植植物，则需绘制乔木符号，人为添加在预设的种植地点，草本则用图案填充的方式表示。

2. 分幅图设置

总图绘制完毕后，由于其工程符号太小，通常需要放大为分幅图一并打印，从而将各工程清晰地展示。因此是否设置、设置多少分幅图，应以图纸能清晰展示工程为准。

AutoCAD 设置分幅图的方法为：模型空间下，用矩形工具绘出每个分幅图的范围，再切换至布局空间，在布局 – 图纸空间下，绘制或粘贴图框，创建视口，设定分幅图的缩放比例并调整其显示位置。重复以上操作，即可完成各分幅图的设置。最后在总图上注明各分幅的序号作为索引，一并出图。

3. 工程图出图

工程图出图就是把设计的电子稿，按图纸大小，结合比例要求清晰地打印成施工用图纸的过程。完整清晰的图纸是工程设计的最终呈现形式，对指导施工具有重要作用，因此工程图出图也是设计中很重要的环节。

实际的工程制图中，由于需要打印的图较多，为每个图创建一个布局的操作显得较为烦琐，因此，工程人员们为了简化出图流程，将模型空间出图与布局空间出图二者相结合，在布局空间图纸外的灰色区域创建多个视口，自行绘制图框、标题栏，并复制粘贴在各视口上，再调整每个视口的缩放比例、显示的图形，最后通过窗口确定打印范围并出图。具体的打印出图方法可参考"AutoCAD 打印与出图"章节。

四、效果图制作

施工设计的工程图制作固然重要，但它是在确定具体工程措施和方案之后才能开展的工作。正如本书的前言中所说，环境生态工程本质上是一个系统治理的工程，在某种程度上，其难点在于确定系统治理的思路，也就是初步方案设计环节。因此，环境生态治理的方案设计中，往往需要不同人员，包括不同专业的设计人员、所在地的政府或环境管理人员，甚至群众的参与。

由于环境生态工程参与人员广泛，不同人员对工程专业的理解力不一样，需要方案以简明直观的方式表达治理思路。尤其是在对治理的最终成效的表达上，AutoCAD 绘制工程图难以满足需求，因此需要制作精美的效果图。良好的效果图对表达设计思路、加深理解设计意图十分重要，起到不同人员间的沟通桥梁作用。因此，在进行环境生态工程设计绘图时，除却使用 AutoCAD 绘制工程图，往往还需要制作效果图。

1. 效果图类型

根据需求不同，效果图主要包括意向效果图、平面效果图、剖面效果图、透视效果图等。

意向效果图是一类用于表达设计者的设计理念、风格和设计方向性的图。本质上，意向效果图是透视效果图的另一种表现形式，因为制作专门的效果图成本费用太高，所以用意向效果图来代替。意向效果图就是引导图、展望图，它与示意图有所不同，不仅要展示形象，还包括设计的情感等。在环境生态工程的方案设计中，涉及系统的分项工程、关键节点工程或强调工程的局部式样或意图时，常要用到意向效果图。

平面和剖面效果图是针对平面和剖面轮廓线稿渲染而成的一种效果图，类似于真实场景的俯视和断面侧视图。针对总平面布局而制作的效果图称为总平面效果图。总平面效果图因渲染相较透视效果图更简单，易制作，反映了设计布局效果，在环境生态工程的方案说明、沟通及项目投标等过程中经常用到。

透视效果图，或称鸟瞰图，是根据透视原理，用高视点透视法从高处某一点俯视地面起伏绘制成的立体图。透视效果图尤其适合于景观设计的场景表达，能让设计者直观推敲和加深理解设计构思，能提高同对方交流与沟通的效率，也能为工程项目招投标提供基础平台。在综合环境生态治理工程中，鸟瞰图也是实施效果宣传所必需的图件。

2. 效果图制作软件

效果图制作的软件有很多，涉及底图制作时，通常用 AutoCAD；涉及三维实景制作时，常用到 SketchUp、3ds Max 软件；涉及环境渲染时，常用到 Lumion、V-ray 软件；涉及图形融合时通常要用 Photoshop 软件；涉及排版时，常用到 Illustration 等。

有些软件功能相似，但各有特点，因此做效果图时，应根据需要选择合适的软件。

例如，三维实景制作时，3ds Max 软件制作图片更真实，但制作过程复杂。环境生态工程多强调的是以景观为主的大生态，通常采用有"草图大师"之称的 SketchUp 就能达到效果。场景渲染通常采用 Lumion。Photoshop 属于图片修改及整合专用软件，效果图制作必不可少。因此，本书除了重点介绍 AutoCAD，还重点介绍了 SketchUp 和 Photoshop 软件制作效果图。

3. 效果图制作基本流程

效果图制作流程因类型而异，对意向效果图而言，通常在网上查寻最相近的实景线效果图片，直接利用，或经 Photoshop 修改整合。深入一点的，可结合 SketchUp 添加一些设计实景。总平面效果图通常采用 AutoCAD 线稿为底图，经 Photoshop 整合、渲染。透视效果图依表现场景而异，普通的以 AutoCAD 线稿为底图，利用 SketchUp 建模渲染即可，但做全景鸟瞰图时，还要利用 Lumion 渲染，并结合 Photoshop 的后期修饰。效果图制作具体方法在后面章节介绍。

第二节　环境生态工程图件种类

环境生态工程制图涉及多种图件，其图纸文本主要包括以下部分：

（1）封面：写明项目名称、出处、时间等。其后的扉页写明相关信息。

（2）图纸目录：列出所包含的各种图纸。

（3）总图：总图包括总平面图、总规划图、竖向布置图、管道布置图、场区设施的布置图等。当工程的工程量较大、有许多分项工程，尤其有许多构筑物、管道、功能区分布时，需要绘制总图，用于表明分项工程及设施所在的位置，以及彼此间的相互关系。

（4）竖向图：竖向图即标高图，与立面图、剖面图不同，是根据原始地形、地貌将平面方案控制在合理的高程点。竖向图主要应用于地形整理工程的地形标高，组织地面排水、控制道路坡度时的地面标高，管道埋深的标高，呈现绿化种植效果的标高图等。

（5）放线图：用于土建施工前的现场测量、放线，以确定施工边界、施工节点等。

（6）索引图：索引图主要包括两类。在工程、建筑制图时，索引图类似于图形目录，通过索引符号引出详图的编号、页码。索引符号的分子数字（或字母）是详图的编号，分母表示详图所在图纸的页码，当详图在本页时，分母是短横线。另一种为分幅索引，对于面积较大、图形较小的图纸，用矩形框出各个部分并标上分幅号，放大制成分幅图，即可更清晰地展示具体工艺。

（7）分区图：分区图即分幅图，用矩形框出总图上的某些部分，放大制成分幅图，可更为清晰地展现工程的设计。

（8）节点详图：将整图中无法表示清楚的节点部分单独绘制，以表现其具体构造的图即为节点详图。

（9）铺装详图：表明铺装材料、铺装方式等的图。

第三节　环境生态工程绘图相关标准

保证制图的规范性有利于提高制图效率，满足设计、施工、存档的技术要求，是对专业制图的基本要求。环境生态工程绘图也需要保证制图的规范性，例如，各工艺、尺寸需表达清晰，必要的元素如图框、剖面图、立面图、比例尺、指北针、文字说明、图例等需完整地显示，前后的表达风格也应保持统一。

一、总体要求

总体而言，合格的环境生态工程设计图纸应达到"三化"的要求：

（1）规范化：制图的过程如审核、出图等需按照规范的流程进行，使用的符号应参照国家相关标准。

（2）标准化：首先，制图需参照行业标准，不同领域如景观、建筑与工程的行业制图标准是不同的，因此在进行工程制图时要注意符号表征的标准性。同时，企业或个人的工程制图往往也有各自的标准，这是在保证规范性的前提下，每个团体或个人对字体、图框、保存格式等的标准化选择。由于较大的工程往往需要不同的人或团队共同完成，因此统一的标准可以保证相互之间的可用性，便于彼此的协调整合，从而提高工作效率。

（3）网络化：工程图的保存格式、使用的软件等应适用于网络规范化管理，便于成果的共享。

二、相关的制图规范

环境工程本身就是一门交叉学科，涉及的方面很多，其本身并没有出台专门的制图标准，而环境生态工程又是环境工程发展而来的交叉类工程，不仅涉及土建、管道，还涉及水土保持、园林绿化、农田水利建设等领域，因此，环境生态工程专业制图的标准应根据其分项或分部工程内容，参考相应的制图标准更为合适。

关于环境生态工程绘图可参考的标准主要包括：

（1）GB/T 18229—2000《CAD 工程制图规则》；

（2）GB/T 10609.1—2008《技术制图 标题栏》；

（3）GB/T 13361—2012《技术制图 通用术语》；

（4）GB/T 14689—2008《技术制图 图纸幅面和格式》；

（5）GB/T 14690—1993《技术制图 比例》；

（6）GB/T 14691—1993《技术制图 字体》；

（7）GB/T 14692 —2008《技术制图 投影法》；

（8）GB/T 16675.2 —2012《技术制图 简化表示法 第 2 部分：尺寸注法》；

（9）GB/T 17450 —1998《技术制图 图线》；

（10）CJJ/T 97 —2003《城市规划制图标准》；

（11）GB/T 50104 —2010《建筑制图标准》。

第四节　环境生态工程绘图的基本要求

一、图幅与比例

环境生态工程绘图的常用图纸幅面有 A0、A1、A2、A3、A4 这 5 种。根据图纸类型的不同，其常用比例也不尽相同。

（1）总图：常用比例为 1:300、1:400、1:500、1:600，也可使用更大的比例 1:1000、1:2000。

（2）放大平面图：如分幅图，常用比例为 1:100、1:200、1:300，也可使用比例 1:150、1:250。

（3）详图、大样图：常用比例为 1:50、1:30、1:20、1:10、1:5，也可使用比例 1:75、1:60、1:40、1:25、1:15、1:3、1:2。

二、字体要求

工程图件的字体应做到字体工整、笔画清晰、间隔均匀、排列整齐，参考 GB/T 14691 要求，汉字采用长仿宋体，使用国家正式公布的简化字，字母和数字可写成斜体和直体，斜体字字头向右倾斜，与水平基准线成 75° 角。

三、图线画法

工程制图中，常用的图线类型包括实线、虚线、点画线等，不同线型的应用场景往往不同：

（1）实物的轮廓线通常为中粗实线。

（2）剖切线应使用粗实线，而其中的填充线为细实线。

（3）局部绘图使用的折断线通常为细实线。

（4）标注的尺寸界线通常为中实线。

（5）不可见轮廓线一般以虚线表示。

细点画线常应用于轴线、对称中心线。

更多线型的使用可参考表 1-1，详见 GB/T 50104 —2010《建筑制图标准》。

表 1-1　图线类型及用途（参见 GB/T 50104—2010《建筑制图标准》）

名称		线型	线宽	用途
实线	粗	——————	b	主要建筑构造的轮廓线，建筑立面图的外轮廓线，平、立、剖面的剖切符号
	中粗	——————	0.7b	平、剖面图中次要建筑构造的轮廓线，建筑构造详图中的一般轮廓线
	中	——————	0.5b	尺寸线、尺寸界线、索引符号、标高符号、详图材料做法引出线，地面、墙面的高差分界线等
	细	——————	0.25b	图例填充线、家具线、纹样线等
虚线	中粗	- - - - -	0.7b	建筑构造详图及建筑构配件不可见的轮廓线，拟建、扩建建筑物的轮廓线
	中	- - - - - - -	0.5b	投影线，小于 0.5b 的不可见轮廓线
	细	··········	0.25b	图例填充线、家具线等
单点长画线	粗	—·—·—·	b	起重机轨道线
	细	—·—·—·	0.25b	中心线、对称线、定位轴线
折断线	细	—─∿─—	0.25b	部分省略表示时的断开界线
波浪线	细	∿∿∿	0.25b	部分省略表示时的断开界线、曲线形构件断开界线、构造层次的断开界线

绘制虚线时，主要应注意以下几点：

虚线与虚线的相交处，应有线段相交。

虚线的转折处应为实线段、不留空隙。

表示实体的虚线在相交处不应留空隙，应以线段相交，而辅助线与实线的相交处则可以留空隙。

以上问题可通过修改线型进行调整与解决。

四、标题栏

每张图样应包含标题栏，配置于图框右下角。标题栏一般由更改区、签字区、其他区、名称及代号区组成，可根据实际需要增加或减少。标题栏的格式可参照图 1–1（图片摘自 GB/T 10609.1 —2008），具体要求参考 GB/T 10609.1 —2008。

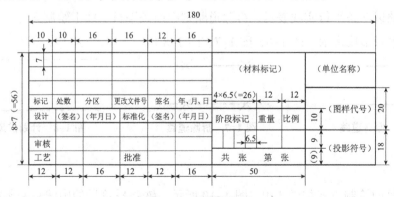

图 1–1　标题栏示例

第五节　环境生态工程绘图的符号表示

进行工程制图时，需要注意特定的符号表示方法、标注要求等，避免出错。本节选出一些常用符号供绘制学习，为规范化制图打下基础。

一、标高符号

标高表示建筑物各部分的高度，是建筑物某一部位相对于基准面（即标高的零点）的竖向高度。其标注符号如图1-2所示，由一个等腰直角三角形并直线组成，三角形的尖端向上或向下。水面标高需在符号下加三个短横线。标高的单位为米，在图上不必注明。

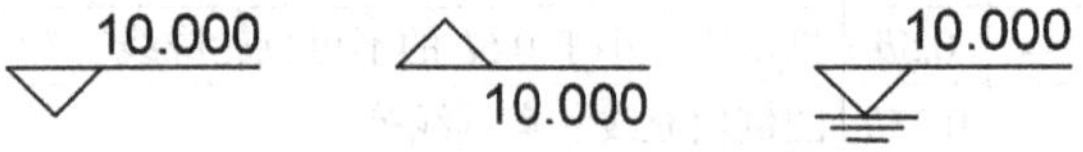

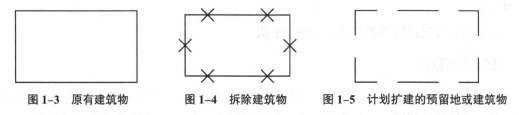

图1-2　标高符号

二、其他特定符号

除了标高的标注符号外，工程制图还有许多特定的符号，如表示原有的建筑、计划扩建或拆除的建筑符号，或表示道路、桥梁、坡道等的符号，在绘图时需规范使用。

1.原有建筑物、拆除建筑物和计划扩建的预留地或建筑物

如图1-3、图1-4、图1-5所示，原有的建筑物以实线绘制，拆除的建筑物的符号则在实线轮廓上绘制叉号，计划扩建的预留地或建筑物以虚线绘制。

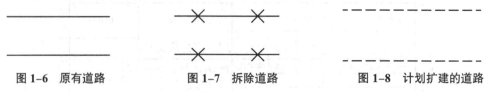

图1-3　原有建筑物　　　图1-4　拆除建筑物　　　图1-5　计划扩建的预留地或建筑物

2.原有道路、拆除道路、计划扩建的道路

原有道路以两条平行实线表示，拆除道路则在两条平行实线上绘制叉号，计划扩建的道路以两条平行虚线表示（图1-6、图1-7、图1-8）。

图1-6　原有道路　　　图1-7　拆除道路　　　图1-8　计划扩建的道路

3.桥梁

桥梁符号的绘制方式如图1-9、图1-10所示，铁路桥符号的中间是一条粗实线，公

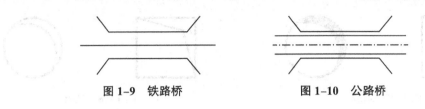

图 1-9 铁路桥　　　　　　　　　　图 1-10 公路桥

路桥符号的中间是两条细实线与点画线。

4. 坡道

坡道的绘制方式如图 1-11、图 1-12、图 1-13、图 1-14 所示，箭头的指示方向表示向下。

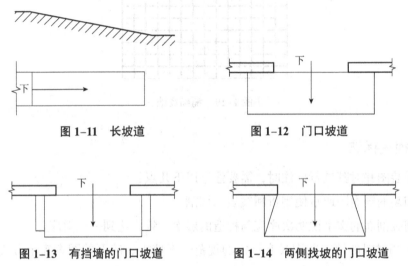

图 1-11 长坡道　　　　　　　　　　图 1-12 门口坡道

图 1-13 有挡墙的门口坡道　　　　　图 1-14 两侧找坡的门口坡道

5. 检查孔

检查孔符号为一个方形，中间两条交叉线。可见检查孔以实线绘制，不可见检查孔以虚线绘制（图 1-15、图 1-16）。

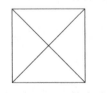

图 1-15 可见检查孔　　　　　　　　图 1-16 不可见检查孔

6. 孔洞与坑槽

坑槽是一块建筑物或构筑物因建筑需要而设置的凹槽，有底部，不能看到其下部；而孔洞彻底贯穿了某建筑物或构筑物，无底部，可以看到其下部结构。孔洞与坑槽的绘制方式如图 1-17、图 1-18 所示，区别在于孔洞符号的上部分有填充。

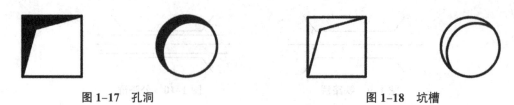

图 1-17　孔洞　　　　　　　　　　图 1-18　坑槽

7. 铺砌场地

铺砌场地以网格表示，如图 1-19 所示。

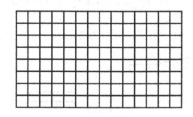

图 1-19　铺砌场地

三、铺装标注

绘制铺装图并对其进行标注时，需要注意以下几点：

（1）铺装的剖面图通常使用折断线表示切割。

（2）铺装剖面的文字说明次序应与构造的层次一致，达到一一对应。

（3）不同材料的填充图案具有一定的规范，素填土、碎石的图案表示方式如图 1-20 所示。

（4）材料名称一般书写为：厚度 + 规格 + 面质 + 颜色 + 材质 + 铺装方式，如 30 厚 600×600 烧毛面浅灰色花岗岩齐缝铺设（图 1-20）。

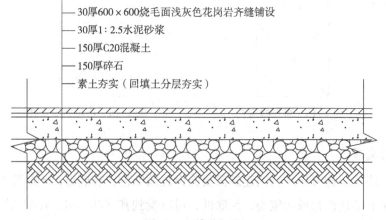

——30厚600×600烧毛面浅灰色花岗岩齐缝铺设
——30厚1：2.5水泥砂浆
——150厚C20混凝土
——150厚碎石
——素土夯实（回填土分层夯实）

图 1-20　铺装标注

第二章　工程绘图软件 AutoCAD 使用基础

第一节　AutoCAD 简介

一、AutoCAD 版本及功能

1. AutoCAD 的版本

AutoCAD 全称为 Autodesk Computer Aided Design，是美国 Autodesk 公司开发的计算机辅助设计软件，用于二维绘图、设计文档和基本三维设计，具有易于掌握、使用方便、体系结构开放等特点，深受广大工程技术人员的欢迎，并广泛应用于土木建筑、装饰装潢、工业、工程及电子制图等多领域，是工程设计中应用最为广泛的计算机辅助设计软件之一。

Autodesk 公司在 20 世纪 80 年代发布了第一版 AutoCAD，此后不断对其进行改进升级，相继发布了众多版本。2000 版以后的 AutoCAD 开始使用年份作为版本号，如 AutoCAD 2000、AutoCAD 2001、……、AutoCAD 2020 等，几乎每年进行一次升级，经过长期积累，各版本之间存在较大区别。AutoCAD 2004 及以前的版本为 C 语言编写，适用于 Windows XP 系统，其安装包占内存小，打开快速，功能相对较为全面。若进行简单的二维、三维绘图，此版本是不错的选择。而 AutoCAD 2005 及以后的版本安装占内存较大，相同计算机配置下的启动速度较之前版本慢，经典版本 2007 在 Windows7 的 32 位系统或 64 位系统的计算机中都可以正常使用。从 2005 版本到 2009 版本，AutoCAD 的三维绘图功能得到了强化，但没有质的变化。同时，从 2008 版本开始，AutoCAD 有了 64 位系统的专用版本。而从 2010 版开始，AutoCAD 加入了参数化绘图功能，使用时更为便捷。

总之，随着 AutoCAD 功能越来越强大，其安装包也越来越大，对计算机性能的要求也逐渐增高。在选择安装版本时，应考虑个人的使用习惯和计算机配置等因素。同时，由于低版本文件在高版本 AutoCAD 打开时文字可能存在兼容性问题，因此，为了兼容性考虑，在计算机配置允许的情况下建议选择 2014 及以后的版本。

2. AutoCAD 的基本功能

纵观各版本 AutoCAD，其基本功能主要包括二维和三维绘图与编辑（包括各种绘图实用工具、参数化绘图、修改工具等）、图层管理、文字与尺寸标注、视图显示控制（包括三维图形的渲染）、图形输入输出及图纸管理、数据库管理与 Internet 功能，以及可供二次开发的开放性体系结构等。可将其概括为四个部分：绘制与编辑图形、标注图形尺寸、渲染三维图形，以及输出与打印图形。

（1）绘制与编辑图形

AutoCAD 的"绘图"菜单中包含丰富的绘图命令，使用它们可以绘制点、直线、多段线、构造线、圆、弧、椭圆、矩形、多边形等基本图形，也可以将绘制的图形转换为面域，进行填充。若再借助于"修改"菜单中的修改命令，便可以绘制出各种各样的二维图形。通过拉伸、设置标高和厚度等操作，还可以轻松地将一些二维图形转换为三维图形。而使用"绘图""建模"命令中的子命令，用户可以很方便地绘制圆柱体、球体、长方体等基本实体以及三维网格、旋转网格等曲面模型。再结合"修改"菜单中的相关命令，还可以绘制出各种各样的复杂三维图形。

（2）标注图形尺寸

尺寸标注即向图形中添加测量注释，是整个绘图过程中不可缺少的一步。AutoCAD 的"标注"菜单中包含了一套完整的尺寸标注和编辑命令，使用它们可以在图形的各个方向上创建各种类型的标注，也可以方便、快速地以一定格式创建符合行业或项目标准的标注。标注显示了对象的测量值，对象之间的距离、角度，或者与指定原点的距离。AutoCAD 中提供了线性、半径和角度 3 种基本的标注类型，可以进行水平、垂直、对齐、旋转、坐标、基线或连续等标注。此外，还可以进行引线标注、公差标注，以及自定义粗糙度标注。标注的对象可以是二维图形或三维图形。

（3）渲染三维图形

在 AutoCAD 中，可以运用雾化、光源和材质，将模型渲染为具有真实感的图像。如果是为了演示，可以渲染全部对象；如果时间有限，或显示设备和图形设备不能提供足够的灰度等级和颜色，就不必精细渲染；如果只需快速查看设计的整体效果，则可以简单消隐或设置视觉样式。

（4）输出与打印图形

AutoCAD 不仅允许将所绘图形以不同样式通过绘图仪或打印机输出，还能够将不同格式的图形导入 AutoCAD 或将 AutoCAD 中的图形以其他格式输出。因此，当图形绘制完成后可使用多种方法将其输出。例如，将图形打印在图纸上，或创建成文件以供其他应用程序使用。

二、AutoCAD 的工作空间与工作界面

1. 工作空间和工作界面

AutoCAD 启动并新建文件后，其整个界面即为工作空间。工作空间的界面均包含菜单（功能选项）区域、显示区域和命令输入区域，如图 2-1 所示。

工作界面是 AutoCAD 软件在计算机上打开或建立新文件时的绘图界面。工作界面可

通过选择工作空间而改变，也可以通过自定义改变。但每一个工作界面包含了菜单栏（功能区控制面板）、绘图区、命令栏、状态栏和导航栏。

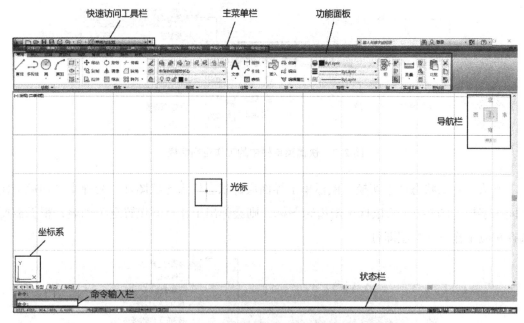

图 2-1 以"草图与注释"工作界面展示的工作空间

　　AutoCAD 每次升级都相伴增加一些新的功能或命令，因此，其工作界面也会有所变化，由此会给初学者交叉使用不同版本带来一定的困难。要解决这一问题，比较直接的方法是理解不同版本间工作界面设计的共同点和差异变化的规律。虽然 AutoCAD 版本不断更新，但其图形绘制的基本功能差异并不大。本质上，不同版本 AutoCAD 工作界面大都包含三种工作空间：二维空间（AutoCAD 经典空间、草图与注释空间）、三维基础空间和三维建模空间，其中，2015 以后的版本没有 AutoCAD 经典空间。

　　不同的工作空间可以满足平面绘图和立体绘图的差异化需求以及兼顾不同版本使用习惯。草图与注释空间用于绘制二维图，其工作界面是较早期经典界面升级了的二维绘图界面；三维基础空间用于基本的三维制图，其工作界面用于显示三维建模的基础工具；三维建模空间用于较为复杂的三维成图，其工作界面显示三维建模特有的工具，方便了三维立体模型的构建。此外，使用者也可根据本人需要自定义工作空间。

　　总而言之，工作空间主要是为了满足不同的绘图任务而配套相应功能菜单栏组成的工作界面。因此，工作空间的不同，本质上是工作界面的不同。

2. 工作空间的切换

　　默认的工作空间常为"草图与注释空间"。工作空间的切换通常有两种方法，具体如下：

　　方法一：从快速访问工具栏中切换。鼠标单击快捷菜单栏中的齿轮状图标处，即会弹出工作空间设置选项列表，见图 2-2。列表通常包含草图与注释、三维基础、AutoCAD 经典等工作空间选项，根据需要选择即可。

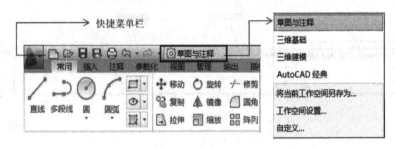

图 2-2　快捷菜单栏中的工作空间切换

方法二：从状态栏中切换。鼠标单击界面底部状态栏齿轮状图标，会弹出"切换工作空间"字样（图 2-3），鼠标单击齿轮图标，则会弹出工作空间设置选项列表，根据需要选择相应工作空间类型即可。

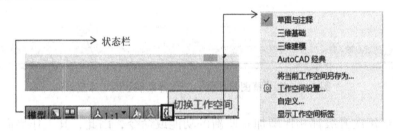

图 2-3　状态栏中的工作空间切换

3. AutoCAD 2012 工作界面介绍

工作界面是 AutoCAD 软件在计算机上打开或建立新文件时的绘图界面。工作界面可通过选择工作空间而改变，也可以通过自定义改变。每一个工作界面都包含了菜单栏、功能区控制面板、绘图区、命令栏、状态栏和导航栏。接下来将进行具体介绍。

3.1　快速访问工具栏

快速访问工具栏位于工作界面的左上角第一栏。主要用于文件建立、保存和打印，工作空间选择和主菜单设置等操作，典型快速访问工具栏选项见图 2-4。

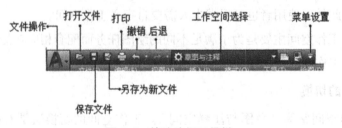

图 2-4　快速访问工具栏

快速访问工具栏主要包括如下选项：

（1）文件操作选项。

单击图标"■"，会弹出文件操作选项，包括文件打开、新建与保存等命令，还包括指令的重做与撤销等快捷键。

（2）工作空间选择选项。

单击工作空间选择选项"□草图与注释 ▼"，出现一个下拉菜单列表（图 2-2），点选工作空间选项（如草图与注释、AutoCAD 经典），则可以选择不同的工作空间。

（3）快捷菜单设置选项。

单击快捷菜单设置选项"▼"，可设置按键区的按键。

3.2　主菜单栏

（1）主菜单显示和隐藏。单击工作空间选择图标，通过下拉菜单可以设置显示和隐藏主菜单栏。

（2）主菜单的组成。AutoCAD 工作界面的主菜单栏包含了绘图工作所需的绝大部分命令，而快速访问工具栏、导航栏、功能区控制面板栏以及状态栏中的命令多为主菜单栏中命令按需要进行的精选分类，因此更为直观和快捷。

AutoCAD 2012 "草图与注释"工作界面的主菜单栏选项如下：

☑ "文件（F）"：该菜单主要用于新建、打开、保存、打印图形等操作。

☑ "编辑（E）"：该菜单主要用于剪切、复制、删除图形等操作。

☑ "视图（V）"：该菜单主要用于进行重画、缩放、平移、创建视口等操作。

☑ "插入（I）"：该菜单主要用于插入底图、插入块、插入字段、插入布局等。

☑ "格式（O）"：该菜单主要用于设置绘图格式，如图层、线型、文字与标注样式等。

☑ "工具（T）"：该菜单包含一些辅助绘图工具，如查询、更新字段、块编辑器等。

☑ "绘图（D）"：该菜单用于图形的绘制，包括直线、多段线、矩形、圆等选项。

☑ "标注（N）"：该菜单用于图形标注，包括线型、弧长、半径、基线等标注方式。

☑ "修改（M）"：该菜单用于图形修改，包括镜像、偏移、缩放、修剪等选项。

☑ "参数（P）"：该菜单用于参数化绘图，包括多种约束命令，如几何约束、标注约束、自动约束等。

☑ "窗口（W）"：该菜单用于进行多文档的屏幕布置，如多文档层叠、水平平铺等。

☑ "帮助（H）"：用户使用 AutoCAD 时若遇到问题，可通过该选项寻求帮助。

绘图过程中，可以根据需要单击上述选项，从相应的下拉菜单列表中选择命令。当然，也可以根据主菜单的相应的选项命令，直接在命令栏中输入执行。

3.3　功能区控制面板栏

功能面板栏由工作空间决定，选择不同的工作空间就决定了相应的功能面板。下面以"草图与注释"工作界面为例进行介绍。

（1）功能区控制选项菜单栏。功能区控制选项菜单栏的选项包括"常用""插入""注释""参数化""视图""管理""输出""插件""联机"等。各菜单配有相应的菜单面板。

（2）菜单面板。菜单面板就是命令列表，其作用是使各选项的命令输入便捷化，可直接单击执行。其中，"常用"选项的菜单面板包含了主菜单中的绘图、修改和编辑等命令，相当于一个集成的二维绘图命令，参数化是 2010 版后新增的辅助绘图命令。利用这两个选项中的命令，基本可以完成二维图的绘制。

（3）菜单面板的显示和隐藏。设置选项"　"，可以显示或隐藏各选项的功能面板（命令）列表。

此外，按"Alt"键，可以显示功能区控制面板的快捷按键。

3.4　导航栏

在绘图区右侧是常用的显示控制按钮。包括 UCS 控制、全导航控制、平移、缩放、动态观察、ShowMotion 等按钮。单击其中的小箭头，可以弹出更多的控制菜单供选择。

3.5　状态栏

状态栏用于显示或设置当前的绘图状态。状态栏上左侧的一组数字反映当前光标的坐标，其余选项分别表示当前是否启用了捕捉模式、栅格显示、正交模式、极轴追踪、对象捕捉、对象捕捉追踪、允许 / 禁止动态 UCS、动态输入、是否显示线宽、当前的绘图空间等信息。可通过鼠标单击，启用或关闭这些功能。

3.6　命令输入栏

命令窗口用于显示用户从键盘键入的命令和 AutoCAD 的提示信息，是 AutoCAD 的核心。用户的绝大多数操作都是通过命令窗口输入完成的。默认状态下，AutoCAD 在命令窗口保留最后三行命令或提示信息。用户可以通过拖动窗口边框的方式改变命令窗口的大小，使其显示多于或少于三行的信息。

本节习题

1. AutoCAD 不同版本有什么不同？

2. 如何设置 AutoCAD 经典工作空间？

3. AutoCAD 的主菜单栏有几类功能？它与其他控制栏的关系如何？

第二节　AutoCAD 基本操作

一、图形文件管理

1. 新建图形文件

开始绘制图形时，首先应新建文件。用户可在刚启动 AutoCAD 时直接绘制，或通过以下操作创建新图形。

方法一：单击快速访问工具栏中的"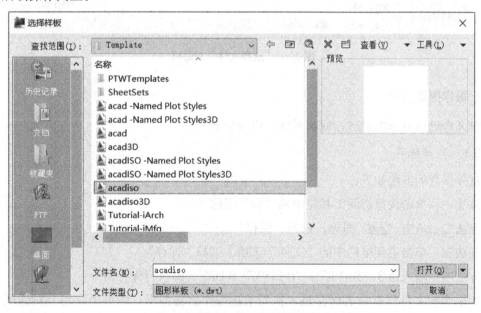"图标，弹出"选择样板"对话框（图 2-5）。用户选择合适的样板，单击"打开"，即完成新建，进入绘图界面。

方法二：单击"▆"图标，选择"新建""图形"，弹出"选择样板"对话框。后续操作同上。

方法三：单击主菜单栏中的"文件"选项，选择"新建"，同样可弹出"选择样板"对话框。后续操作同上。

方法四：输入命令"NEW"/"QNEW"并回车，AutoCAD 即弹出"选择样板"对话框，后续操作同上。

图 2-5　新建文件的选择样板对话框

2. 打开图形文件

打开已有文件的方法主要有：

方法一：单击快速访问工具栏中的"▆"图标。

方法二：单击"▆"图标，选择"打开"。

方法三：单击主菜单栏中的"文件"选项，在其下拉菜单中选择"打开"。

方法四：输入命令"OPEN"并回车。

上述操作均可弹出"选择文件"对话框（图2-6），用户选择所需文件，单击"打开"即可。

图2-6 "选择文件"对话框

3. 保存图形文件

对文件进行有效编辑后，应及时保存以避免丢失。

3.1 直接保存

直接保存的方法如下：

方法一：单击快速访问工具栏中的"![图标]"图标。

方法二：单击"![图标]"图标，选择"保存"。

方法三：单击主菜单栏中的"文件"选项，选择"保存"。

方法四：输入命令"SAVE"/"QSAVE"并回车，即执行保存命令。

如果当前文件没有命名保存过，执行上述操作后会弹出"图形另存为"对话框（图2-7），在该对话框"保存于"一栏选择保存的位置，于"文件名"一栏对文件命名，并单击"保存"即可。

如果当前文件已命名保存过，那么执行上述操作后，AutoCAD将直接以原文件名保存该文件，不再要求用户指定文件的保存位置和文件名。

图 2-7 "图形另存为"对话框

3.2 换名存盘

换名存盘指将当前绘制的图形以新文件名单独保存，不会覆盖原文件。具体操作方法为：

方法一：单击快速访问工具栏中的""图标。

方法二：单击""图标，选择"另存为"。

方法三：单击主菜单栏中的"文件"选项，选择"另存为"。

方法四：输入"SAVEAS"并回车。

执行上述操作后，AutoCAD 会弹出"图形另存为"对话框，在该对话框中选择文件保存位置、命名文件并单击"保存"即可。

📖 **提示：**"文件类型"中有很多选项，首先是 dwg 图纸格式。建议不要保存为最新的格式，因为在低版本中无法打开；但也不要保存为过于老旧的版本，因为许多新的编辑功能无法在老版图纸上使用。推荐使用年代差小于 10 年的非最新版本。其他文件格式主要为：

☑ dwt 文件：样板文件，保存着设定好的图层、线型、标注样式、文字样式等信息，可提高新建图纸文件的效率。

☑ dws 文件：同样是格式文件，使用途径相对较少。

☑ dxf 文件：AutoCAD 与其他工程设计软件的接口文件，如 CorelDraw、3ds Max 等大型工程软件都支持 dxf 文件。

📖**提示：**让 AutoCAD 自动保存某个选定版本的方法为：单击鼠标右键，选择"选项"命令，在弹出的"选项"对话框内，选择"打开和保存"，在"另存为"选框内，选择好版本类型，单击"确定"即可。

4. 输出图形文件

AutoCAD 可以将文件以其他格式进行输出保存，以供其他软件读取。具体操作方法为：

方法一：单击快速访问工具栏中的文件操作图标"█████"，在其下拉菜单中选择"输出"，在输出子菜单中选择输出格式，如选择 PDF 格式，则弹出"另存为 PDF"对话框（图 2-8），选择文件保存位置，命名文件并单击"保存"即可。

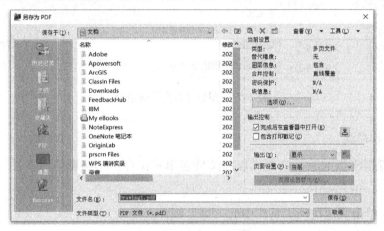

图 2-8　通过快速访问工具栏文件操作图标输出文件

方法二：单击主菜单栏的"文件"选项，单击其下拉菜单中的"输出"，则弹出"输出数据"对话框（图 2-9），在该对话框中选择输出格式、文件保存位置并命名文件，最后单击"保存"即可。

图 2-9　通过菜单栏"文件"选项输出文件

二、基础命令操作

用户在使用 AutoCAD 时，可通过单击不同工具栏的选项输入命令。所有命令也可通过键盘输入完成，键盘输入的命令无须区分大小写。此外，单击鼠标右键可弹出快捷菜单，单击即可执行。在使用命令时，涉及一些基本的命令操作，如终止、撤销、重做命令等，下面将一一介绍。

1.终止命令

正在执行的命令可通过以下方法终止或取消：

方法一：按"Esc"键可中断正在执行的命令，如取消对话框、放弃一些命令的执行，个别命令除外。但在某些命令中，并不取消该命令已经执行完成的部分，如画线时已经绘制了连续的几条线，此时按"Esc"键将中断画线命令，不再继续，但已经绘制的线条不会消失。

方法二：连续按两次"Esc"键可以终止绝大多数命令的执行。

方法三：执行命令时，单击鼠标右键，选择"取消"，可放弃当前命令。

2.撤销命令

已经完成的命令可通过以下方法撤销：

方法一：通过"Ctrl+Z"组合键可撤销上一步命令。

方法二：输入"U"并回车，可撤销上一步命令。

方法三：输入"UNDO"并回车，再输入要放弃的操作数量并回车，即可撤销相应数量的命令。

方法四：单击快速访问工具栏中的"⟲"图标，可撤销上一步操作。单击主菜单栏中的"编辑"，选择其下拉菜单中的"放弃"选项，也可撤销上一步操作。

方法五：单击鼠标右键，选择其快捷列表中的"放弃"选项，即可撤销上一步操作。

3.重做命令

已被撤销的命令可通过以下方法恢复重做，即返回撤销前的操作：

方法一：单击快速访问工具栏中的"⟳"图标，或单击主菜单栏中的"编辑"，选择其下拉菜单中的"重做"选项，均可将撤销的命令重做。

方法二：单击鼠标右键，选择其快捷列表中的"重做"选项，即可恢复撤销的最后一个命令。

方法三：输入"REDO"并回车，可恢复刚被撤销的一个命令。REDO 命令需跟在撤销命令后立即执行。

方法四：通过"Ctrl+Y"组合键可重做撤销的命令。

4.重复命令

重复执行某一命令的方法主要有以下几种：

方法一：按"Enter"键（回车键）或"Space"键（空格键）可快速重复执行上一条命令。

方法二：单击鼠标右键，选择"重复 ..."可重复执行上一条命令；选择"最近的输入"，则可选取最近使用过的命令进行重复执行。

方法三：输入"MULTIPLE"并回车，再输入要执行的命令并回车，将会重复执行该命令直至按下"Esc"键终止。

本节习题

1. 如何将图形文件转存为 PDF 文件？

2. 撤销和重做命令的快捷键是什么？

3. 保存图形文件的格式有哪些？

第三节　AutoCAD 绘图环境设置

一、窗口设置

绘图窗口类似于手工绘图时的图纸，是用户使用 AutoCAD 2012 绘图并显示所绘图形的区域。AutoCAD 的光标用于绘图、选择对象等操作，当光标位于 AutoCAD 的绘图窗口时为十字形状。十字线的交点为光标的当前位置，其坐标通常显示在底端的状态栏。

绘图窗口设置主要包括光标、显示精度、窗口背景颜色和坐标系设置等。设置方法为：先调出"选项"对话框，通过对该对话框的"显示"栏进行设置。

1.调用选项命令的方法

方法一：单击主菜单栏中的"工具"选项，在其下拉菜单中单击"选项"，在弹出对话框中选择"显示"，即可对窗口进行设置（图 2-10）。

方法二：输入命令"OPTIONS" / "OP"并回车，即可弹出选项窗口，选择"显示"，则可以对窗口进行设置（图 2-10）。

图 2-10　"选项"对话框中的显示栏面板

2. 选项命令的设置与操作

"选项"对话框中的"显示"选项下有多个子选项，用户可根据自身需要进行设置：

☑ 窗口元素：用于设定滚动条的显示与否、工具栏按钮的大小、功能区图标大小、工具提示的显示与否、文件选项卡的显示与否等。"颜色"选项用于设定窗口元素的颜色，如背景色。"字体"选项用于指定命令窗口文字字体。

☑ 布局元素：用于设定布局和模型选项卡、可打印区域、图纸背景等的显示与否。

☑ 显示精度：用于设定各实体的显示精度。显示精度越高，显示的质量就越高，但计算机的计算时间也越长。

☑ 显示性能：用于设定实体填充、文字边框、实体轮廓的显示等。

☑ 十字光标大小：按屏幕大小的百分比设定十字光标的大小。

☑ 淡入度控制：用于设定参照的淡入度。

【示例 2-1】将 AutoCAD 小十字光标设置成全屏十字光标。

（1）主菜单栏→工具→选项。

（2）"选项"对话框→显示。

（3）十字光标大小→100。

（4）单击"确定"。

【示例 2-2】将背景设置成黑色。

（1）主菜单栏→工具→选项。

（2）"选项"对话框→显示。

（3）窗口元素→颜色。

（4）"图形窗口颜色"对话框中，界面元素→统一背景，颜色→黑。

（5）应用并关闭。

（6）单击"确定"。

二、视图及视口

1. 视图与视口

视图是指图形观察时根据观察方向而定的名称，如图形的俯视图、左视图、右视图等。视口是指 AutoCAD 界面的绘图区中显示绘制图形的窗口。

2. 如何控制视图的显示

用户在使用 AutoCAD 绘图时，常常需要对视图进行缩放，以便观察图形的细节，更好地完成绘图。通常通过缩放和移动来控制视图的显示。

2.1 视图的缩放

常用的缩放方法为滚动鼠标的滚轮，而当图形超出当前窗口范围或图形太小难以观察时，可输入命令"ZOOM"/"Z"并回车，接着输入"A"回车，即可完成全部缩放，将所有图形显示在当前窗口中。

2.2 视图的移动

在使用 AutoCAD 绘图时，视图平移也是一个必不可少的操作。即在不改变图形的情况下，对视图进行移动，以查看其他部分的图形。具体操作为：

方法一：单击导航栏中的"🖐"图标，此时光标也变成了该形状，长按鼠标左键并移动，即可拖动视图。

方法二：长按鼠标滚轮，同样可以拖动视图。

3. 如何设置多视口

AutoCAD 默认的显示窗口是单视口模式，如果要将绘图区分成数个窗口来显示一个或多个物体，或在不同视口中分别显示同一物体的不同视图，则要设置多视口模式，包括二、三或四个视口模式。设置视口的方法为：

单击主菜单栏中的"视图"，选择其下拉菜单中的"视口"，即可根据需求改变视口数量、新建或命名视口（图 2-11）。单击视口则激活该视口，然后可对图形进行编辑。被激活的视口通常边缘会加粗显示。

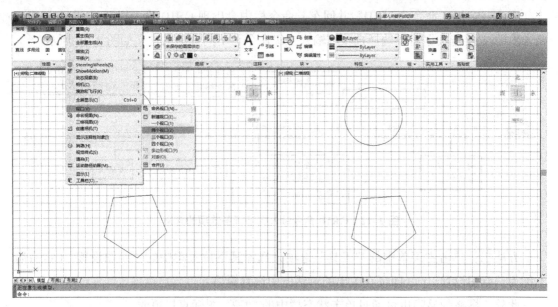

图 2-11　多个视口显示 AutoCAD 图形

【示例 2-3】快速让所有绘制图形显示在视口中。

（1）输入"Z"回车（ZOOM，缩放命令）。

（2）输入"A"回车（全部显示）。

【示例 2-4】设置左二右一排列的三视口模式。

（1）主菜单栏→视图→视口→三个视口。

（2）输入配置选项→右。

三、绘图图限

为了方便管理画面和查看绘制的图形，在画图前要养成设置绘图区边界（或称图限）的习惯。当"视图缩放"选择"全部"时，图限决定窗口区域。设置绘图图限的方式为：

方法一：输入命令"LIMITS"，按照需求，分别设置绘图区的左下角点和右上角点。

方法二：单击主菜单栏中的"格式"，选择其下拉菜单中的"图形界限"，根据需求设置绘图区大小。

提示：用 LIMITS 设置界限时，其界限大小通常根据所要绘制图形长宽来确定，并可用 GRID 设置栅格的显示界线，设置后可用命令"Z"的全部显示"A"来查看。

四、栅格

用户在使用 AutoCAD 时，可根据个人需要对栅格进行设置，包括栅格的显隐、大小等，为绘图及捕捉提供参照。一般为方格线，也可设置成点阵。

设置栅格的方式主要有：

方法一：输入命令"GRID"并回车，命令栏中会出现 GRID 输入提示："指定栅格间距（X）"，接着根据需要选择选项或输入二级命令。不同选项的含义如图 2-12 所示。

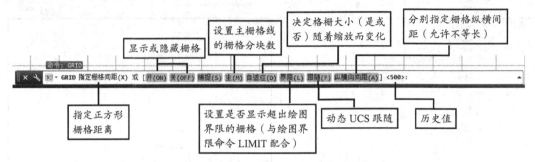

图 2-12　GRID 命令输入提示行各选项的含义

方法二：单击主菜单中的"工具"选项，选择其下拉菜单中的"绘图设置"（也有版本称为"草图设置"），即可在弹出的对话框中设置栅格。

此外，栅格的显隐也可通过单击状态栏中的"▦"图标直接更改。

【示例 2-5】设置长、宽 100×50 的矩形栅格，且使栅格仅在 1000×1000 范围内显示。

（1）输入"LIMITS"回车。

（2）输入"0,0"回车（指定左下角点）。

（3）输入"1000,1000"回车（指定右上角点）。

（4）输入"GRID"回车（栅格命令）。

（5）输入"L"回车（设置图限外的栅格是否显示）。

（6）输入"N"回车。

（7）输入"Z"回车（ZOOM，缩放命令）。

（8）输入"A"回车（全部显示图限）。

（9）输入"GRID"回车。

（10）输入"A"回车（设置栅格纵横间距）。

（11）输入"100"回车（指定栅格水平间距）。

（12）输入"50"回车（指定栅格垂直间距）。

【示例 2-6】固定栅格大小，使其不随缩放而改变。

（1）输入"GRID"回车（栅格命令）。

（2）输入"D"回车（决定栅格大小是否随缩放而变化）。

（3）输入"N"回车。

五、坐标系

1. 世界坐标系

AutoCAD 有世界坐标系（world coordinate system，WCS）和用户坐标系（user

coordinate system，UCS）两种。世界坐标系为默认坐标系，二维绘图空间下，由 X 轴和 Y 轴组成，X 轴水平向右，Y 轴垂直向上；三维绘图空间下还包括 Z 轴。在没有建立用户坐标系之前，画面上所有点的坐标都以该坐标系的原点来确定各自的相对位置。

2. 用户坐标系

用户坐标系为经用户修改过原点和坐标方向的坐标系。用户在使用 AutoCAD 时，可以根据绘图需要，修改原点与坐标轴方向，使绘图更加便利。其操作方法为：在命令栏输入"UCS"回车，在绘图区选定原点以及 X 轴、Y 轴方向，即可完成用户坐标系的建立。若想将用户坐标系重新修改为世界坐标系，则在命令栏输入"UCS"回车，再输入"W"回车即可。

各选项的意义如图 2-13 所示。

当前 UCS 名称：*世界*
指定 UCS 的原点或 [面(F)/命名(NA)/对象(OB)/上一个(P)/视图(V)/世界(W)/X/Y/Z/Z 轴(ZA)] <世界>：

图 2-13 UCS 命令提示行各选项的含义

六、图形单位设置

用户在使用 AutoCAD 时，可以设置绘图区的显示精度等。具体方法为：输入命令"UNITS" / "UN"并回车，在弹出的图形单位对话框中，可对长度、角度、插入时单位和输出样例等进行修改。另外对话框底部有四个选项，其中包括方向选项，单击该选项，则可对方向控制进行设置（图 2-14）。

图 2-14 图形单位设置

七、捕捉与追踪

在 AutoCAD 中，捕捉与追踪功能用于限制光标与指定关系的、定位点或方向，在绘图时使用广泛。

（一）捕捉与栅格

在 AutoCAD 中，捕捉与栅格可以配合使用。启用捕捉模式后，光标只能在 X 轴、Y 轴或极轴方向移动固定距离的整数倍，起到精确定位的作用。具体操作方法为：

方法一：单击主菜单栏中的"工具"选项，在其下拉菜单中选择"绘图设置"，即可弹出"草图设置"对话框。在该对话框的"捕捉和栅格"栏下，可以启用捕捉，并对捕捉间距进行修改（图 2-15）。

方法二：单击状态栏中的捕捉选项"▦"可开启或关闭捕捉模式。右键单击状态栏中的栅格或捕捉选项，选择"设置"，即可弹出"草图设置"对话框，在该对话框中可对捕捉进行设置（图 2-15）。

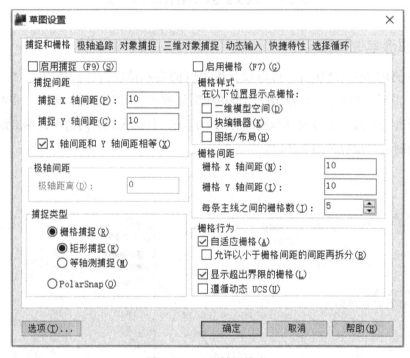

图 2-15　设置捕捉模式

（二）极轴追踪

极轴追踪是指用户在绘图过程中，系统根据自身设定显示某一角度的跟踪线，从而使用户可以在跟踪线上移动光标进行精确绘图。

1. 设置极轴追踪的方法

方法一：单击主菜单栏中的"工具"选项，在其下拉菜单中选择"绘图设置"，在弹出的"草图设置"对话框中选择"极轴追踪",即可开启或关闭、设置极轴追踪,系统默认极轴为 0、90°、180° 和 270°,用户可以在该对话框修改或增加极轴的角度、数量(图 2-16)。

　　方法二:右键单击状态栏中的极轴追踪选项,选择"设置",即可弹出"草图设置"对话框,对极轴追踪进行设置(图 2-16)。

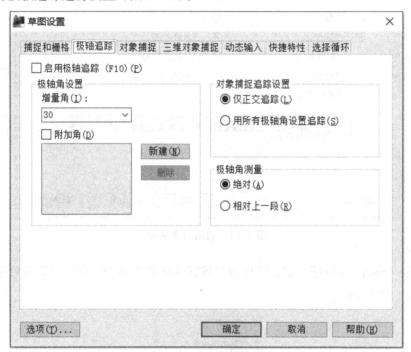

图 2-16　设置极轴追踪

2. 快速开启或关闭极轴追踪

单击状态栏中的极轴追踪选项" "，即可开启或关闭极轴追踪。

(三)对象捕捉与追踪

1. 对象捕捉

对象捕捉功能可以将绘制点定位在对象的确切位置上,如线的端点、中点、垂足,圆或弧的圆心、切点等,是精确绘图必备的功能。具体操作方法为:

　　方法一:通过主菜单栏中的"工具""绘图设置"打开"草图设置"对话框,选择"对象捕捉"选项,即可在其中选择具体的对象捕捉模式并启用(图 2-17)。

　　方法二:单击状态栏中的对象捕捉图标" "，可启用或关闭对象捕捉。右键单击该图标,则会出现具体的对象捕捉模式,单击所需模式即可启用。右键单击状态栏中的对象捕捉图标,选择"设置",也可打开"草图设置"对话框,选择捕捉模式(图 2-17)。

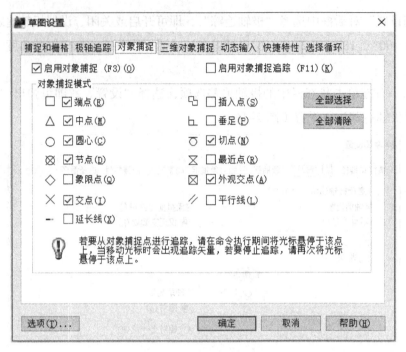

图 2-17 启用对象捕捉

方法三："Shift" + 鼠标右键，弹出对象捕捉快捷菜单列表，单击所需对象捕捉模式即可快捷启用（图 2-18）。

图 2-18 对象捕捉快捷菜单

📖 **提示**：启动或关闭对象捕捉可通过快捷键 F3。

画图时常出现十字光标捕捉点位时卡顿现象，或者捕捉不到想要的点怎么办？解决方法是：关闭网格捕捉，如果还有这种现象，则关闭捕捉最近点，建议尽量根据需要启用对象捕捉选项，不需要的捕捉模式可以关闭。

2. 对象追踪

用户在绘图时，常常需要确定图形的起点、终点、圆心等目标点的位置，这些点的位置时常会在图纸上以一定的几何关系呈现，为了便捷追踪定位这些点，可以使用 AutoCAD 的对象追踪功能。

（1）临时追踪

临时追踪的快捷命令为"TT"。通过该命令可指定某一对象追踪点，并从该点向 X 轴、Y 轴追踪一段距离，从而确定所需点位置。

【示例 2-7】以已知点 P 在 X 方向上增量 -100、Y 方向上增量 -50 的坐标点为圆心，绘制半径为 20 的圆。

（1）输入"C"回车（调用圆命令）。

（2）输入"TT"回车（启动临时追踪）。

（3）将光标移动至 P 点，显示对象追踪标志，注意不要单击鼠标。

（4）向左移动光标（会显示水平方向追踪线），输入"100"回车。

（5）向下移动光标（会显示垂直方向追踪线），输入"50"回车（指定圆心完毕）。

（6）输入"20"回车（指定半径，绘制圆完毕）。

（2）定位追踪

定位追踪的快捷命令为"TK"。该命令与临时追踪类似，区别在于需要单击鼠标左键来捕捉对象追踪点，并可沿着 X 轴、Y 轴持续追踪，直到回车结束追踪。

【示例 2-8】以已知点 P 在 X 方向上增量 50、Y 方向上增量 100 的坐标点为圆心，绘制半径为 50 的圆。

（1）输入"C"回车（调用圆命令）。

（2）输入"TK"回车（启动定位追踪）。

（3）将光标移动至 P 点，显示对象追踪标志，单击选中 P 点。

（4）向右移动光标（会显示水平方向追踪线），输入"50"回车。

（5）向上移动光标（会显示垂直方向追踪线），输入"100"回车。

（6）追踪并未结束，再次回车结束追踪（指定圆心完毕）。

（7）输入"50"回车（指定半径，绘制圆完毕）。

（3）定位线段的中点

定位线段的中点可通过快捷命令"MTP"确定。例如，已有点 P_1 与点 P_2，快捷绘制 P_1P_2 线段中点的操作为：输入"PO"并回车（调用点命令），输入"MTP"并回车，依次指定点 P_1、P_2 即可。

【示例 2-9】以已知线段 P_1P_2 的中点为圆心，绘制半径为 10 的圆。

（1）输入"C"回车（调用圆命令）。

（2）输入"MTP"回车。

（3）将光标移动至 P_1 点，单击选定该点。

（4）将光标移动至 P_2 点，单击选定该点（指定圆心完毕）。

（5）输入"10"回车。

本节习题

1. 设置绘图图限为宽 800、高 500，并通过栅格显示该图限。

2. 将栅格设置成纵 250，横 500，且不随缩放变化。

3. 设置左一右二排列的三视口模式。

4. 设置图形插入时的缩放单位为厘米，且显示精度为小数点后两位。

第四节　AutoCAD 二维图形的绘制

一、坐标的表示

AutoCAD 中绘制点常常需借助坐标来定位。因此在绘制点前，需先了解其坐标的表示方法。点的坐标输入方式有两种，其一为绝对坐标方式，其二是相对坐标方式。

1. 绝对坐标

所谓绝对坐标，是指以坐标系的原点为其起算原点的坐标。

1.1　直角坐标

直角坐标系是最常用的坐标系，点的位置用 X、Y、Z 坐标值表示，各坐标值之间要用逗号隔开。例如，要表示 $X=a$、$Y=b$、$Z=c$ 的点，则根据提示输入"a,b,c"，回车（或空格键）即可，注意坐标间相隔的逗号须为半角（英文输入状态）。其中，当 $Z=0$ 时，点位于 X 轴、Y 轴构成的二维坐标中。

【示例 2-10】绘制坐标值分别为 $X=200$、$Y=325$、$Z=45$ 的点。

（1）输入"PO"回车（执行点命令）。

（2）输入"200,325,45"回车。

【示例 2-11】在二维坐标中，输入坐标值 $X=10$、$Y=35$ 的点。

（1）输入"PO"回车（执行点命令）。

（2）输入"10,35"回车（二维坐标 $Z=0$ 为默认值，可以不输入）。

1.2　极坐标

极坐标用于表示二维点，其表示方法为：移动距离 $L<$ 偏转角度 α。

【示例 2-12】输入距离原点 100、偏转角度为 45° 的点。

（1）输入"PO"回车（执行点命令）。

（2）输入"100<45"回车。

1.3 球坐标

球坐标用于确定三维空间的点，它用 3 个参数表示一个点，即点与坐标系原点的距离 L；坐标系原点与空间点的连线在 XY 面上的投影与 X 轴正方向的夹角（简称在 XY 面内与 X 轴的夹角）α、坐标系原点与空间点的连线同 XY 面的夹角（简称与 XY 面的夹角）β。各参数之间用符号"<"隔开，即"$L<\alpha<\beta$"。例如，"150<45<35"表示一个点的球坐标，各参数的含义如图 2–19 所示。

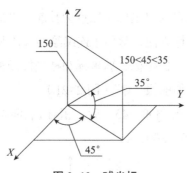

图 2–19 球坐标

【示例 2-13】输入距离原点 **50**、与原点的连线在 XY 面内与 X 轴的夹角为 **30°**、与 XY 面的夹角为 **60°** 的点。

（1）输入"PO"回车（执行点命令）。

（2）输入"50<30<60"回车。

1.4 柱坐标

柱坐标也是通过 3 个参数描述一点，即该点在 XY 面上的投影与当前坐标系原点的距离 L、坐标系原点与该点的连线在 XY 面上的投影同 X 轴正方向的夹角 d，以及该点的 Z 坐标值。距离与角度之间要用符号"<"隔开，而角度与 Z 坐标值之间要用逗号隔开，即"$L<d, Z$"。例如，"100<45,85"表示一个点的柱坐标，各参数的含义如图 2–20 所示。

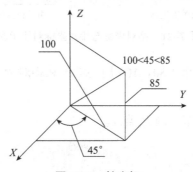

图 2–20 柱坐标

【**示例 2-14**】绘制一个点，使该点在 XY 面上的投影与原点的距离为 **200**，且该点与原点的连线在 XY 面上的投影同 X 轴正方向的夹角为 **60°**，该点的 Z 坐标值为 **100**。

（1）输入"PO"回车（执行点命令）。

（2）输入"200<60,100"回车。

2. 相对坐标

相对坐标是指起算的原点为前一坐标点的坐标，相当于将坐标原点移至前一坐标点。如果之前没有输入的点，那么自动以坐标系原点为其前一坐标点。在实际绘图中，很多情况下相对坐标的应用较绝对坐标方便，常用于连续绘制线段和点。

相对坐标同样有直角坐标、极坐标、球坐标和柱坐标四种形式，其输入格式与绝对坐标相同，但要在输入的坐标前加前缀"@"（图 2-21）。

例如，输入某一点 P_1（200，300，45）后，相对 P_1 的坐标分别位移 200，300，45 后形成新的点 P_2，应输入"@200，300，45"。

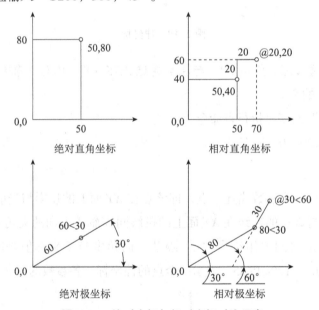

图 2-21 绝对坐标与相对坐标对比示意

【**示例 2-15**】输入坐标值为（**50，100**）的点 P_1 和相对 P_1 位移（**20，30**）的点 P_2。

（1）输入"PO"回车。

（2）输入"50，100"回车（画 P_1 点）。

（3）输入"PO"回车。

（4）输入"@20,30"（画 P_2 点）。

二、点的绘制

1. 绘制单点与多点

单点与多点功能的区别在于，使用单点命令时，一次只可绘制一个点，而使用多点命令时，可连续绘制点直至终止该命令。

绘制点的具体操作方法为：

方法一：输入命令"POINT"/"PO"并回车，接着输入点的坐标并回车，或者直接用光标捕捉点的位置即可。

方法二：单击主菜单栏中的"绘图"选项，在其下拉菜单中选择"点"，根据需要选择"单点"或"多点"，再用光标捕捉点的位置或直接输入点的坐标即可。

【示例 2-16】绘制三角形的三个顶点 *A*、*B*、*C*，其中 *B* 点的坐标为（100，150），*A* 点在 *B* 点的 *X* 轴正方向偏移 25、*Y* 轴方向偏移 0；*C* 点在 *B* 点 *X* 轴反方向偏移 55，*Y* 轴正方向偏移 15，并按绝对单位设置大小为 5 的"⊙"点型。

（1）输入"PO"回车。

（2）输入"100，150"回车（画 *B* 点）。

（3）输入"PO"回车。

（4）输入"@25,0"（画 *A* 点）。

（5）输入"PO"回车。

（6）输入"TK"回车（定位追踪）。

（7）单击 *B* 点（追踪起始点）。

（8）左移鼠标，然后输入"55"回车（由 *B* 点沿 *X* 轴向左追踪 55）。

（9）上移鼠标，然后输入"15"回车（再沿 *Y* 轴正方向追踪 15，画 *C* 点）。

（10）输入"PTYPE"回车。

（11）选中所需的点型"⊙"。

（12）点大小→5。

（13）点选"按绝对单位设置大小"。

（14）单击"确定"。

2. 绘制定数等分点

等分点是在直线、圆弧、圆、椭圆及样条曲线等几何图元上创建的等分位置点或插入的等分图块。定数等分点，顾名思义是沿对象的长度或周长按照一定数量进行等分所绘制的等间隔的点或块。其操作方法为：

方法一：输入命令"DIVIDE"/"DIV"并回车，用光标选定被等分的对象，再输入等分的线段数目并回车即可。

方法二：单击主菜单栏中的"绘图"选项，在其下拉菜单中选择"点""定数等分"，然后用光标选定被等分的对象，再输入线段数目并回车即可。

方法三：在功能区控制面板栏的"常用"选项下，单击"绘图"，选择"定数等分"，接着用上述操作进行定数等分点的绘制。

若想在等分点处插入预先制作好的块（块制作参见 P52"十、块的创建与使用"），则在选定等分对象后，输入"B"并回车，再输入块的名称并回车，根据需要输入"Y"或"N"并回车以确定是否对齐块和对象，最后输入等分的线段数目并回车即可。

【示例 2-17】绘制某一直线段的 3 个定数等分点，并在等分点处以对齐的方式插入块"C"。

（1）输入"DIV"回车。

（2）选定目标线段。

（3）输入"B"回车（插入块）。

（4）输入"C"回车（输入块的名称）。

（5）输入"Y"回车（对齐块和对象）。

（6）输入"4"回车（4 个等分线段）。

3. 绘制定距等分点

AutoCAD 除了可以按照数量对图元进行等分，也可以沿对象的长度或周长按照一定的长度间隔创建点或块，具体操作方法为：

方法一：输入"MEASURE"/"ME"命令并回车，用光标选定被等分的对象，再输入等分的线段长度并回车即可。

方法二：单击主菜单栏中的"绘图"选项，在其下拉菜单中选择"点""定距等分"，然后用光标选定被等分的对象，再输入线段长度并回车即可。

方法三：在功能区控制面板栏的"常用"选项下，单击"绘图"，选择"定距等分"，接着用上述操作进行定距等分点的绘制。

若想在等分点处插入块，则在输入命令、用光标选定等分对象后，输入"B"并回车，再输入块的名称并回车，根据需要输入"Y"或"N"并回车以确定是否对齐块和对象，最后输入等分的线段长度并回车即可。

【示例 2-18】以 10 为间距绘制某一直线段的定距等分点，并在等分点处以对齐的方式插入块"C"。

（1）输入"ME"回车。

（2）选定目标线段。

（3）输入"B"回车（插入块）。

（4）输入"C"回车（输入块的名称）。

（5）输入"Y"回车（对齐块和对象）。

（6）输入"10"回车（确定间距）。

4. 点样式设置

AutoCAD 系统默认的点样式为一小黑点，不方便观察，为了使用方便，用户可根据自身需要更改点的样式，具体操作方法为：

方法一：输入"DDPTYPE"/"PTYPE"命令并回车，系统即弹出"点样式"对话框，在该对话框中选择所需样式、修改点的大小并确定即可（图 2–22）。

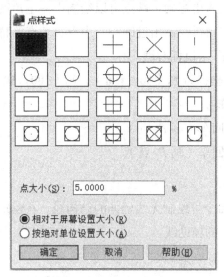

图 2–22　设置点样式

方法二：单击主菜单栏中的"格式"选项，在其下拉菜单中选择"点样式"，系统即弹出"点样式"对话框，在该对话框可修改点样式。

方法三：在功能区控制面板栏的"常用"选项下，单击"实用工具"，选择"点样式"，AutoCAD 即弹出"点样式"对话框，用户可通过该对话框选择自己需要的点样式及点大小。

三、线的绘制

1. 直线

AutoCAD 中的直线是指两点确定的一条直线段，而非无限延长的直线。绘制直线段的两点可以是图元的圆心、端点、中点、切点等。其操作方法为：

方法一：输入命令"LINE"/"L"并回车，再通过输入坐标或光标捕捉的方式确定直线段的端点即可完成绘制。

方法二：在功能区控制面板栏的"常用"选项下，单击"绘图"模块的直线图标，再指定直线段的第一个端点、第二个端点等即可完成直线绘制。

方法三：单击主菜单栏中的"绘图"选项，在其下拉菜单中选择"直线"，再通过输入坐标或光标捕捉的方式确定直线段的端点即可完成绘制。

关于直线命令，有以下几点需要注意：

☑ 使用直线命令时可连续绘制多条相连的直线段，直至按回车键或空格键或"Esc"键终止该命令。

☑ 若用该功能绘制了一系列相邻直线段，其每段直线可单独编辑。

☑ 若用该功能绘制闭合图形，最后一步建议使用闭合命令，即输入"C"并回车。

☑ 绘制直线段时，通过输入坐标确定端点可以绘制出一定角度、一定长度的直线段，而通过光标捕捉确定端点可以绘制出过圆心、中点、切点等特定点的直线段，常用的对象捕捉快捷键为"Shift"+鼠标右键。

【示例 2-19】绘制端点坐标为 P_1（50，100），P_2（100，50）的直线。

（1）输入"LINE"回车。

（2）输入"50，100"回车（画 P_1 点）。

（3）输入"100，50"回车（画 P_2 点）。

2. 构造线

AutoCAD 中的构造线命令可绘制无线延伸的结构线。在建筑或机械制图中，通常使用构造线作为绘制图形过程中的辅助线。

2.1 执行构造线命令的方法

方法一：输入"XLINE"/"XL"命令并回车。

方法二：在功能区控制面板栏的"常用"选项下，单击"绘图"，再单击构造线图标。

方法三：单击主菜单栏中的"绘图"选项，在其下拉菜单中选择"构造线"。

2.2 执行命令后的选项与操作

执行构造线命令后，AutoCAD 提示：指定点或［水平（H）/垂直（V）/角度（A）/二等分（B）/偏移（O）］。各选项含义如下：

☑ "指定点"选项用于绘制通过指定两点的构造线。

☑ "水平"选项用于绘制通过指定点的水平构造线。

☑ "垂直"选项用于绘制通过指定点的垂直构造线。

☑ "角度"选项用于绘制沿指定方向或与指定直线成一定角度的构造线。

☑ "二等分"选项用于绘制平分某个角的构造线。

☑ "偏移"选项用于绘制与指定直线平行的构造线。

用户根据自身需要选择某一选项绘制即可。

【示例 2-20】绘制经过点 P（100，50）并平行于 X 轴的构造线。

（1）输入"XL"回车。

（2）输入"H"回车（水平）。

（3）输入"100,50"回车（经过点 P）。

3. 射线

AutoCAD 中的射线命令可绘制一端固定、另一端无限延伸的射线。射线通常被用作辅助线，其绘制方法为：

方法一：输入命令"RAY"并回车，再通过输入坐标或光标捕捉的方式确定射线的起点与通过点，确定后即绘制出所需射线。

方法二：在功能区控制面板栏的"常用"选项下，单击"绘图"，再单击"射线"图标，即执行射线命令，再指定起点与通过点即可完成射线的绘制。

方法三：单击主菜单栏中的"绘图"选项，在其下拉菜单中选择"射线"，指定起点与通过点后即可完成射线的绘制。

📖 **提示：** 若不用回车键或空格键确定，则可绘制出过同一起点的一系列射线，直至终止该命令。

【示例 2-21】 绘制一条原点为 P_1（0，0），经过点 P_2（100，50）的射线。

（1）输入"RAY"回车。

（2）输入"0,0"回车（P_1 点）。

（3）输入"100,50"回车（P_2 点）。

4. 多段线

多段线是作为单个对象创建的相互连接的线段组合图形，不同于直线绘制的组合图形，其每个线段可单独编辑，多段线绘制的图形为一个整体，共同编辑。该组合线段可以由直线段、圆弧段或二者的组合线段组成，并且可以是任意开放或封闭的图形。此外，为了区别多段线的显示，除了设置不同形状的图元及其长度外，还可设置多段线的线宽。

4.1　绘制多段线

执行多段线命令的方法为：

方法一：输入命令"PLINE"/"PL"并回车。

方法二：在功能区控制面板栏的"常用"选项下，单击"绘图"模块的"多段线"图标，即调用多段线命令。

方法三：单击主菜单栏中的"绘图"选项，在其下拉菜单中选择"多段线"。

调用多段线命令并指定起点后，AutoCAD 提示：指定下一个点或［圆弧（A）/半宽（H）/长度（L）/放弃（U）/宽度（W）］。各选项含义如下：

☑ "圆弧"选项用于绘制圆弧。输入"A"并回车，其后的"角度"选项意为"包心角"，即圆弧两端点到圆心的半径的夹角，而"方向"选项则是指通过起点的切线方向。

☑ "半宽"选项用于设置多段线起点与端点的半宽。

☑ "长度"选项用于指定所绘多段线的长度。

☑ "宽度"选项用于设置多段线的宽度。

用户根据自身需要，直接指定下一点或选择所需命令即可。需要注意的是，"半宽"与"宽度"选项可以设置多段线宽度，用于绘制实心形状十分便捷，如箭头、梯形等，其后若想绘制没有宽度的多段线，则重新将宽度设置为 0 即可。

【示例 2-22】绘制一条由直线和半圆组成的多线段，直线长 50，半圆直径为 50，通过半圆两个端点的线段垂直于直线。

（1）输入"PL"回车。

（2）输入"0, 0"回车（原点）。

（3）输入"50, 0"回车（直线端点）。

（4）输入"A"回车（圆弧）。

（5）输入"A"回车（角度）。

（6）输入"180"回车（半圆）。

（7）输入"50, 50"回车（半圆端点）。

【示例 2-23】绘制一个实心箭头，起点为 O（0，0），由一个长 20、宽 10 的矩形和一个底 20、高 10 的三角形组成。

（1）输入"PL"回车。

（2）输入"0, 0"回车（原点）。

（3）输入"W"回车。

（4）输入"10"回车（起点宽度）。

（5）输入"10"回车（端点宽度）。

（6）输入"L"回车。

（7）输入"20"回车（长度）。

（8）输入"W"回车。

（9）输入"20"回车（起点宽度）。

（10）输入"0"回车（端点宽度）。

（11）输入"L"回车。

（12）输入"10"回车（长度）。

4.2　编辑多段线

若想对已绘制的多段线进行编辑，需调用编辑多段线命令。执行编辑多段线命令的方法为：

方法一：输入"PEDIT"/"PE"命令并回车。

方法二：在功能区控制面板栏的"常用"选项下，单击"修改"模块，再单击编辑多段线图标。

方法三：单击主菜单栏中的"修改"选项，在其下拉菜单中选择"对象""多段线"。

执行编辑多段线命令后，AutoCAD 提示：选择多段线或［多条（M）］。在此提示下选择要编辑的多段线，即执行"选择多段线"默认项，接着 AutoCAD 提示：输入选项［闭合（C）/ 合并（J）/ 宽度（W）/ 编辑顶点（E）/ 拟合（F）/ 样条曲线（S）/ 非曲线化（D）/ 线型生成（L）/ 反转（R）/ 放弃（U）］。各选项含义如下：

☑ "闭合"选项用于将多段线封闭。

☑ "合并"选项用于将多条多段线及直线、圆弧合并。

☑ "宽度"选项用于更改多段线的宽度。

☑ "编辑顶点"选项用于编辑多段线的顶点。

☑ "拟合"选项用于创建圆弧拟合多段线。

☑ "样条曲线"选项用于创建样条曲线拟合多段线。

☑ "非曲线化"选项用于反拟合。

☑ "线型生成"选项用来规定非连续型多段线在各顶点处的绘线方式。

☑ "反转"选项用于改变多段线上的顶点顺序。

5. 多线

多线指由两条或两条以上相互平行的直线构成的多直线组合，且这些直线可以分别具有不同的线型和颜色。绘制多线一般涉及以下 3 个步骤：定义多线样式、绘制多线、编辑多线。

5.1　定义多线样式

绘制多线时，首先需根据要求设置多线的基本样式，包括平行线条数、间隔距离、线型及颜色等。调用该命令的方法为：

方法一：输入"MLSTYLE"命令并回车，即弹出"多线样式"对话框（图 2-23）。

方法二：单击主菜单栏中的"格式"选项，在其下拉菜单中选择"多线样式"，即可弹出"多线样式"对话框（图 2-23）。

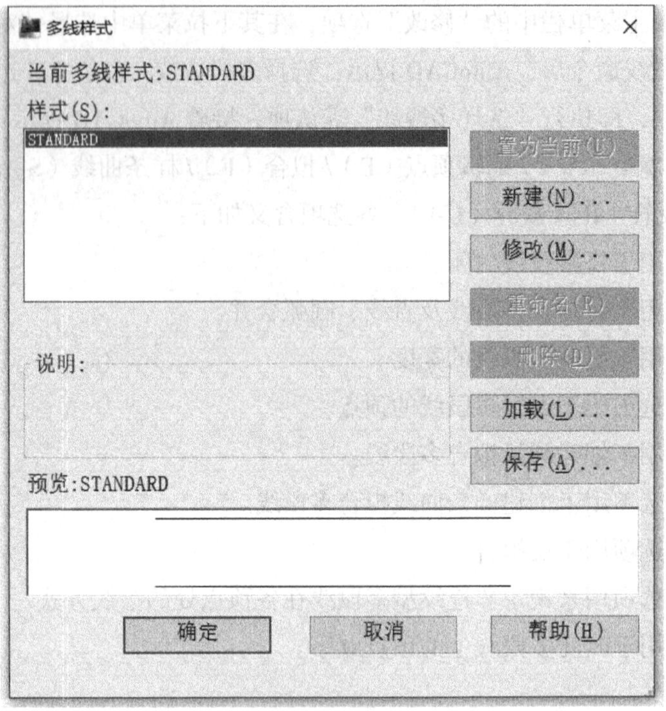

图 2-23　设置多线样式

在该对话框中，选择"新建"并对样式进行命名，接着便可设置该多线样式的平行线条数量、线条偏移的距离、线条颜色等，确定后选定该样式，则之后绘制的多线以该样式为准。

5.2　绘制多线

执行多线命令的方法为：

方法一：输入"MLINE"/"ML"命令并回车。

方法二：单击主菜单栏中的"绘图"选项，在其下拉菜单中选择"多线"。

执行 MLINE 命令后，AutoCAD 提示：指定起点或［对正（J）/ 比例（S）/ 样式（ST）］。各选项含义如下：

☑ "指定起点"选项用于确定多线的起始点。

☑ "对正"选项用于设置多线的基点位于哪条线上，即控制多线上的哪条线随光标移动。

☑ "比例"选项用于确定所绘多线的宽度相对于多线定义宽度的比例。

☑ "样式"选项用于确定采用的多线样式。

【示例 2-24】以 P_1（0，0）和 P_2（50，100）为端点绘制一条多线，多线要求有三条平行线，间距为 1。

（1）输入"MLS"回车（调出对话框）。

（2）单击"修改"。

（3）将图元中添加至 3 条线，将偏移修改为 1。

（4）单击"确定"退出对话框。

（5）输入"ML"回车。

（6）输入"0，0"回车（P_1 点）。

（7）输入"50，100"回车（P_2 点）。

5.3　编辑多线

对已绘制的多线进行编辑，如交叉处合并、顶点删除等，需调用编辑多线命令，其方法为：

方法一：输入"MLEDIT"命令并回车。

方法二：单击主菜单栏中的"修改"选项，在其下拉菜单中选择"对象""多线"。

执行编辑多线命令后，AutoCAD 弹出"多线编辑工具"对话框，选择所需工具与待编辑多线即可（图 2-24）。

图 2-24　多线编辑工具

【示例 2-25】绘制一个由两条相互垂直的多线 L_1，L_2 所组成的相交道路，多线为 4 条平行线，平行线间距为 2，长为 20，中间两条线为虚线，起点分别为 O_1（0，0），O_2（10，10），两条多线相交于各自的中心。

（1）输入"MLS"回车（调出对话框）。

（2）单击"修改"。

（3）将图元中添加至 4 条线，将偏移分别修改为 3，1，−1，−3。

（4）设置中间两条线样式为虚线。

（5）单击"确定"退出对话框。

（6）输入"ML"回车。

（7）输入"0,0"回车（O_1点）。

（8）输入"20,0"回车。

（9）输入"ML"回车。

（10）输入"10,10"回车（O_2点）。

（11）输入"10,–10"回车。

（12）输入"MLE"回车。

（13）选择"十字打开"。

（14）光标选择 L1。

（15）光标选择 L2。

6. 样条曲线

样条曲线指给定一组控制点而得到的一条曲线，曲线的大致形状由这些点控制，一般可分为插值样条和逼近样条两种，对应在 AutoCAD 中即为"拟合点"与"控制点"，利用"拟合点"绘制的样条曲线会通过这些点，而利用"控制点"绘制的样条曲线不通过这些点。

6.1 绘制样条曲线

执行样条曲线命令的方法为：

方法一：输入"SPLINE"／"SPL"命令并回车。

方法二：在功能区控制面板栏的"常用"选项下，单击"绘图"模块，在其下拉选项中选择"样条曲线拟合"或"样条曲线控制点"选项。

方法三：单击主菜单栏中的"绘图"选项，在其下拉菜单中选择"样条曲线"，根据需要选择"拟合点"或"控制点"即可。

执行样条曲线命令后，指定各个点即可完成绘制。此外，需要注意的是："对象"选项用于将样条拟合多段线（由 PEDIT 命令的"样条曲线（S）"选项实现）转换成等价的样条曲线并删除多段线；"闭合"选项用于封闭样条曲线；"公差"选项用于根据给定的拟合公差绘制样条曲线。

【示例 2-26】绘制以 P_1（0,0），P_2（20,20），P_3（30,30）为端点的多线段的拟合样条曲线，要求端点相切，切向为 90°。

（1）输入"SP"回车。

（2）输入"M"回车。

（3）输入"F"回车（方式）。

（4）输入"0,0"回车（P_1）。

（5）输入"20, 20"回车（P_2）。

（6）输入"30, 30"回车（P_3）。

（7）输入"T"回车（端点相切）。

（8）输入"90"回车（切向）。

6.2　编辑样条曲线

执行编辑样条曲线命令的方法为：

方法一：输入"SPLINEDIT"命令并回车。

方法二：在功能区控制面板栏的"常用"选项下，单击"修改"模块，再单击编辑样条曲线图标。

方法三：单击主菜单栏中的"修改"选项，在其下拉菜单中选择"对象""样条曲线"。

执行 SPLINEDIT 命令后，选择待编辑的样条曲线，AutoCAD 提示：输入选项［闭合（C）/ 合并（J）/ 拟合数据（F）/ 编辑顶点（E）/ 转换为多段线（P）/ 反转（R）/ 放弃（U）/ 退出（X）］。各选项含义如下：

☑ "闭合"选项用于封闭样条曲线。

☑ "合并"选项用于多条样条曲线的合并。

☑ "拟合数据"选项用于修改样条曲线的拟合点。

☑ "编辑顶点"选项用于修改样条曲线上的顶点。

☑ "转换为多段线"选项用于将样条曲线转化为多段线。

☑ "反转"选项用于反转样条曲线的方向。

7. 云线

利用修订云线命令可以绘制出类似云彩的图形对象。在检查或用红线圈阅图形时，可使用云线以亮显标记。

执行修订云线命令的方法为：

方法一：输入"REVCLOUD"/"REVC"命令并回车。

方法二：在功能区控制面板栏的"常用"选项下，单击"绘图"模块，在其下拉选项中选择修订云线图标。

方法三：单击主菜单栏中的"绘图"选项，在其下拉菜单中选择"修订云线"。

执行修订云线命令后，可选择徒手绘制，或以云线绘制矩形、多边形。默认状态下的云线弧长随机生成，也可自行设置弧长范围。通过"对象"选项，则可以将图形对象转化成云线图形。

【示例 2-27】将一直线段转化为云线图形。

（1）输入"REVC"回车。

（2）输入"O"回车。

（3）光标选择目标直线段。

（4）输入"Y"回车（反转方向）。

8. 手绘线

使用 AutoCAD 绘图时，有时需要自行手绘，具体方法为：

输入"SKETCH"/"SK"命令并回车，在绘图区单击并移动光标，绘制完毕回车即可。

调用该命令后，可通过"类型"选项选择草图的类型，包括直线、多段线或样条曲线，通过"增量"选项则可指定草图的增量，而"公差"选项可指定样条曲线的拟合公差。

四、圆弧的绘制

圆上任意两点间的部分为圆弧。AutoCAD 中，绘制圆弧的方法有许多，可以通过起点、方向、中点、包角、终点、弦长等参数确定。

1. 执行圆弧命令的方法

方法一：输入"ARC"/"A"命令并确定。

方法二：在功能区控制面板栏的"常用"选项下，单击"绘图"模块中的圆弧图标。

方法三：单击主菜单栏的"绘图"选项，在其下拉菜单中选择"圆弧"，再选择所需子命令。

2. 执行命令后的选项与操作

执行圆弧命令的方法主要为以上 3 种，而绘制圆弧的方法有许多，如"三点"法、"起点、圆心、端点"法、"起点、圆心、角度"法等，用户可根据自身需要选择某些参数进行使用。各名词含义如下：

☑ "起点"与"端点"，指圆弧的两端点。

☑ "圆心"即该圆弧所在圆的圆心。

☑ "角度"指该弧包含的角度，即两端点与圆心的夹角。

☑ "长度"指弦长，即圆弧两端点连线的长度。

☑ "方向"指起点处的切线方向。

☑ "半径"指该弧所在圆的半径长度。

根据使用场景、已有参数的不同，用户可选择不同的参数命令画圆弧。此外，绘制弧时按住"Ctrl"键可切换弧的方向。

【示例 2-28】绘制以 P_1（0，0）为原点，P_2（20，0）为端点，经过 P_3（10，10）的圆弧。

（1）输入 "ARC" 回车。

（2）输入 "0, 0" 回车（P_1）。

（3）输入 "10, 10" 回车（P_3）。

（4）输入 "20, 0" 回车（P_2）。

【示例 2-29】绘制以 O（10，0）为圆心，P_1（0，10），P_2（20，10）为端点的圆弧。

（1）输入 "ARC" 回车。

（2）输入 "C" 回车（圆心）。

（3）输入 "10, 0" 回车（O）。

（4）输入 "0, 10" 回车（P_1）。

（5）输入 "20, 10" 回车（P_2）。

五、圆的绘制

在同一平面内，围绕一个点以一定长度为距离旋转一周所形成的封闭曲线即为圆。在 AutoCAD 中，绘制圆的方式有列举以 6 种：

方法一："圆心、半径" 法，根据指定的圆心以及半径绘制圆。

方法二："圆心、直径" 法，根据指定的圆心以及直径绘制圆。

方法三："两点" 法，通过指定圆直径上的两个端点完成圆的绘制。

方法四："三点" 法，基于圆周上的三个点来绘制圆（三角形外接圆）。

方法五："相切、相切、半径" 法，选择与圆相切的两直线、圆弧或圆，接着指定半径以绘制圆。

方法六："相切、相切、相切" 法，选择与圆相切的三条直线、圆弧或圆以完成圆的绘制。

用户可根据自身需要，选择其中一种方法绘制圆。不同方式绘制圆的各图标既可在功能面板 "常用" 选项里找到，也可以在主菜单栏的 "绘图" 选项中找到，还可通过命令 "CIRCLE" / "C" 执行。

【示例 2-30】绘制以 P_1（0，0），P_2（10，10），P_3（20，0）为基点的圆。

（1）输入 "C" 回车。

（2）输入 "3P" 回车。

（3）输入 "0, 0" 回车（P_1）。

（4）输入 "10, 10" 回车（P_2）。

（5）输入 "20, 0" 回车（P_3）。

六、椭圆的绘制

椭圆由长轴和短轴定义，AutoCAD 中，用户可通过指定圆心、轴端点与另一半轴长度绘制椭圆，也可通过指定轴的两端点与另一半轴长度完成绘制。以圆心法为例绘制椭圆：

方法一：输入"ELLIPSE"/"EL"命令并确定，在绘图区通过光标或输入坐标指定圆心，再指定轴端点，接着指定另一半轴长度，最后确定即可完成绘制。

方法二：在功能区控制面板栏的"常用"选项下，单击"绘图"模块中的椭圆图标，接着在绘图区指定圆心、轴端点与另一半轴长度，最后确定即可完成绘制。

方法三：单击主菜单栏的"绘图"选项，在其下拉菜单中选择"椭圆"，在其子菜单中选择"圆心"，接着在绘图区指定圆心、轴端点与另一半轴长度，最后确定即可完成绘制。

【示例 2-31】绘制一个以 O（0，0）为圆心，P_1（20，0）为轴端点，另一半轴长为 5 的椭圆。

（1）输入"EL"回车。

（2）输入"C"回车。

（3）输入"0,0"回车（圆心）。

（4）输入"20,0"回车（轴端点）。

（5）输入"5"回车（另一半轴长度）。

七、椭圆弧的绘制

椭圆弧是椭圆的一部分，即未封闭的椭圆弧线。在 AutoCAD 中绘制椭圆弧的方法为：

方法一：输入"ELLIPSE"命令并确定，选择圆弧（输入"A"并确定），通过"圆心"或"轴、端点"法绘制椭圆，最后指定起点和端点角度完成椭圆弧的绘制。

方法二：在功能区控制面板栏的"常用"选项下，单击"绘图"模块中的椭圆弧图标，接着在绘图区通过"圆心"或"轴、端点"法绘制椭圆，最后指定起点和端点角度完成椭圆弧的绘制。

方法三：单击主菜单栏中的"绘图"选项，在其下拉菜单中选择"椭圆"，在其子菜单中选择"圆弧"，接着在绘图区通过"圆心"或"轴、端点"法绘制椭圆，最后指定起点和端点角度完成椭圆弧的绘制。

【示例 2-32】绘制以 O（0，0）为圆心，轴端点为（20，0），另一半轴长为 10，角度为 0～180° 的半椭圆弧。

（1）输入"EL"回车。

（2）输入"A"回车（圆弧）。

（3）输入"C"回车（圆心）。

（4）输入"0,0"回车（O 点）。

（5）输入"20,0"回车（轴端点）。

（6）输入"10"回车（另一半轴）。

（7）输入"0"回车（起点角度）。

（8）输入"180"回车（端点角度）。

八、圆环的绘制

圆环即空心圆，由两个圆心相同、半径不同的圆组成。AutoCAD 中绘制圆环的方法为：

方法一：输入"DONUT"/"DO"命令并确定，接着输入圆环内径并确定、输入圆环外径并确定，最后指定圆环的中心，即可完成圆环绘制，按"ESC"键即退出该命令。

方法二：在功能区控制面板栏的"常用"选项下，单击"绘图"模块，在其下拉模块中选择圆环图标，其后操作同方法一。

方法三：单击主菜单栏中的"绘图"选项，在其下拉菜单中选择"圆环"，其后操作同方法一。

【示例 2-33】以 O（0，0）为圆心，绘制一个外径为 20、内径为 15 的圆环。

（1）输入"DO"回车。

（2）输入"15"回车（内径）。

（3）输入"20"回车（外径）。

（4）输入"0,0"回车（O 点）。

九、多边形绘制

1. 矩形

AutoCAD 中调用矩形命令的方法为：

方法一：输入"RECTANG"/"REC"命令并确定。

方法二：在功能区控制面板栏的"常用"选项下，单击"绘图"模块的矩形图标。

方法三：单击主菜单栏的"绘图"选项，在其下拉菜单中选择"矩形"。

调用矩形命令后，用户可以绘制直角矩形、圆角矩形、倒角矩形或旋转矩形。而其他选项，如"标高"用于确定矩形的绘图高度，即绘图面与 XY 面之间的距离；"厚度"选项确定矩形的绘图厚度；"宽度"选项确定矩形的线宽。

1.1 绘制直角矩形

绘制直角矩形的步骤为：执行 RECTANG 命令，通过光标或坐标输入指定矩形的一个角点，此时 AutoCAD 提示：指定另一个角点或［面积（A）/尺寸（D）/旋转（R）］。

用户可直接指定另一角点完成绘制，或单击"面积"选项根据面积绘制矩形，也可选择"尺寸"选项根据矩形的长和宽绘制矩形。

【示例 2-34】以 P_1 **（0，0），** P_2 **（10，10）为角点绘制一个直角矩形。**

（1）输入"REC"回车。

（2）输入"0,0"回车（P_1）。

（3）输入"10,10"回车（P_2）。

1.2　绘制圆角矩形

绘制圆角矩形的步骤为：执行 RECTANG 命令，选择"圆角"选项，指定圆角半径，接着通过光标或坐标输入指定矩形的一个角点，此时 AutoCAD 提示：指定另一个角点或［面积（A）/尺寸（D）/旋转（R）］。

用户可直接指定另一角点完成绘制，或单击"面积"选项根据面积绘制矩形，也可选择"尺寸"选项根据矩形的长和宽绘制矩形。

【示例 2-35】以 P_1 **（0，0），** P_2 **（10，10）为角点绘制一个圆角矩形，圆角半径为 2。**

（1）输入"REC"回车。

（2）输入"F"回车。

（3）输入"2"回车（圆角半径）。

（4）输入"0,0"回车（P_1）。

（5）输入"10,10"回车（P_2）。

1.3　绘制倒角矩形

绘制倒角矩形的步骤为：执行 RECTANG 命令，选择"倒角"选项，指定矩形的第一个、第二个倒角距离，接着通过光标或坐标输入指定矩形的一个角点，此时 AutoCAD 提示：指定另一个角点或［面积（A）/尺寸（D）/旋转（R）］。

用户可直接指定另一角点完成绘制，或单击"面积"选项根据面积绘制矩形，也可选择"尺寸"选项根据矩形的长和宽绘制矩形。

【示例 2-36】以 P_1 **（0，0），** P_2 **（10，10）为角点绘制一个倒角矩形，两个倒角的距离均为 2。**

（1）输入"REC"回车。

（2）输入"C"回车。

（3）输入"2"回车（第一个倒角距离）。

（4）输入"2"回车（第二个倒角距离）。

（5）输入"0,0"回车（P_1）。

（6）输入"10,10"回车（P_2）。

1.4　绘制旋转矩形

绘制旋转矩形的步骤为：执行 RECTANG 命令，通过光标或坐标输入指定矩形的一个角点，选择"旋转"选项，输入旋转角度并确定，接着指定另一角点完成绘制，或单击

"面积"选项根据面积绘制矩形，也可选择"尺寸"选项根据矩形的长和宽绘制矩形。

【示例 2-37】以 O（0，0）为一个角点，绘制一个长为 20、宽为 10 的直角矩形，并旋转 60°。

（1）输入"REC"回车。

（2）输入"0,0"回车（O 点）。

（3）输入"R"回车。

（4）输入"D"回车（尺寸）。

（5）输入"20"回车（长）。

（6）输入"10"回车（宽）。

（7）光标单击确认方向。

2. 正多边形

2.1　执行正多边形命令的方法

方法一：输入"POLYGON" / "POL"命令并确定。

方法二：在功能区控制面板栏的"常用"选项下，单击"绘图"模块的多边形图标。

方法三：单击主菜单栏中的"绘图"选项，在其下拉菜单中选择"多边形"。

2.2　执行命令后的选项与操作

执行 POLYGON 命令后，绘制正多边形的方法主要有两种：

方法一：输入多边形的边数并确定，通过光标或坐标输入指定正多边形的中心，接着选择"内接于圆"或"外切于圆"，即利用假想的内接或外切圆绘制正多边形，最后指定圆的半径即可完成绘制。

方法二：输入多边形的边数并确定，选择"边"选项，接着通过光标或坐标输入指定边的第一个与第二个端点，即完成多边形绘制。

【示例 2-38】绘制一个以原点为圆心、半径为 20 的圆的内接五边形。

（1）输入"POL"回车。

（2）输入"5"回车（侧面数）。

（3）输入"0,0"回车（圆心）。

（4）输入"I"回车（内接）。

（5）输入"20"回车（半径）。

十、块的创建与使用

在 AutoCAD 中，用户可以将经常使用的图形对象组合成块以方便插入或编辑，可以有效提高工作效率。

1. 创建块

在 AutoCAD 中创建块的方法为：

方法一：输入"BLOCK"/"B"命令并确定，AutoCAD 即弹出"块定义"对话框。在该对话框中输入块的名称，单击"选择对象"选项，接着在绘图区单击欲创建为块的对象，再单击"拾取点"选项，在绘图区拾取块的基点，最后单击"确定"即完成块的创建（图 2-25）。

方法二：在功能区控制面板栏的"常用"选项下，单击"块"模块的创建图标，AutoCAD 即弹出"块定义"对话框。接着如方法一所述，输入块名称、选择对象、拾取基点，即可完成块的创建。

方法三：单击主菜单栏中的"绘图"选项，在其下拉菜单中选择"块""创建"，AutoCAD 即弹出"块定义"对话框。接着如方法一所述，输入块名称、选择对象、拾取基点，即可完成块的创建。

图 2-25　创建块

2. 插入块

当图形被定义为块后，可以便捷地将其插入绘图区中。插入块的方法为：

方法一：输入"INSERT"/"I"命令并确定，选择插入的图块，接着指定插入点、插入的比例及旋转角度等参数，即可完成块的插入（图 2-26）。

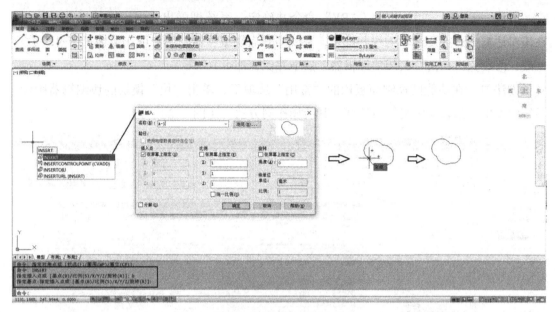

图 2-26　通过命令插入块

　　方法二：在功能区控制面板栏的"常用"选项下，单击"块"模块的"插入"图标，选择欲插入的块，接着指定插入点、插入的比例及旋转角度等参数，即可完成块的插入（图 2-27）。

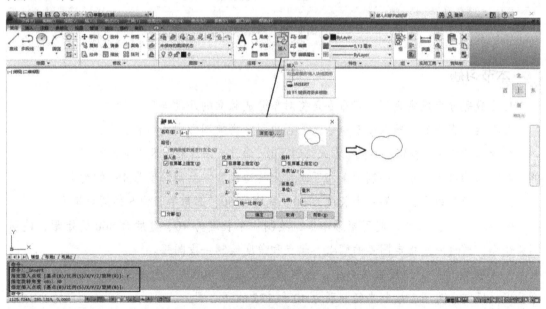

图 2-27　通过功能区控制面板栏插入块

3. 编辑块

　　在 AutoCAD 中，用户可以对已创建的块进行编辑、修改，其方法为：

方法一：输入"BEDIT"/"BE"命令并确定，系统即弹出"编辑块定义"对话框，在该对话框中选择要编辑的块并确定，系统即开启块编辑器，用户可在该场景中对块进行修改，修改完毕单击"关闭块编辑器"选项并保存即可。

方法二：在功能区控制面板栏的"常用"选项下，单击"块"模块的块编辑器图标，系统即弹出"编辑块定义"对话框，其后操作同方法一（图2-28）。

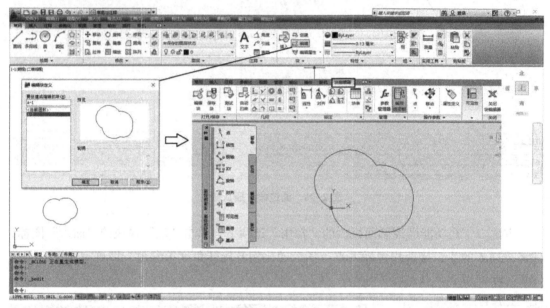

图2-28　编辑块

本节习题

1. 定数等分点或定距等分点命令是将对象分成独立的几段吗？

2. 在绘制直线时，输入闭合命令，能否应用于当前图形中的所有直线？

3. 使用"相切、相切、半径"方式绘制圆时，为什么系统会提示"圆不存在"呢？

4. 使用构造线命令，绘制两条相互垂直的构造线和一条倾斜度为45°的构造线。

5. 使用矩形命令，绘制一个长度为60、宽度为50、圆角半径为5的圆角矩形。

6. 参照平开门效果，使用矩形命令，绘制一个长度为40、宽度为800的矩形，使用圆弧命令，通过依次指定圆弧的圆心、起点和角度绘制一段圆弧。

7. 参照吸顶灯，使用直线命令，绘制两条长度为400且相互垂直的线段，使用圆命令，以线段交点为圆心绘制半径分别为40和125的同心圆。

8. 设置道路1（Road1）的多线式样，4通道分别宽1 m、2 m、2 m和1 m，中间线且为用虚线红色，两边为实线，线粗分别为0.1，0.1，0.3，0.1，0.1。

第五节 AutoCAD 图形编辑与修改

AutoCAD 提供的常用编辑功能包括删除、移动、复制、旋转、缩放、偏移、镜像、阵列、拉伸、修剪、延伸、打断、创建倒角和圆角等。运用各种编辑功能可以快速便捷地完成图形的绘制。

一、选择对象

对图形进行任何编辑和修改操作时，必须先选择图形对象。针对不同的情况，采用最佳的选择方法，能大幅提高图形的编辑效率。在 AutoCAD 中，选择对象的方式主要有四种：点选、框选、命令选择和快速选择等。

针对少量对象编辑时，一般用点选和框选就可以了，但在选择较多且具有共同属性的对象时，则通常要用到快速选择和命令选择。

1. 点选（拾取框选择）

在 AutoCAD 中选择单个或多个对象时，最直接的方法是采用鼠标直接点选（又称拾取框选择）。鼠标点选及取消选择操作方法如下：

☑ 选择单一对象：直接用光标单击该对象即可选中，当对象被选中时呈虚线（或变粗且出现关键控制点标记）。

☑ 同时选择多个对象：连续单击多个对象则同时选中这些图形。

☑ 取消选择某一对象：按住 Shift 键，再次单击已选中的对象，则取消选择该对象。

☑ 取消全部选择：按 Esc 键则取消选择全部对象。

2. 框选

框选就是按住鼠标左键拖动一个矩形区域来选择对象。点选和框选无须输入任何参数，无疑是 AutoCAD 中最方便和使用最多的选择方式。为了充分发挥框选的特点，CAD 将从右往左和从左往右的框选分别对应了选择的两个选项：窗口模式（Window）和交叉（窗交）模式（Crossing）。

2.1 窗口模式

窗口选择可以选中全部包含在选择窗口中的图形对象，与选择窗口相交或位于窗口外的则无法选中。该方式为从左向右定义选择窗口，其框线为实线、框内颜色为蓝色。具体操作方法为：

（1）在欲选择的图形左上角单击鼠标左键（或长按鼠标左键）。

（2）移动（或长按拖动）光标至图形右下角，再次单击鼠标（或释放鼠标），即可选中对象（图 2-29）。

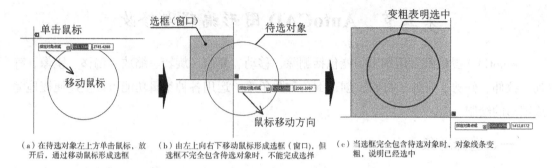

（a）在待选对象左上方单击鼠标，放　（b）由左上向右下移动鼠标形成选框（窗口），但　（c）当选框完全包含待选对象时，对象线条变
　　开后，通过移动鼠标形成选框　　　　选框不完全包含待选对象时，不能完成选择　　　　粗，说明已经选中

图 2-29　窗口模式

2.2　窗交模式

窗交模式可以选中所有与选择窗口相交或包含在选择窗口中的图形对象。该方式为从右向左定义选择窗口，其框线为虚线、框内颜色为绿色。具体操作方法为：

（1）在欲选择的图形右下角单击鼠标左键（或长按鼠标左键）。

（2）移动光标至图形左上角，再次单击鼠标（或释放鼠标），即可选中对象（图2-30）。

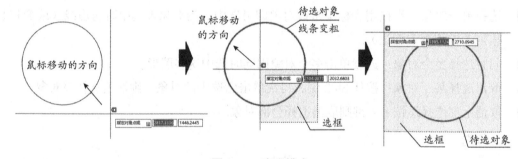

图 2-30　窗交模式

📖 **提示：** 窗口选择和窗交选择有什么不同？

☑ 选择方向不同：从左往右框选是窗口模式，从右往左框选是窗交模式。

☑ 选择范围不同：窗口模式下，图形所有顶点和边界完全在矩形选框范围内才会被选中；窗交模式下，图形有任意一个顶点和一条边界在矩形选框范围内就会被选中。

☑ 边界、颜色不同：窗口选择的边界是实线，选框为蓝色；窗交选择的边界是虚线，选框为绿色。该颜色也可进行修改或不显示，方法为：打开"选项"对话框→"选择集"选项卡→"视觉效果设置"选项。

3. 快速选择

快速选择指根据对象的类型、特性，如颜色、图层、线型等来快速选择多个对象的方式。主要流程为：调出快速选择对话框、确定快速选择的属性、设置属性参数，最后确定即可完成选择。下面将进行详细的介绍。

3.1　执行快速选择命令的方法

方法一：输入 "QSELECT" 命令并回车。

方法二：单击功能区控制面板栏的 "常用" 选项，单击 "实用工具" 模块下的快速选择图标 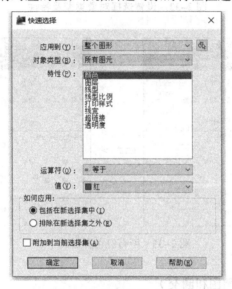。

3.2　执行命令后的选项与操作

执行快速选择命令后，系统弹出如图 2-31 所示的 "快速选择" 对话框。在该对话框中可以设置 "对象类型" "特性" 等，从而完成选择。

☑　对象类型：用于设置选择对象所属的对象类型范围，如选择某些圆，则可将其设置为圆。

☑　特性：用于设置选择对象的特性，如颜色均为红色，或处于某个图层，等等。

☑　运算符：可以设置等于、不等于或全部选择。

☑　值：根据特性的不同有对应的值，根据所选对象的特性值进行设定。

图 2-31　快速选择对话框

【示例 2-39】在各种图形对象中，快速选中所有红色的圆。

（1）单击快速选择图标，系统弹出 "快速选择" 对话框。

（2）"对象类型" → "圆"。

（3）"特性" → "颜色"（图 2-32）。

（4）"值" → "红"。

（5）单击 "确定"，即选中所有红色的圆（图 2-33）。

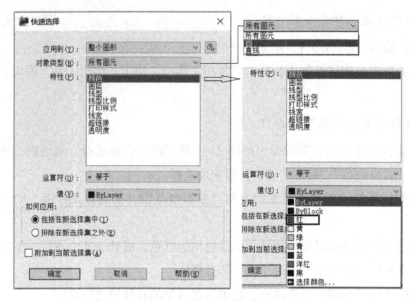

图 2-32　设置选择对象类型及特性

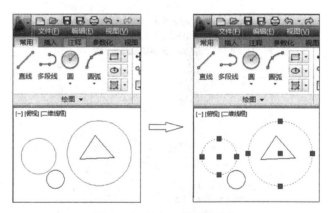

图 2-33　所有红色圆被选中

4.命令选择（栏选、圈围和圈交）

在绘图区单击鼠标左键，AutoCAD 命令栏提示：指定对角点或［栏选（F）/圈围（WP）/圈交（CP）］，不同的方法选中对象的条件不同（表 2-1），具体如下：

☑ 栏选：只可选中与套索边界相交的图形。

☑ 圈围：与窗口选择类似，但可以构造任意形状的多边形，完全包含在圈围区域内的对象才可被选中。

☑ 圈交：与窗交选择类似，但可以构造任意形状的多边形，只要有一部分在窗口内的图形都会被选中。

用户可根据自身需要单击选择某个命令，或输入"F""WP"或"CP"并确定，而后进行范围的圈定，最后按回车键或空格键确认选择即可。

表 2-1 不同选择方式比较

选择对象方式	选中对象条件
栏选（F）	套索与对象边界相交
圈围（WP）	套索完全包含对象
窗口选择	
圈交（CP）	套索与对象相交或完全包含
窗交选择	

二、删除对象

在 AutoCAD 中绘制图像时，经常遇到绘制错误需要删除的情况，就像用橡皮擦除图纸上不需要的内容。使用删除命令的方法为：

方法一：输入"ERASE"/"E"命令并回车，选择需要删除的对象，再次回车即可。

方法二：单击功能区控制面板栏"常用"选项下"修改"模块的 ✐（删除）选项，即执行 ERASE 命令，选择需要删除的对象并回车即可。

方法三：单击主菜单栏的"修改"选项，在其下拉菜单中选择"删除"，即执行 ERASE 命令，选择要删除的对象并回车即可。

方法四：选择对象后，按下"Delete"键可快捷删除对象。

此外，执行删除命令后，除了常规选中对象的方法，还可通过输入命令选择不同的删除对象：

☑ 输入"L"：删除绘制的上一个对象。

☑ 输入"P"：删除上一个选择集。

☑ 输入"all"：从图形中删除所有对象。

☑ 输入"?"：查看所有选择方法列表。

输入后按 Enter 键结束命令。

三、移动对象

将选中的对象从当前位置移到另一位置，即更改图形在图纸上的位置。

1.执行移动命令的方法

方法一：输入命令"MOVE / M"并回车。

方法二：单击功能区控制面板栏"常用"选项下"修改"模块的 ✛移动（移动）选项，即执行 MOVE 命令。

方法三：单击主菜单栏的"修改"选项，在其下拉菜单中选择"移动"，即执行 MOVE 命令。

2.执行命令后的选项与操作

执行 MOVE 命令后，选择要移动的对象并确定，此时系统提示：指定基点或［位移

（D）]。

☑ 指定基点：此方式为默认项，指定对象基点后，在绘图区指定第二个点，即位移后基点的位置，并按"Enter"键或"Space"键确定，则图形将根据基点的位移而移动。

☑ 位移：根据位移量移动对象。键入"D"并回车，AutoCAD提示：指定位移，输入坐标值回车即可，则所选对象将按对应的坐标分量作为位移量移动。

四、复制对象

在AutoCAD中，用户可根据需要将指定图形对象复制到其他位置。

1.执行复制命令的方法

方法一：输入命令"COPY"/"CO"，回车。

方法二：功能区控制面板栏"常用"选项下"修改"模块的 📋复制（复制）选项，即执行COPY命令。

方法三：单击主菜单栏的"修改"选项，在其下拉菜单中选择"复制"，即执行COPY命令。

2.执行命令后的选项与操作

执行COPY命令后，选择要复制的对象并回车，此时AutoCAD提示：指定基点或[位移（D）/模式（O）]。

☑ 指定基点：图形的基点即图形移动或粘贴时的对准点。该方式为默认项。指定基点后回车（或空格键），AutoCAD提示：指定第二个点或[阵列（A）]：

　▲ 指定第二个点：第二个点即复制对象的位移点，AutoCAD将根据基点对准的方法，将所选对象复制到指定的移动位点。AutoCAD默认可连续复制，多次单击不同的位移点，即可复制多个该对象。按"Enter"键或空格键或"Esc"键可结束复制。

　▲ 阵列：系统以阵列的方式沿某个方向复制若干个指定对象。选择阵列、输入进行阵列的项目数并回车，AutoCAD提示：指定第二个点或[布满（F）]：

　　◇ 指定第二个点：第二个点为阵列的第二个对象的基点所在位置，其余阵列对象将由此向外以阵列方式排开（图2-34）。

　　◇ 布满：若选择布满，AutoCAD提示：再指定第二个点，则第二个点为阵列的最后一个对象的基点所在位置，其余阵列对象在其内均匀分布（图2-35）。

☑ 位移：根据位移量复制对象。执行该选项，输入坐标值（直角坐标或极坐标），AutoCAD将所选对象按与各坐标值对应的坐标分量作为位移量复制对象。

☑ 模式：用于确定复制模式。执行该选项，AutoCAD提示：输入复制模式选项[单个（S）/多个（M）]<多个>：

　▲ 单个：执行COPY命令后只能对选择的对象执行一次复制。

⊥　多个：执行 COPY 命令后可以进行多次复制，AutoCAD 默认为"多个（M）"。

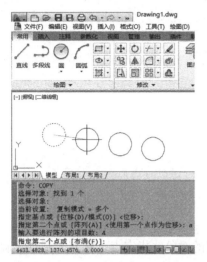

　　图 2-34　指定第二个点　　　　　　　图 2-35　布满

【示例 2-40】绘制一个半径为 10，圆心为（0，0）的圆并以（10，0）为第一基点，（20，0）为第二基点复制一个新的圆。

（1）输入"CIR"回车。

（2）输入"0，0"回车。

（3）输入"10"回车。

（4）输入"COPY"回车。

（5）光标选取目标图像回车。

（6）输入"10，0"回车。

（7）输入"20，0"回车。

【示例 2-41】绘制一个半径为 10，圆心为（0，0）的圆并以阵列的方式以（10，0）为第一基点，（20，0）为第二基点复制两个新的圆。

（1）输入"CIR"回车。

（2）输入"0，0"回车。

（3）输入"10"回车。

（4）输入"COPY"回车。

（5）光标选取目标图像回车。

（6）输入"A"（选择阵列）回车。

（7）输入"3"（一共 3 个圆）回车。

（8）输入"20，0"回车。

【示例 2-42】绘制一个半径为 10，圆心为（0，0）的圆并以阵列的方式以（10，0）为第一基点，（0，20）为第二基点布满两个新的圆。

（1）输入"CIR"回车。

（2）输入"0，0"回车。

（3）输入"10"回车。

（4）输入"COPY"回车。

（5）光标选取目标图像回车。

（6）输入"A"回车（选择阵列）。

（7）输入"3"回车（一共3个圆）。

（8）输入"F"回车（选择布满）。

（9）输入"0，20"回车。

五、旋转对象

AutoCAD 中，用户可通过旋转命令将指定的对象绕指定点（称其为基点）旋转指定的角度。

1. 执行旋转命令的方法

方法一：输入命令"ROTATE"/"RO"并回车。

方法二：单击功能区控制面板栏"常用"选项下"修改"模块的 ○旋转 （旋转）选项，即执行 ROTATE 命令。

方法三：单击主菜单栏的"修改"选项，在其下拉菜单中选择"旋转"，即执行 ROTATE 命令。

2. 执行命令后的选项与操作

执行 ROTATE 命令后，选择要旋转的对象并回车，指定旋转基点，此时 AutoCAD 提示：指定旋转角度，或［复制（C）/参照（R）］：

☑ 指定旋转角度：输入角度值并回车，AutoCAD 会将对象绕基点转动该角度。在默认设置下，角度为正时沿逆时针方向旋转，反之沿顺时针方向旋转。

☑ 复制：选择"复制"后，创建出旋转对象后仍保留原对象。

☑ 参照：以参照方式旋转对象。执行该选项，AutoCAD 提示：指定参照角。输入参照角度值后，系统提示：指定新角度或［点（P）］，此时输入新角度值，或通过"点（P）"选项指定两点来确定新角度，AutoCAD 将根据参照角度与新角度的值自动计算旋转角度（旋转角度 = 新角度 – 参照角度），然后将对象绕基点旋转该角度。

【示例 2-43】绘制一个半径为 10，圆心为（0，0）的圆并以（10，0）为基点逆时针旋转 90°，要求保留源图形。

（1）输入"CIR"回车。

（2）输入"0，0"回车。

（3）输入"10"回车。

（4）输入"RO"回车。

（5）光标指定目标图形回车。

（6）输入"10，0"回车。

（7）输入"C"回车（选择复制）。

（8）输入"90"回车（旋转角度）。

【示例 2-44】绘制一个半径为 10，圆心为（0，0）的圆并以（10，0）为基点，45° 为参照角逆时针旋转 90°。

（1）输入"CIR"回车。

（2）输入"0，0"回车。

（3）输入"10"回车。

（4）输入"RO"回车。

（5）光标指定目标图形回车。

（6）输入"10，0"回车。

（7）输入"R"回车。

（8）输入"45"回车（参照角）。

（9）输入"90"回车（新角度）。

【示例 2-45】绘制一个半径为 10，圆心为（0，0）的圆并以（10，0）为基点逆时针旋转 90°。

（1）输入"CIR"回车。

（2）输入"0，0"回车。

（3）输入"10"回车。

（4）输入"RO"回车。

（5）光标指定目标图形回车。

（6）输入"10，0"回车。

（7）输入"90"回车（旋转角度）。

六、镜像对象

镜像对象是以某直线为镜像线，将选中的对象相对于指定镜像线进行镜像，从而生成对称的图形。

1.执行镜像对象命令的方法

方法一：输入命令"MIRROR"/"MI"并回车。

方法二：单击功能区控制面板栏"常用"选项下"修改"模块的 ⚠ 镜像（镜像）选项，即执行 MIRROR 命令。

方法三：单击主菜单栏的"修改"选项，在其下拉菜单中选择"镜像"，即执行

MIRROR 命令。

2. 执行命令后的选项与操作

执行 MIRROR 命令后，选择要镜像的对象并回车，指定镜像线的两端点，最后输入"Y"或"N"并回车即可（"Y"表示删除源对象，"N"表示保留源对象）。

【示例 2-46】绘制一个半径为 10，圆心为（0，0）的圆并以 X=20 为对称轴进行镜像对称，要求保留源图形。

（1）输入"CIR"回车。

（2）输入"0，0"回车。

（3）输入"10"回车。

（4）输入"MIR"。

（5）输入"20，0"。

（6）输入"20，1"（确定 X=20）。

（7）输入"N"（保留源图像）。

七、打断对象

AutoCAD 中，打断对象是指从指定的点处将图形对象分成两部分，或删除对象上所指定两点之间的部分。

1. 执行打断命令的方法

方法一：输入命令"BREAK"／"BR"并回车。

方法二：单击主菜单栏的"修改"选项，在其下拉菜单中选择"打断"，即执行 BREAK 命令。

方法三：单击功能区控制面板栏"常用"选项下"修改"模块的三角形图标 修改 ▼，在其下拉选项中单击 □（打断）或 □（打断于点）选项，即执行 BREAK 命令。

2. 执行命令后的选项与操作

若选择"打断于点"选项，则选中对象后，指定打断点，对象将从指定点处分成两个部分。

若选择"打断"选项，选中打断对象后，AutoCAD 提示：指定第二个打断点或［第一点（F）］:

☑ 指定第二个打断点：AutoCAD 将以用户选择对象时的拾取点作为第一断点，并在指定第二个断点后删除两断点间的部分。用户可选择：

  ⌄ 直接单击对象上的另一点，即删除两打断点间的部分。

  ⌄ 在对象的一端之外任意拾取一点，AutoCAD 将位于两拾取点之间的部分对象删除。

♠ 如果输入符号 "@" 后按 "Enter" 键或空格键，AutoCAD 将在选择对象时的拾取点处将对象一分为二。

☑ 第一点：执行该选项可重新确定第一断点。输入 "F" 并回车，重新确定第一个断点后，系统提示：指定第二个打断点。在此提示下，可以按前面介绍的三种方法确定第二断点。

【示例 2-47】绘制一条以（0，0），（0，20）为端点的线段，并将（0，5）到（0，10）这一段打断。

（1）输入 "LI" 回车。

（2）输入 "0，0" 回车。

（3）输入 "0，20" 回车。

（4）输入 "BR" 回车。

（5）光标选择目标线段回车。

（6）输入 "F" 回车。

（7）输入 "0，5" 回车（第一点）。

（8）输入 "0，10" 回车（第二点）。

【示例 2-48】绘制一条以（0，0），（0，20）为端点的线段并以（0，5）为打断点将其打断。

（1）输入 "LI" 回车。

（2）输入 "0，0" 回车。

（3）输入 "0，20" 回车。

（4）单击功能区控制面板栏 "常用" 选项下 "修改" 模块的三角形图标，在其下拉选项中单击打断于点选项。

（5）光标选择目标线段回车。

（6）输入 "0，5"（打断点）回车。

八、缩放对象

缩放对象是指将图形对象按一定比例放大或缩小的操作。

1. 执行缩放命令的方法

方法一：输入命令 "SCALE" / "SC" 并回车。

方法二：单击功能区控制面板栏 "常用" 选项下 "修改" 模块的 🔲缩放（缩放）选项，即执行 SCALE 命令。

方法三：单击主菜单栏的 "修改" 选项，在其下拉菜单中选择 "缩放"，即执行 SCALE 命令。

2. 执行命令后的选项与操作

执行 SCALE 命令后，选中缩放的对象并回车，指定缩放基点，此时 AutoCAD 提示：

指定比例因子或［复制（C）/参照（R）］:

☑ 指定比例因子：即确定缩放的比例因子，为默认项。输入比例因子后按 Enter 键或 Space 键，AutoCAD 将选中对象根据该比例因子相对于基点缩放，0< 比例因子 <1 时缩小对象，比例因子 >1 时放大对象。

☑ 复制：创建出缩小或放大的对象后仍保留原对象。输入"C"并回车，即执行该选项，再根据提示指定缩放比例因子即可。

☑ 参照：将对象按参照方式缩放。执行该选项，AutoCAD 提示：指定参照长度。输入参照长度的值或通过两点确定参照长度，其后系统提示：指定新的长度或［点（P）］。此时输入新的长度值或通过"点（P）"选项通过指定两点来确定长度值，则 AutoCAD 根据参照长度与新长度的值自动计算比例因子（比例因子 = 新长度值 ÷ 参照长度值），并进行对应的缩放。

【示例 2-49】利用"参照"将某矩形的宽度缩放为指定直线的长度。

（1）输入命令"SC"回车。

（2）选中矩形回车。

（3）指定矩形的缩放基点。

（4）输入"R"回车（按参照缩放）。

（5）选中矩形的宽的两端点（缩放图形的参照长度）。

（6）输入"P"回车（通过指定点来确定长度值）。

（7）分别单击指定直线的两端，即按指定直线完成缩放。

九、阵列对象

AutoCAD 中，阵列命令可以将选中的对象进行快速复制，并按一定的行列数、行距等进行有序排列。阵列的方式包括矩形阵列、环形阵列和路径阵列。

1. 矩形阵列

矩形阵列可将图形对象复制并按矩形分布的方式排列。

1.1 执行矩形阵列命令的方法

方法一：输入命令"ARRAYRECT"并回车。

方法二：单击功能区控制面板栏"常用"选项下"修改"模块的 ▦阵列▾（阵列）选项右侧的三角形，选择下拉选项中的矩形阵列 ▦矩形阵列，即执行 ARRAYRECT 命令。

方法三：单击主菜单栏的"修改"选项，在其下拉菜单中选择"阵列""矩形阵列"，即执行 ARRAYRECT 命令。

1.2 执行命令后的选项与操作

执行 ARRAYRECT 命令后，选中阵列对象并回车，此时 AutoCAD 提示：为项目数指定对角点或［基点（B）/角度（A）/计数（C）］< 计数 >。

☑　指定对角点：通过光标（或输入坐标）指定对角点，可快速选定行列数。

☑　基点：执行该选项，可指定阵列对象的基点。

☑　角度：执行该选项，可指定阵列的旋转角度。

☑　计数：执行该选项，可指定阵列的行数和列数。

通过上述方法指定阵列的行列数后，AutoCAD 提示：指定对角点以间隔项目或［间距（S）］。此时可通过移动光标直接指定间距，或输入"S"并回车，再输入阵列的行间距和列间距。

其后，AutoCAD 提示：按 Enter 键接受或［关联（AS）/基点（B）/行（R）/列（C）/层（L）/退出（X）］< 退出 >。此时，可通过夹点编辑或选项设置阵列的行数、列数及间距，对阵列进行修改。各选项的含义如下：

☑　夹点编辑：图形对象上的特殊点，如中点、端点、顶点等被称为夹点。在矩形阵列中，四个角落图形对象的基点，以及与原图形相邻的两图形对象的基点，均为可编辑的夹点。用户可直接单击夹点并移动光标，从而修改阵列的行列数与间距，如图 2-36 所示。

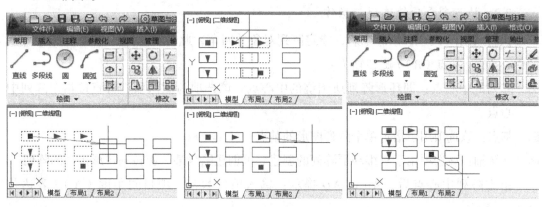

图 2-36　阵列中的夹点

☑　关联：执行该选项，可选择阵列对象是否关联。关联下的阵列对象为一个整体，不关联的阵列，其每个图形对象可单独编辑。AutoCAD 默认情况下创建关联阵列。

☑　基点：执行该选项，可指定阵列对象的基点。

☑　行：执行该选项，可指定阵列的行数以及行间距。

☑　列：执行该选项，可指定阵列的列数以及列间距。

☑　层：该选项用于三维阵列的创建，层数指 Z 轴方向的对象层数。

【示例 2-50】绘制指定间距、指定行列数、指定倾斜角度的矩形阵列。

（1）功能区控制面板栏→矩形阵列。

（2）选中对象图形回车。

（3）输入"A"回车。

（4）输入指定角度。

（5）为行列数指定对角点。

（6）输入"S"回车。

（7）输入指定行间距回车。

（8）输入指定列间距回车。

2. 环形阵列

环形阵列可将图形对象复制并绕某个中心点或旋转轴进行环形排列。

2.1　执行环形阵列命令的方法

方法一：输入命令"ARRAYPOLAR"并回车。

方法二：单击功能区控制面板栏"常用"选项下"修改"模块的 [阵列▾]（阵列）选项右侧的三角形，选择下拉选项中的环形阵列 [环形阵列]，即执行 ARRAYPOLAR 命令。

方法三：单击主菜单栏的"修改"选项，在其下拉菜单中选择"阵列""环形阵列"，即执行 ARRAYPOLAR 命令。

2.2　执行命令后的选项与操作

执行 ARRAYPOLAR 命令后，指定阵列对象并回车，此时 AutoCAD 提示：指定阵列的中心点或［基点（B）/旋转轴（A）］。

☑　阵列的中心点：即环形阵列所围绕的中心点。该选项为默认项，可直接指定阵列中心点。

☑　基点：该选项用于指定单个阵列图形的基点。

☑　旋转轴：该选项用于三维环形阵列的创建。可创建围绕某一旋转轴环形排列的阵列。

指定阵列中心点后，AutoCAD 提示：输入项目数或［项目间角度（A）/表达式（E）］。其中：

☑　项目数：表示阵列的图形对象数量。

☑　项目间角度：表示相邻阵列对象之间的角度。

设置完毕后，AutoCAD 提示：指定填充角度（+= 逆时针、−= 顺时针）或［表达式（EX）］。填充角度表示环形阵列整体包含的角度，输入的角度为正数则阵列方向为逆时针，反之为顺时针。AutoCAD 默认情况下的填充角度为 360°。

确定填充角度后，AutoCAD 提示：按 Enter 键接受或［关联（AS）/基点（B）/项目（I）/项目间角度（A）/填充角度（F）/行（ROW）/层（L）/旋转项目（ROT）/退出（X）］。此时，可对项目、角度等进行重新修改。"行"选项可以创建多行的环形阵列。"旋转项目"可指定阵列的图形对象是否绕中心旋转其方向。

【示例 2-51】绘制指定中心点、指定项目数的环形阵列。

（1）输入"ARRA"回车。

（2）选中对象图形回车。

（3）输入中心点回车。

（4）输入"I"回车。

（5）输入指定项目数回车。

3. 路径阵列

路径阵列可将图形对象复制并沿某个路径进行排列，该路径可以是直线、多段线、样条曲线、圆、圆弧等。

3.1　执行路径阵列命令的方法

方法一：输入命令"ARRAYPATH"并回车。

方法二：单击功能区控制面板栏"常用"选项下"修改"模块的 ▦ 阵列▾ （阵列）选项右侧的三角形，选择下拉选项中的路径阵列 ⌓ 路径阵列，即执行 ARRAYPATH 命令。

方法三：单击主菜单栏的"修改"选项，在其下拉菜单中选择"阵列""路径阵列"，即执行 ARRAYPATH 命令。

3.2　执行命令后的选项与操作

执行 ARRAYPATH 命令后，选中阵列的对象并回车，再选择路径曲线并回车，其后指定项目的数量、项目间的距离，或指定总距离、通过定数等分确定项目的位置。此时 AutoCAD 提示：按 Enter 键接受或［关联（AS）/ 基点（B）/ 项目（I）/ 行（R）/ 层（L）/ 对齐项目（A）/ 方向（Z）/ 退出（X）］，其中：

☑　关联：执行该选项，可选择阵列对象是否关联。关联下的阵列对象为一个整体，不关联的阵列，其每个图形对象可单独编辑。AutoCAD 默认情况下创建关联阵列。

☑　基点：执行该选项，可指定阵列对象的基点。

☑　项目：执行该选项，可指定阵列的项目数量与距离。

☑　行：执行该选项，可设置沿路径排列的阵列行数。

☑　层：该选项用于设置 Z 轴方向上的阵列层数。

☑　对其项目：执行该选项，可设置阵列对象是否对齐路径方向。

确定项目、行数、对齐等选项后，即创建路径阵列完毕。

【示例 2-52】绘制一个以一个半径为 1，圆心为（10，0）的圆 O_1 为阵列对象，以半径为 10，圆心为（0，0）的圆 O_2 作为路径进行指定项目，指定行数，对齐的阵列。

（1）输入"CIR"回车。

（2）输入"0，0"回车。

（3）输入"10"回车（O_2）。

（4）输入"CIR"回车。

（5）输入"10，0"回车。

（6）输入"1"回车（O_1）。

（7）输入"ARRAYP"回车。

（8）光标选择 O_1（阵列对象）。

（9）光标选择 O_2（阵列路径）。

（10）输入"I"回车。

（11）输入指定项目数以及距离回车。

（12）输入"R"回车。

（13）输入指定行数及距离回车。

（14）输入"A"回车。

（15）输入"Y"（对齐）。

十、拉伸对象

拉伸与移动命令的功能有类似之处，可用于移动图形，或对对象进行拉长或压缩。使用拉伸命令时，常通过窗交选择或圈交选择对象（参见第五节第一部分）。

1. 执行拉伸命令的方法

方法一：输入命令"STRETCH"/"S"并回车。

方法二：单击功能区控制面板栏"常用"选项下"修改"模块的 [拉伸]（拉伸）选项，即执行 STRETCH 命令。

方法三：单击主菜单栏的"修改"选项，在其下拉菜单中选择"拉伸"，即执行 STRETCH 命令。

2. 执行命令后的选项与操作

执行 STRETCH 命令后，通过窗交选择（自右向左绘出窗口，或输入"C"并回车，再指定窗口的两角点）、圈交（输入"CP"并回车，绘制不规则多边形窗口）或其他方法选中图形对象并回车。

此时 AutoCAD 提示：指定基点或 [位移（D）]：

☑ 指定基点：用于确定拉伸或移动的基点。指定基点后，再指定第二个点，即可完成拉伸或移动。

☑ 位移（D）：根据位移量移动对象。

【示例 2-53】用拉伸命令对指定图形进行位移。

（1）输入"STR"回车。

（2）选择目标图像回车。

（3）输入"D"回车。

（4）输入指定位移回车。

十一、拉长对象

拉长命令可以调整图形对象的长度却不改变其方向，使该对象沿原本的方向延长或缩短。

1. 执行拉长命令的方法

方法一：输入命令"LENGTHEN"/"LEN"并回车。

方法二：单击功能区控制面板栏"常用"选项下"修改"模块的三角形图标，在其下拉选项中单击 ⬜（拉长）选项，即执行 LENGTHEN 命令。

方法三：单击主菜单栏的"修改"选项，在其下拉菜单中选择"拉长"，即执行 LENGTHEN 命令。

2. 执行命令后的选项与操作

执行 LENGTHEN 命令后，AutoCAD 提示：选择对象或［增量（DE）/百分数（P）/全部（T）/动态（DY）］：

☑ 增量：执行该选项，可指定图形对象的长度增量或角度增量。

☑ 百分数：执行该选项，可通过输入长度百分数，修改对象的长度。

☑ 全部：执行该选项，可直接指定图形对象的总长度。

☑ 动态：执行该选项，可通过移动光标指定新端点，来动态修改图形对象长度。

用户根据自身需要选择其中某种方法，并输入拉长的长度（或百分比等）并回车，再选中拉长对象并回车即可。

【示例 2-54】将目标线段拉长 10。

（1）输入"LEN"回车。

（2）输入"DE"。

（3）输入"10"。

（4）光标选择目标线段。

十二、延伸对象

延伸对象可将指定的图形对象延伸到指定边界。

1. 执行延伸命令的方法

方法一：输入命令"EXTEND"/"EX"并回车。

方法二：延伸与修剪选项在功能区控制面板栏"常用"选项下"修改"模块中的同一选项内。一般 AutoCAD 界面默认显示修剪 ⬜ 修剪，单击"修剪"右侧三角形，在下拉选项中选择延伸 ⬜ 延伸，即可切换并执行 EXTEND 命令。

方法三：单击主菜单栏的"修改"选项，在其下拉菜单中选择"延伸"，即执行 EXTEND 命令。

2. 执行命令后的选项与操作

执行 EXTEND 命令后，选择作为延伸边界的对象并回车，此时 AutoCAD 提示：选择要延伸的对象，或按住"Shift"键选择要修剪的对象，或［栏选（F）/ 窗交（C）/ 投影（P）/ 边（E）/ 放弃（U）］。各选项含义如下：

☑ 选择要延伸的对象，或按住"Shift"键选择要修剪的对象：此为默认项，可选择对象进行延伸或修剪。用户在该提示下选择要延伸的对象，AutoCAD 将把该对象延长到指定的边界对象。如果延伸对象与边界交叉，在该提示下按下"Shift"键，然后选择对应的对象，则 AutoCAD 会修剪它，即将位于拾取点一侧的对象用边界对象将其修剪掉。

☑ 栏选：以栏选方式确定被延伸对象。

☑ 窗交：使与选择窗口边界相交的对象作为被延伸对象。

☑ 投影：确定执行延伸操作的空间。

☑ 边：该选项用于确定隐含边的延伸模式。若设置为隐含边不可延伸，则指定对象必须能够延伸至指定边界，才可执行延伸操作。若隐含边可延伸，且指定对象的延长线不与边界相交，则可将指定对象延伸至边界的隐含延长线上。

☑ 放弃（U）：取消上一次的操作。

用户根据自身需要选择相应选项进行延伸操作即可。

【示例 2-55】如图 2-37 所示，将十字部分的长度延长至圆的边界。

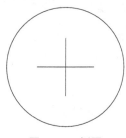

图 2-37　例图

（1）输入"EX"回车。

（2）光标选择圆回车。

（3）光标单击十字的四个边回车（延伸四边到圆边界）。

十三、修剪对象

AutoCAD 中，修剪命令可将图形中多余的线段删除。即通过指定剪切边，将被修剪对象沿剪切边断开，并删除位于剪切边一侧或位于两条剪切边之间的部分。

1. 执行修剪命令的方法

方法一：输入命令"TRIM"/"TR"并回车。

方法二：单击功能区控制面板栏"常用"选项下"修改"模块中的 ⌐ 修剪 （修剪）选项，即执行 TRIM 命令。

方法三：单击主菜单栏的"修改"选项，在其下拉菜单中选择"修剪"，即执行 TRIM 命令。

2. 执行命令后的选项与操作

执行 TRIM 命令后，选择作为剪切边的对象并回车，此时 AutoCAD 提示：选择要修剪的对象，或按住"Shift"键选择要延伸的对象，或［栏选（F）/窗交（C）/投影（P）/边（E）/删除（R）/放弃（U）］。各选项的含义如下：

☑ 选择要修剪的对象，或按住"Shift"键选择要延伸的对象：此为默认项。在该提示下选择被修剪对象，AutoCAD 会以剪切边为边界，将被修剪对象上位于拾取点一侧的多余部分或将位于两条剪切边之间的部分剪切掉。如果被修剪对象没有与剪切边相交，在该提示下按下"Shift"键后选择对应的对象，AutoCAD 则会将其延伸到剪切边。

☑ 栏选：执行该选项，以栏选方式确定被修剪对象。

☑ 窗交：执行该选项，使与选择窗口边界相交的对象作为被修剪对象。

☑ 投影：用于确定执行修剪操作的空间。

☑ 边：确定剪切边的隐含延伸模式。

☑ 删除：执行该选项，可删除指定的对象。

☑ 放弃：取消上一次的操作。

用户根据自身需要选择某种方式继续修剪操作即可。

【示例 2-56】如图 2-38 所示，将十字超出圆边界的部分进行修剪。

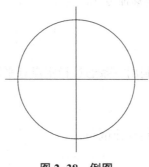

图 2-38 例图

（1）输入"TR"回车。

（2）选中圆回车。

（3）光标单击四个超出部分回车。

十四、偏移对象

AutoCAD 中，偏移操作又称为偏移复制，可将指定对象偏移一定距离，从而创建图形副本。常用于绘制同心圆、平行线或等距曲线。

1.执行偏移命令的方法

方法一：输入命令"OFFSET"/"O"并回车。

方法二：单击功能区控制面板栏"常用"选项下"修改"模块中的 ▦（偏移）选项，即执行 OFFSET 命令。

方法三：单击主菜单栏的"修改"选项，在其下拉菜单中选择"偏移"，即执行 OFFSET 命令。

2.执行命令后的选项与操作

执行 OFFSET 命令后，AutoCAD 提示：指定偏移距离或［通过（T）/删除（E）/图层（L）］：

☑ 指定偏移距离：此为默认项，根据偏移距离偏移复制对象。在该提示下直接输入距离值，或单击图上的两点确定偏移长度，其后选择偏移对象并回车，再指定要偏移的那一侧上的点即可完成图形的偏移。可通过回车退出偏移，也可以继续选择对象进行偏移复制。

☑ 通过：执行该选项，通过指定点，使偏移复制后得到的对象通过指定的点。

☑ 删除：执行该选项，可设置偏移后是否删除源对象。

☑ 图层：执行该选项，可将偏移对象创建在当前图层或源对象所在的图层上。

用户可根据自身需要，通过指定偏移距离或通过点完成偏移对象操作。

【示例 2-57】通过指定点作平行线。

（1）输入"O"回车（执行偏移命令）。

（2）输入"T"回车。

（3）选择要偏移的对象。

（4）单击指定的点，即可绘制出一条通过指定点且平行于原对象的线。

十五、创建倒角

倒角命令用于在两条直线之间创建倒角。

1.执行倒角命令的方法

方法一：输入命令"CHAMFER"/"CHA"并回车。

方法二：圆角和倒角选项在功能区控制面板栏"常用"选项下"修改"模块中的同一选项内，一般 AutoCAD 界面默认显示圆角 ▭圆角▾，单击其右侧三角形，在下拉选项中选择 ▭倒角（倒角）选项，即可切换并执行 CHAMFER 命令。

方法三：单击主菜单栏的"修改"选项，在其下拉菜单中选择"倒角"，即执行 CHAMFER 命令。

2. 执行命令后的选项与操作

执行 CHAMFER 命令后，AutoCAD 提示：选择第一条直线或［放弃（U）/ 多段线（P）/ 距离（D）/ 角度（A）/ 修剪（T）/ 方式（E）/ 多个（M）］：

☑ 选择第一条直线：选择进行倒角的第一条线段，为默认项。若用户未对倒角进行设置，需先设置倒角距离或角度，再选择第一条线段，其后选择第二条直线，即可完成倒角创建。

☑ 多段线：执行该选项，可对整条多段线创建倒角。

☑ 距离：该选项用于设置倒角距离。

☑ 角度：执行该选项，根据倒角距离和角度设置倒角尺寸。

☑ 修剪：该选项用于确定倒角后是否对相应的倒角边进行修剪。

☑ 方式：该选项用于确定倒角方式，即根据已设置的两倒角距离倒角，或根据距离和角度设置倒角。

☑ 多个：如果执行该选项，当用户选择了两条直线进行倒角后，可以继续对其他直线倒角，不必重新执行 CHAMFER 命令。

☑ 放弃：放弃已进行的设置或操作。

综上，用户通常需要先通过"距离"或"角度"选项设置倒角尺寸，再指定倒角的两条边以创建倒角。

【示例 2-58】将某正方形的四个角按照指定距离或角度创建倒角。

（1）输入"CHA"回车。

（2）光标选中正方形其中一条边。

（3）输入"D"（距离）或"A"（角度）回车。

（4）输入指定距离（第一距离 + 第二距离）或指定角度（距离 + 角度）回车。

（5）光标选择另一条相邻的边。

（6）重复操作对四个角进行倒角创建。

十六、创建圆角

圆角命令用于创建一段与两条相交边相切的圆弧，即创建圆角。

1. 执行圆角命令的方法

方法一：输入命令"FILLET"/"F"并回车。

方法二：单击功能区控制面板栏"常用"选项下"修改"模块中的 🔲 圆角 ▪（圆角）选项，即执行 FILLET 命令。

方法三：单击主菜单栏的"修改"选项，在其下拉菜单中选择"圆角"，即执行FILLET命令。

2. 执行命令后的选项与操作

执行 FILLET 命令后，AutoCAD 提示：选择第一个对象或［放弃（U）/多段线（P）/半径（R）/修剪（T）/多个（M）］：

☑ 选择第一个对象：此提示要求选择创建圆角的第一个对象为默认项。其后再选择第二个对象，则 AutoCAD 按当前的圆角半径设置对它们创建圆角。如果未对圆角半径进行设置，则需先设置后再选择两对象进行创建。

☑ 多段线：执行该选项，可对多段线创建圆角。

☑ 半径：该选项用于设置圆角半径。

☑ 修剪：执行该选项，可指定修剪模式，即创建圆角后是否对相应的圆角边进行修剪。

☑ 多个：执行该选项，用户选择两个对象创建出圆角后，可以继续对其他对象创建圆角，不必重新执行 FILLET 命令。

用户根据需要先设置圆角半径，再指定对象创建圆角即可。

【示例 2-59】将某正方形的四个角按照指定半径创建圆角。

（1）输入"FIL"回车。

（2）光标选中正方形其中一条边。

（3）输入"R"回车。

（4）输入指定半径回车。

（5）光标选择另一条相邻的边。

（6）重复操作对四个角进行圆角创建。

十七、分解对象

分解命令用于将复合对象分解，使每个部件对象可单独编辑。具体方法为：

方法一：输入命令"EXPLODE"/"X"并回车。执行分解命令后，选中要分解的对象回车即可。

方法二：单击功能区控制面板栏"常用"选项下"修改"模块的（分解）选项，即执行 EXPLODE 命令。后续操作如方法一。

方法三：单击主菜单栏的"修改"选项，在其下拉菜单中选择"分解"，即执行 EXPLODE 命令。后续操作如方法一。

十八、参数化绘图

AutoCAD 中，参数化绘图是指利用几何图形之间的约束关系进行图形的绘制，主要包括几何约束和标注约束。

1. 几何约束

几何约束用于图形对象间关系的约束。通过指定图形间的几何约束，可以快速绘出相应关系的图形。几何约束的类型包括：重合、垂直、平行、相切、水平、竖直、共线、同心、平滑、对称、相等、固定等。执行几何约束的方法为：

单击主菜单栏的"参数"选项，在其下拉菜单中选择"几何约束"，在"几何约束"子菜单中选取所需约束命令，再选取约束对象即可。

2. 标注约束

标注约束可以控制图形对象的大小、角度等，使对象间或对象上的点之间始终保持指定的长度距离或角度。标注约束的具体类型如下：

☑ 对齐：用于约束线条两端点之间的长度。

☑ 水平：用于约束线条两端点在水平方向上的长度。

☑ 竖直：用于约束线条两端点在竖直方向上的长度。

☑ 角度：用于约束两直线夹角，或圆弧的包含角（圆弧两端点与圆心连线的夹角）。

☑ 半径：用于约束圆或圆弧的半径。

☑ 直径：用于约束圆或圆弧的直径。

执行标注约束的方法为：

单击主菜单栏的"参数"选项，在其下拉菜单中选择"标注约束"，在"标注约束"子菜单中选取所需约束命令，再选取约束对象应用该命令，最后设定所需尺寸即可。

【示例 2-60】利用参数化绘图功能绘制如图 2-39 所示的图形，并测定图中圆的直径。

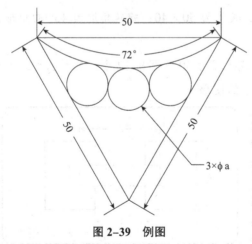

图 2-39　例图

（1）输入"L"回车，绘制一个三角形。

（2）输入"A"回车，绘制过三角形两端点的弧。

（3）输入"C"回车，在三角形内绘制三个小圆。

（4）主菜单栏"参数"→"自动约束"，全选上述图形并回车（注：在使用参数化绘图功能时，通常需要先对图形进行自动约束，使图形不会随意变动，否则，使用单独的约束功能时，图形很可能分散、产生较大形变）。

（5）主菜单栏"参数"→"几何约束"→"相等"，选择三角形的任意两边。

（6）回车，再选择其他两条边，使三角形三条边相等。

（7）主菜单栏"参数"→"几何约束"→"相切"，选择圆和圆弧。

（8）回车，选择上一步中的圆和相应三角形的边。

（9）重复回车以使用"相切"约束，使三个圆彼此相切，并与圆弧、三角形的两条边相切。

（10）主菜单栏"参数"→"几何约束"→"相等"，选择任意两个圆。

（11）回车，选择其他两圆，使三个圆大小相等。

（12）主菜单栏"参数"→"标注约束"→"角度"，约束对象选择圆弧，将标注角度修改为72。

（13）主菜单栏"参数"→"标注约束"→"对齐"，约束点选择三角形任意两角点，将标注长度修改为50。

（14）主菜单栏"参数"→"几何约束"→"水平"，选择对象为圆弧两端点所在的三角形的边。

（15）图形绘制完毕。主菜单栏"标注"→"直径"，选择任意一个圆，测得圆的直径为11.339。

本节习题

1. 绘制倒角为7×5，长宽为50×40，旋转角度为45°的矩形，形成间距为70，行列为6×4的阵列。

2. 将R=20的圆，围绕半径为80的圆排12个，且两圆形边缘相距20。

3. 绘制如图2-40所示的图形。

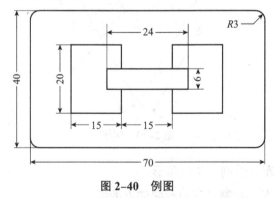

图2-40　例图

4. 绘制如图2-41所示的图形。

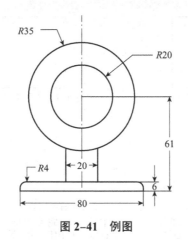

图 2-41 例图

第六节 AutoCAD 面域创建与图案填充

AutoCAD 中，用户可将一定平面区域创建为面域，并可在指定的区域填充图案、颜色等。本节将就面域的创建与图案填充进行介绍。

一、面域的创建与布尔运算

面域是具有一定边界的二维区域。在 AutoCAD 中，用户可以创建面域，以便于提取其信息、应用填充，或使用布尔运算将简单对象合并为复杂对象。

1. 创建面域

在 AutoCAD 中，用户无法直接创建面域，但可通过面域命令将闭合图形转化为面域。执行面域命令的方法为：

方法一：输入命令"REGION"/"REG"并回车，再选择欲创建为面域的对象并回车即可。

方法二：单击功能区控制面板栏"常用"选项下"绘图"模块的三角形，在其下拉模块中选择 (面域) 图标，即执行 REGION 命令，选择欲创建为面域的对象并回车即可。

方法三：单击主菜单栏的"绘图"选项，在其下拉菜单中选择"面域"，即执行 REGION 命令。选择欲创建为面域的对象并回车即可（图 2-42）。

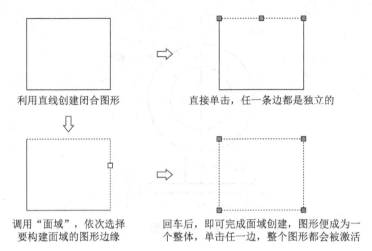

利用直线创建闭合图形　　　　　　直接单击，任一条边都是独立的

调用"面域"，依次选择　　　　　回车后，即可完成面域创建，图形便成为一
要构建面域的图形边缘　　　　　个整体，单击任一边，整个图形都会被激活

图 2-42　创建面域

2. 面域的布尔运算

布尔运算是数字符号化的逻辑推演法，在 AutoCAD 中，布尔运算包括并集、交集和差集，可以在多个或嵌套、或相交的面域中提取出需要的面域（图 2-43）。在执行布尔运算前，必须先将对应图形转化为面域，再进行下述操作。

2.1　并集

并集可理解为联合、合并，即将所选的所有面域合并为一个整体，删去内部多余的线条，以最外部的线条为轮廓所定义的面域。

执行并集命令的方法为：

方法一：输入命令"UNION" / "UNI"并回车，再选择所需面域并回车即可。

方法二：单击主菜单栏的"修改"选项，在其下拉菜单中选择"实体编辑""并集"，即执行 UNION 命令。再选择所需面域并回车即可。

2.2　交集

在 AutoCAD 中，交集命令可提取并保留多个面域相交的部分，删除其他部分。

执行交集命令的方法为：

方法一：输入命令"INTERSECT" / "IN"并回车，再选择所需面域并回车即可。

方法二：单击主菜单栏的"修改"选项，在其下拉菜单中选择"实体编辑""交集"，即执行 INTERSECT 命令。再选择所需面域并回车即可。

2.3　差集

差集可理解为相减，在 AutoCAD 中，差集命令指在某个选定面域的基础上减去其他面域，以保留剩余的面域。

执行差集命令的方法为：

方法一：输入命令"SUBTRACT"/"SU"并回车，即执行差集命令。选择第一个面域并回车，再选择需要减去的面域并回车即可。

方法二：单击主菜单栏的"修改"选项，在其下拉菜单中选择"实体编辑""差集"，即执行 SUBTRACT 命令。其后操作如方法一。

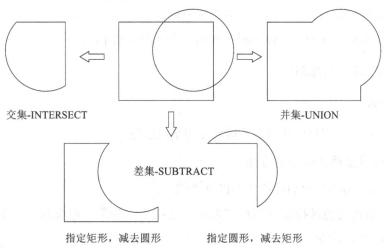

交集-INTERSECT　　　　　　　　　　　　　　　并集-UNION

差集-SUBTRACT

指定矩形，减去圆形　　　　　指定圆形，减去矩形

图 2-43　布尔运算示意

【示例 2-61】运用面域功能绘制如图 2-44 所示的图形，大圆半径为 10，小圆半径为 2。

图 2-44　例图

（1）输入"C"回车（调用圆命令）。

（2）光标指定圆心。

（3）输入"10"回车（指定圆的半径为 10）。

（4）输入"L"回车（调用直线命令）。

（5）指定圆心为第一个端点。

（6）输入"@15<90"回车（指定直线的第二个端点）。

（7）输入"C"回车（调用圆命令）。

（8）指定直线和圆的交点为圆心。

（9）输入"2"回车（指定圆的半径为 2）。

（10）功能区控制面板栏→环形阵列，选中小圆回车。

（11）指定大圆圆心为阵列中心。

（12）输入"I"回车，输入"5"回车（将项目数调整为5）。

（13）选中直线，Delete。

（14）功能区控制面板栏→分解，选中阵列回车。

（15）功能区控制面板栏→面域，全选图形回车。

（16）主菜单栏→修改→实体编辑→并集，全选图形回车。

二、图案填充与编辑

1.图案填充

在 AutoCAD 中，用户可在指定区域填充图案或颜色。

1.1　执行图案填充命令的方法

方法一：输入命令"HATCH"/"H"并回车。

方法二：单击功能区控制面板栏"常用"选项下"绘图"模块的 ▨（图案填充）图标，即执行 HATCH 命令。

方法三：单击主菜单栏的"绘图"选项，在其下拉菜单中选择"图案填充"，即执行 HATCH 命令。

1.2　执行命令后的选项与操作

功能区控制面板栏弹出"图案填充创建"模块，该模块中包括以下选项：定义图案填充边界的方式、图案填充类型、图案填充颜色、背景色、图案填充透明度、角度、填充图案比例等。依次设置这些选项即可完成图案填充。各选项含义如下：

定义图案填充边界：其方式包括拾取内部点或选择对象。

拾取内部点：通过拾取闭合图形的内部点定义图案填充的边界。输入"K"并回车，或直接单击 ▣（拾取点）图标，即调用该方式，再单击欲填充图案的图形内部即可。

选择对象：通过选择图形对象来定义图案填充的边界。输入"S"并回车，或单击 ▥ 选择（选择）图标，即调用该方式，再选择需要填充的图形对象即可。

图案填充类型：包括填充颜色、渐变色或图案。颜色为一种固定颜色，渐变色为两种颜色渐变，图案即 AutoCAD 固有的各种图案。

图案填充颜色：选择图案填充类型后，需设置该图案的颜色。

背景色：如果填充类型为图案，可选择是否添加背景色，即图案底部的颜色，利用面板栏"特性"中的 ▤（背景色）进行更改。

图案填充透明度：即填充图案的透明程度，可设置区间为 0-90。0 为不透明，90 为透明度最大值。利用特性模块中 ▦ ·图案填充透明度 更改，可以输入数字或拖动调节阀 〔 的方式更改透明度。

角度：如果填充类型为渐变色或图案，可设置填充图案的旋转角度，利用特性模块中的 角度 进行更改。以输入数字或拖动调节阀 | 的方式更改角度。

填充图案比例：如果填充类型为图案，需设置填充图案的比例，使其契合图形所需。在特性栏中的 ▣（比例）进行设置，比例越大，图案越大、越稀疏。

全部参数设置完毕后，按 Enter 键或 Esc 键或（关闭图案填充创建）图标，即可结束图案填充操作。

【示例 2-62】仿照图 2-45 进行绘制与图案填充。

图 2-45　例图

（1）功能区控制面板栏→矩形，指定第一个角点。

（2）输入"D"回车，输入"20"回车，输入"15"回车（根据尺寸绘制矩形，长为 20，宽为 15）。

（3）指定另一角点。

（4）功能区控制面板栏→图案填充。

（5）输入"S"回车，选中矩形（通过选择对象的方式确定图案填充范围）。

（6）图案填充类型→图案。

（7）图案→选择如图所示的交叉图案。

（8）图案填充颜色→黑色。

（9）图案填充比例→22。

（10）设定原点→指定矩形左上角（移动填充图案与指定原点对齐）。

（11）关闭图案填充创建。

（12）功能区控制面板栏→分解，全选图形回车。

（13）功能区控制面板栏→图案填充。

（14）图案填充类型→实体。

（15）图案填充颜色→黑色。

（16）输入"K"回车（通过拾取内部点的方式填充图案）。

（17）光标移动到填充区域，单击左键。

（18）全部填充完毕回车。

2. 编辑已填充图案

已填充完毕的图案可再次进行编辑修改或删除。

用户若想编辑图案，可直接单击该填充图案，功能区控制面板栏即弹出"图案填充编辑器"模块，该模块与上述"图案填充创建"模块的功能排布相同，用户根据需要在其中进行修改即可。

用户若想删除已填充图案，则选中图案后按 Delete 键即可。

本节习题

1. 绘制如图 2-46 所示的图形并进行图案填充。

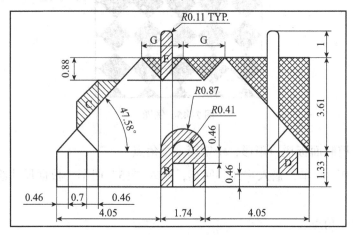

图 2-46 例图

2. 绘制如图 2-47 所示的图形并进行图案填充。

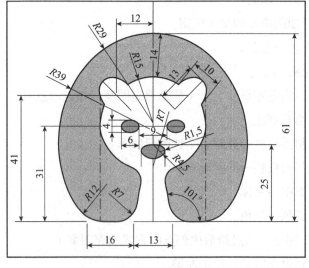

图 2-47 例图

第七节　AutoCAD 图形尺寸查询与标注

一、查询

在 AutoCAD 中，用户可通过查询（测量）功能查看图形的距离、半径、角度、面积、体积、面域特性等。

1. 查询距离

查询距离即测量两点之间的距离。

执行查询距离命令的方法为：

方法一：单击功能区控制面板栏"常用"选项下"实用工具"模块的▦（测量）图标下的三角形，在其下拉选项中选择▭距离（距离），即执行 MEASUREGEOM 命令。选择测量的第一点、第二点，系统即显示其距离。按 Esc 键即可退出查询。

方法二：单击主菜单栏的"工具"选项，在其下拉菜单中选择"查询""距离"，即执行 MEASUREGEOM 命令。后续操作如方法一。

2. 查询半径

查询半径即测量圆或圆弧的半径，同时也显示圆或圆弧的直径。

执行查询半径命令的方法为：

方法一：单击功能区控制面板栏"常用"选项下"实用工具"模块的测量图标下的三角形，在其下拉选项中选择◌半径（半径），即执行 MEASUREGEOM 命令。选择要测量的圆或圆弧，系统即显示其半径。按 Esc 键可退出查询。

方法二：单击主菜单栏的"工具"选项，在其下拉菜单中选择"查询""半径"，即执行 MEASUREGEOM 命令。后续操作如方法一。

3. 查询角度

查询角度可测量圆或圆弧或两直线夹角的角度。

3.1　执行查询角度命令的方法

方法一：单击功能区控制面板栏"常用"选项下"实用工具"模块的测量图标下的三角形，在其下拉选项中选择◺角度（角度），即执行 MEASUREGEOM 命令。

方法二：单击主菜单栏的"工具"选项，在其下拉菜单中选择"查询""角度"，即执行 MEASUREGEOM 命令。

3.2　执行命令后的选项与操作

执行查询角度命令后，可选择圆弧、圆或直线进行角度测量。

圆弧：可测量圆弧的包心角（圆弧两端点与圆心的夹角）。单击欲测量的圆弧，系统即显示其角度。按 Esc 键可退出查询。

圆：可测量圆上指定两端点的包心角。其操作为：单击圆（以单击的点为第一个端点），指定角的第二个端点，系统即显示两端点与圆心的夹角角度。

直线：可测量两直线（或其延长线）的夹角角度。单击直线，再选择第二条直线，系统即显示其夹角角度。

4. 查询面积和周长

查询面积功能可测量图形对象的面积和周长。

4.1 执行查询面积命令的方法

方法一：单击功能区控制面板栏"常用"选项下"实用工具"模块的测量图标下的三角形，在其下拉选项中选择▲面积（面积），即执行 MEASUREGEOM 命令。

方法二：单击主菜单栏的"工具"选项，在其下拉菜单中选择"查询""面积"，即执行 MEASUREGEOM 命令。

4.2 执行命令后的选项与操作

执行查询面积命令后，AutoCAD 提示：指定第一个角点或［对象（O）/增加面积（A）/减少面积（S）/退出（X）］。

指定第一个角点：该方式为默认项。连续指定图形对象的角点，指定完毕后回车，系统即显示该多边形的面积和周长。按 Esc 键可退出查询。

对象：查询某个图形对象的面积和周长。输入"O"并回车，选择对象，系统即显示该对象的面积和周长。

增加面积：查询各图形面积之和。输入"A"并回车，通过指定角点或对象的方法选择测量对象，回车，系统即显示其总面积。

减少面积：查询各图形面积之差，需配合"增加面积"使用。先输入"A"并回车，选择需要测量的图形对象并回车，再输入"S"并回车，选择需要减去的图形对象并回车，系统即显示其面积差值。

5. 查询体积

查询体积即测量图形对象的体积。

5.1 执行查询体积命令的方法

方法一：单击功能区控制面板栏"常用"选项下"实用工具"模块的测量图标下的三角形，在其下拉选项中选择▯体积（体积），即执行 MEASUREGEOM 命令。

方法二：单击主菜单栏的"工具"选项，在其下拉菜单中选择"查询""体积"，即执行 MEASUREGEOM 命令。

5.2 执行命令后的选项与操作

执行查询体积命令后，系统提示：指定第一个角点或［对象（O）/增加体积（A）/减去体积（S）/退出（X）]。

指定第一个角点：该方式为默认项。连续指定图形对象的角点，指定完毕后回车，再输入高度并回车，系统即显示其体积。按 Esc 键可退出查询。

对象：查询某个图形对象的体积。输入"O"并回车，选择对象，再输入其高度并回车，系统即显示该对象的体积。

增加体积：查询各图形体积之和。输入"A"并回车，通过指定角点或对象的方法选择测量对象并回车，再指定高度并回车。重复该操作以增加多个图形对象的体积，回车，系统即显示其总体积。

减少体积：查询各图形体积之差，需配合"增加体积"使用。先输入"A"并回车，选择需要测量的图形对象并回车，再指定其高度并回车（可重复此操作增加多个图形的体积），其后输入"S"并回车，选择需要减去的图形对象并回车，再指定其高度、回车（可重复此操作减去多个图形的体积），系统即显示其体积差值。

6. 查询面域特性

查询面域特性可查看面域的面积、周长、质心等信息。

执行该命令的方法为：

单击主菜单栏的"工具"选项，在其下拉菜单中选择"查询""面域 / 质量特性"，即执行 MASSPROP 命令。选择面域并回车，系统即显示该面域的信息。

7. 对象特性

在 AutoCAD 中，用户可查看图形对象的特性，如长度、角度、面积等。

执行特性命令的方法为：

方法一：选择图形对象，单击鼠标右键，选择"特性"，系统即弹出"特性"对话框。该对话框中即显示图形对象的各种信息。单击对话框中相应属性，下拉选项中可对该特性进行修改，例如，单击颜色后，在下拉选项中选择需要的颜色，单击即可，如图 2-48 所示。

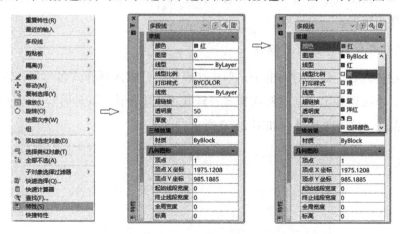

图 2-48　特性调用及修改（以颜色修改为例）

方法二：单击主菜单栏的"修改"选项，在其下拉菜单中选择"特性"，系统即弹出"特性"对话框。选择图形对象，该对话框中即显示该图形对象的各种信息。按 Esc 键可取消选择，再选择其他对象即可查看该对象特性。

二、标注样式设置

尺寸标注由尺寸线、尺寸界线、尺寸箭头、尺寸文本组成，如图 2-49 所示。

标注样式用以设置标注的尺寸线、文字、箭头、符号等元素。用户在使用标注功能前，可根据自身需要新建或修改标注样式，使其应用时与图形对象更契合。

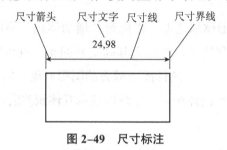

图 2-49　尺寸标注

1. 新建标注样式

AutoCAD 中有默认的标注样式，但不适用于所有情况。用户在创建标注前，可新建标注样式，并设置为自身需要的样式模板。

1.1　执行标注样式命令的方法

方法一：输入命令"DIMSTYLE"/"D"并回车，系统即弹出"标注样式管理器"对话框。

方法二：单击主菜单栏的"格式"选项，在其下拉菜单中选择"标注样式"，系统即弹出"标注样式管理器"对话框。

方法三：单击主菜单栏的"标注"选项，在其下拉菜单中选择"标注样式"，系统即弹出"标注样式管理器"对话框。

1.2　执行命令后的选项与操作

在"标注样式管理器"对话框中，单击"新建"，输入新样式名（如：样式 1）后单击"继续"，系统即弹出"新建标注样式：样式 1"对话框。该对话框中包括标注样式的线、符号和箭头、文字等选项，如图 2-50 所示。

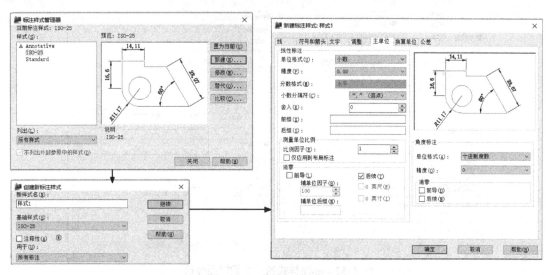

图 2-50 新建标注样式

☑ 线：该选项下可设置尺寸线和尺寸界线。尺寸界线指标注尺寸的边界，常为细实线；尺寸线画在两尺寸界线之间，用以表示所注尺寸的长度、方向。对尺寸线和尺寸界线的设置主要包括以下内容：

⚠ 颜色、线型、线宽：用户可根据需要对尺寸线和尺寸界线的颜色、线型和线宽进行设置。其中，颜色和线宽可在下拉选项中直接更改，以尺寸线为例，如图 2-51 所示；线型的默认种类一般较少，可根据需要从其他选项中加载更多线型种类，以待使用，如图 2-52 所示。

📖 提示：ByBlock 表示其属性使用它所在的图块的属性，若没有被定义为图块，则使用默认属性，即颜色为黑或白、线宽为 0、线型为实线。ByLayer 则表示对象属性使用它所在图层的属性。

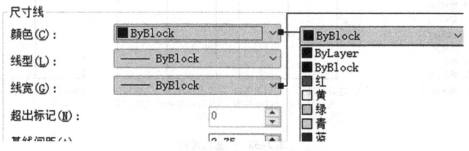

图 2-51 标注样式的尺寸线颜色、线宽更改

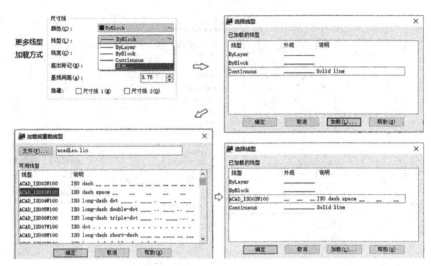

图 2-52　标注样式的尺寸线线型修改

⌃　超出标记：当尺寸箭头设置为短斜线、短波浪线等，或无箭头时，可利用此选项设置尺寸线超出尺寸界线的距离。

📖 **提示**：此功能只有在"符号与箭头"页面中的箭头类型为建筑标记或倾斜时，才可被激活从而进行修改。

⌃　基线间距：设置基线标注的相邻两尺寸线之间的距离。

📖 **提示**：使用此功能前，必须先建立一个标注。调用标注中的"基线"，后面的标注与已有标注间距大小即固定为设定好的基线间距。例如基线间距为 1.5，调用基线标注效果如图 2-53 所示。

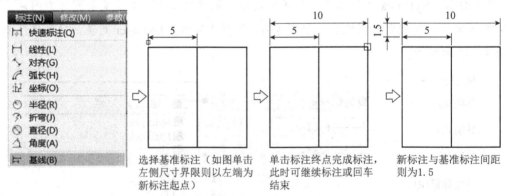

图 2-53　基线间距

⌃　隐藏：该选项可将尺寸线、尺寸界线隐藏不显示，通常不勾选。

⌃　超出尺寸线：指尺寸界线超出尺寸线的部分的长度，可根据自身需要进行修改。

⌃　起点偏移量：指尺寸界线的起点相对于标注图形的偏移量，可根据自身需要进行修改。

♙ 固定长度的尺寸界线：勾选后可将尺寸界线设置为固定长度。但会使其起点偏移量过高，通常不勾选。

☑ 符号和箭头：该选项下可设置箭头的样式、大小，圆心标记的样式、大小，折断标注的大小，弧长符号的位置、折弯标注的角度和高度因子。

☑ 文字：该选项下可设置文字的样式、颜色、高度、位置等。

♙ 文字样式：包括文字的字体、宽度因子等。修改文字样式的操作通常为：单击文字样式右侧的 "⬚" 图标，系统即弹出 "文字样式" 对话框（图 2-54），单击 "新建"，命名后确定，再选择所需字体，并根据需要修改 "宽度因子" 以调整字体的宽度，最后单击 "应用" 即可。"文字样式" 对话框中的 "高度" 通常不做设置，因为一旦设置后不便于修改。

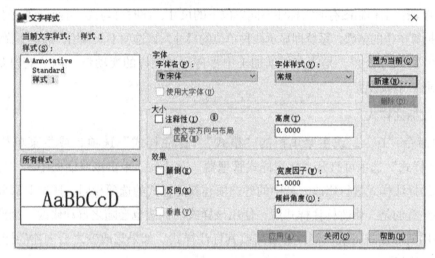

图 2-54 文字样式设置

♙ 文字颜色：与线相同，ByBlock 表示其属性使用它所在的图块的属性，ByLayer 表示属性使用它所在图层的属性，也可根据需要设置固定颜色。

♙ 填充颜色：即文字的背景填充色，通常无填充色。

♙ 文字高度：用以设置文字的大小。文字高度通常在此处设置，而非 "文字样式" 对话框，此处便于修改。

♙ 文字位置：垂直位置即文字相对于尺寸线的位置，水平位置是文字相对于尺寸界线的位置，根据需要设置即可。"观察方向" 通常为 "从左到右"，不做修改。"从尺寸线偏移" 表示文字相对于尺寸线的偏移程度。

♙ 文字对齐："水平" 表示文字始终保持水平，"与尺寸线对齐" 表示文字方向与尺寸线方向对齐，"ISO 标准" 除了引线上文字保持水平，其他文字与尺寸线方向对齐。

☑ 调整：调整特殊情况下的标注显示，修改标注特征比例等。

      ⊿   调整选项、文字位置：如果尺寸界线之间没有足够的空间放置文字和箭头，通常选择"文字始终保持在尺寸界线之间"，或选择移出"文字或箭头"并将"文字位置"修改为"尺寸线上方"，避免文字处于尺寸线旁边从而与其他文字重合的情况。

      ⊿   标注特征比例：用于快捷修改标注的比例大小。

☑   主单位：用于修改标注的精度、测量单位的比例因子等。

"单位格式"通常为小数；

"精度"根据需要设置，通常为小数点后两位至四位。

"小数分隔符"包括逗点、句点、空格。

"比例因子"表示所标注尺寸相对于实际测量值的比例。

☑   换算单位：工程制图有时需标注不同单位下的尺寸，此时可勾选"显示换算单位"，再调整换算单位的倍数，系统即显示两种单位的尺寸。该选项不太常用，通常不做设置。

☑   公差：即尺寸公差，是指在切削加工中零件尺寸允许的变动量，包括上偏差与下偏差。通常不做设置。

2. 修改标注样式

通过命令"D"，或主菜单栏的"格式""标注样式"选项，或主菜单栏的"标注""标注样式"选项可打开"标注样式管理器"对话框。单击该对话框中的"修改"可对已创建的标注样式进行修改，其中的各选项与新建样式的选项相同，详见上部分。

需要注意的是，修改标注样式后，使用该样式的标注也会随之自动修改。因此，如果想对已使用的标注进行统一修改，可修改其标注样式。如果想改变之后创建的标注样式，则应新建标注样式。

三、尺寸标注

AutoCAD 中尺寸标注的方式有许多，包括线性标注、对齐标注、半径标注等，可以方便、快捷地用于不同图形的标注。

1. 线性标注

线性标注用于标注图形的线性长度，指两点间的垂直或水平距离。

1.1   执行线性标注命令的方法

方法一：输入命令"DIMLINEAR"/"DLI"并回车，即执行线性标注命令。

方法二：单击功能区控制面板栏 常用 （常用）选项下"注释"模块的" 线性 "（线性）图标，若默认不是线性则单击旁边的三角形，在其下拉选项中选择线性，即调用线性标注命令。

方法三：单击主菜单栏的"标注"选项，在其下拉菜单中选择"线性"。

1.2 执行命令后的选项与操作

执行线性标注命令后的操作通常为：用鼠标在欲标注的两个点单击，再拉动鼠标出现尺寸，最后单击鼠标确定尺寸线的位置即可完成线性标注。

而在单击两个点后，系统会提示：指定尺寸线位置或［多行文字（M）/文字（T）/角度（A）/水平（H）/垂直（V）/旋转（R）］。各选项的含义为：

☑ 多行文字：该选项可对尺寸值进行编辑。输入"M"并回车，即可输入自定义的尺寸值，也可输入公差、符号等等。

☑ 文字：与多行文字类似，可对尺寸值进行修改。输入"T"并回车，系统即出现输入新文字的输入框，输入新标注值回车即可。

☑ 角度：指文字的倾斜角度。输入"A"回车，再输入角度值并回车即可修改文字的角度。

☑ 垂直、水平：表示标注的为垂直距离或水平距离。输入"H"并回车代表标注的为水平尺寸，输入"V"回车代表标注的为垂直尺寸，其方向将不再随光标移动而改变。

☑ 旋转：该选项可修改尺寸线的角度。

2. 对齐标注

对齐标注用于创建与图形对象平行的标注，即可标注任意线段的长度。

2.1 执行对齐标注命令的方法

方法一：输入命令"DIMALIGNED"/"DAL"并回车，即执行对齐标注命令。

方法二：单击功能区控制面板栏"常用"选项下"注释"模块的"线性"图标边的三角形，在其下拉选项中选择 ↘ 对齐 （对齐），即调用对齐标注命令。

方法三：单击主菜单栏的"标注"选项，在其下拉菜单中选择"对齐"。

2.2 执行命令后的选项与操作

执行对齐标注命令后的操作通常为：用鼠标在欲标注的两个点单击，再拉动鼠标出现尺寸，最后单击鼠标确定尺寸线的位置即可。

在单击标注的两端点后，AutoCAD 提示：［多行文字（M）/文字（T）/角度（A）］，各选项含义与线性标注相同，详见线性标注。

3. 弧长标注

弧长标注用于标注圆弧的长度。

3.1 执行弧长标注命令的方法

方法一：输入命令"DIMARC"/"DAR"并回车，即执行弧长标注命令。

方法二：单击功能区控制面板栏"常用"选项下"注释"模块的"线性"图标旁的三角形，在其下拉选项中选择 ⌒ 弧长 （弧长），即调用弧长标注命令。

方法三：单击主菜单栏的"标注"选项，在其下拉菜单中选择"弧长"。

3.2 执行命令后的选项与操作

执行弧长标注命令后，选中圆弧，AutoCAD 提示：指定弧长标注位置或［多行文字（M）/文字（T）/角度（A）/部分（P）/引线（L）］。

☑ 指定弧长标注位置：默认项，此时移动鼠标将出现弧长尺寸，再单击鼠标确定标注的位置即可。

☑ 多行文字：该选项可对尺寸值进行编辑。输入"M"并回车，即可输入自定义的尺寸值，也可输入公差、符号等等。

☑ 文字：与多行文字类似，可对尺寸值进行修改。输入"T"并回车，系统即出现输入新文字的输入框，输入新标注值回车即可。

☑ 角度：该选项用于指定标注文字的倾斜角度。

☑ 部分：该选项用于标注所选圆弧的其中一部分的长度。输入"P"回车，指定标注的两个端点，再单击鼠标确定标注的位置即可。

☑ 引线：用于创建引线。

4. 坐标标注

坐标标注用于标注图形的某个点相对于原点在 X 轴方向或 Y 轴方向上的偏移距离，即所选点的 X 值或 Y 值。

4.1 执行坐标标注命令的方法

方法一：输入命令"DIMORDINATE"/"DOR"并回车，即执行坐标标注命令。

方法二：单击功能区控制面板栏"常用"选项下"注释"模块的"线性"图标旁的三角形，在其下拉选项中选择 （坐标），即调用坐标标注命令。

方法三：单击主菜单栏的"标注"选项，在其下拉菜单中选择"坐标"。

4.2 执行命令后的选项与操作

执行坐标标注命令后，指定点，AutoCAD 提示：指定引线端点或［X 基准（X）/Y 基准（Y）/多行文字（M）/文字（T）/角度（A）］，各选项含义如下。

☑ 指定引线端点：默认项，移动鼠标将出现标注文字与引线，左右移动将标注 Y 值，上下移动将标注 X 值，确定引线端点后点击鼠标左键即可。

☑ X 基准：表示标注点的 X 值。输入"X"并回车，此时不论如何移动光标都将标注 X 值，确定引线端点后单击鼠标左键即可。

☑ Y 基准：表示标注点的 Y 值。输入"Y"并回车，此时不论如何移动光标都将标注 Y 值，确定引线端点后单击鼠标左键即可。

☑ 多行文字：该选项可对尺寸值进行编辑。

☑ 文字：与多行文字类似，可对尺寸值进行修改。

☑ 角度：用于指定标注文字的倾斜角度。

5. 半径标注

半径标注用于标注圆弧或圆的半径长度。

5.1　执行半径标注命令的方法

方法一：输入命令"DIMRADIUS"/"DRA"并回车，即执行半径标注命令。

方法二：单击功能区控制面板栏"常用"选项下"注释"模块的"线性"图标旁的三角形，在其下拉选项中选择 （半径），即调用半径标注命令。

方法三：单击主菜单栏的"标注"选项，在其下拉菜单中选择"半径"。

5.2　执行命令后的选项与操作

执行半径标注命令后，指定圆弧或圆，AutoCAD 提示：指定尺寸线位置或[多行文字（M）/文字（T）/角度（A）]。此时移动光标调整尺寸线位置，再单击鼠标左键即可。其余选项含义与上述其他标注相同。

6. 折弯标注

折弯标注用于标注圆或圆弧的半径，也可称其为缩放的半径标注，通常用于大半径圆弧或圆的标注。

6.1　执行折弯标注命令的方法

方法一：输入命令"DIMJOGGED"/"DJ"并回车，即执行半径标注命令。

方法二：单击功能区控制面板栏"常用"选项下"注释"模块的"线性"图标旁的三角形，在其下拉选项中选择 （折弯），即调用折弯标注命令。

方法三：单击主菜单栏的"标注"选项，在其下拉菜单中选择"折弯"。

6.2　执行命令后的选项与操作

执行折弯标注命令后，选定圆弧或圆，接着移动鼠标指定图示中心位置，即折弯标注线的末端位置，此时 AutoCAD 提示：指定尺寸线位置或[多行文字（M）/文字（T）/角度（A）]。移动鼠标指定尺寸线位置，再指定折弯位置即可。其他选项如多行文字、文字以及角度的含义与上述其他标注相同，如有需要，输入对应命令并回车即可。

7. 直径标注

直径标注用于标注圆弧或圆的直径，标注文字前带有直径符号。

7.1　执行直径标注命令的方法

方法一：输入命令"DIMDIAMETER"/"DDI"并回车，即执行直径标注命令。

方法二：单击功能区控制面板栏"常用"选项下"注释"模块的"线性"图标旁的三角形，在其下拉选项中选择 （直径），即调用直径标注命令。

方法三：单击主菜单栏的"标注"选项，在其下拉菜单中选择"直径"。

7.2 执行命令后的选项与操作

执行直径标注命令后，选中圆弧或圆，此时 AutoCAD 提示：指定尺寸线位置或［多行文字（M）/文字（T）/角度（A）］。移动鼠标选定尺寸线位置并单击鼠标左键即可。其他选项如多行文字、文字、角度，其含义与上述其他标注相同。

8. 角度标注

角度标注可标注两直线间的角度、圆弧的包心角，或圆上任意两端点与圆心的夹角。

8.1 执行角度标注命令的方法

方法一：输入命令"DIMANGULAR"/"DAN"并回车，即执行角度标注命令。

方法二：单击功能区控制面板栏"常用"选项下"注释"模块的"线性"图标旁的三角形，在其下拉选项中选择 △ 角度 （角度），即调用角度标注命令。

方法三：单击主菜单栏的"标注"选项，在其下拉菜单中选择"角度"。

8.2 执行命令后的选项与操作

执行角度标注命令后，可选定圆弧、圆或直线。

☑ 若选中圆弧，此时 AutoCAD 提示：指定标注弧线位置或［多行文字（M）/文字（T）/角度（A）/象限点（Q）］，移动鼠标确定需要标注的角并单击指定标注弧线的位置即可。

  ⌄ 多行文字、文字、角度选项的含义与上述其他标注相同，若需修改，则输入对应命令并回车即可。

  ⌄ 象限点用于指定标注角所在的象限，输入"Q"并回车，指定象限点后，需要标注的角即被确定，再移动鼠标指定标注弧线位置即可。指定象限点后，标注角不会再随着鼠标的移动而改变，仅移动标注弧线与标注文字的位置。

☑ 若选中圆，选中的圆上的点即为角的第一个端点，接着指定角的第二个端点，再指定标注弧线位置即可。其他选项如多行文字、文字、角度、象限点的含义与圆弧相同。

☑ 若选中直线，接着指定第二条直线，再指定标注弧线位置即可。其他选项与上述标注相同。

【示例 2-63】如图 2-55 所示，综合运用线性标注、对齐标注、半径标注、直径标注和角度标注。

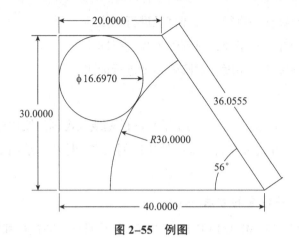

图 2-55 例图

（1）输入"L"回车（调用直线命令），指定第一个点。

（2）输入"@30<90"回车（绘制梯形的垂直边）。

（3）输入"L"回车，指定垂直直线的上侧端点为第一点。

（4）输入"@20<0"回车（绘制梯形的上平行边）。

（5）输入"L"回车，指定垂直直线的下侧端点为第一点。

（6）输入"@40<0"回车（绘制梯形的下平行边）。

（7）输入"L"回车，指定两平行边的两端点回车。

（8）功能区控制面板栏→圆弧→"圆心，起点，端点"。

（9）指定右下角端点为圆心。

（10）输入"@30<180"回车。

（11）按住 Ctrl，在梯形外侧指定第二个端点。

（12）功能区控制面板栏→修剪，选中梯形斜边回车，选中超出的圆弧回车。

（13）功能区控制面板栏→圆→"相切，相切，相切"。

（14）选择梯形上边、垂直边、圆弧。

（15）以上图形绘制完毕，输入"Dims"回车（打开标注样式管理器）。

（16）新建→命名新样式→继续（新建标注样式）。

（17）线→尺寸线→颜色→蓝，尺寸界线→颜色→蓝（将尺寸线和尺寸界线颜色设置为蓝色）。

（18）符号和箭头→箭头大小→1（将箭头大小设置为1）。

（19）文字→文字高度→1.5（将文字高度设置为1.5）。

（20）文字→文字颜色→蓝（将文字颜色设置为蓝色）。

（21）确定→关闭，完成标注样式设置。

（22）主菜单栏→标注→线性，对梯形上、下边和垂直边进行标注。

（23）主菜单栏→标注→对齐，对梯形斜边进行标注。

（24）主菜单栏→标注→直径，对圆直径进行标注。

（25）主菜单栏→标注→半径，对圆弧半径进行标注。

（26）主菜单栏→标注→角度，对圆弧角度进行标注。

9. 基线标注

基线标注指在上一个标注或选定的基准标注的基线处再创建线性标注、角度标注或坐标标注等。运用该标注方式可在同一基线处快速创建多个标注。绘制基线标注前，需先绘制基准标注。

9.1 执行基线标注命令的方法

方法一：输入命令"DIMBASELINE"/"DBA"并回车，即执行基线标注命令。

方法二：单击功能区控制面板栏的 注释 （注释）选项，单击标注模块下的 ⊩⊩⊢ （连续）图标边的三角形，选择基线 ⊟ ，即执行基线标注命令。

方法三：单击主菜单栏的"标注"选项，在其下拉菜单中选择"基线"。

9.2 执行命令后的选项与操作

以线性标注为例，绘制线性标注后，执行基线标注命令，AutoCAD 提示：指定第二个尺寸界线原点或［选择（S）/放弃（U）］。

☑ 指定第二个尺寸界线原点：系统会自动以最近绘制的标注为基准标注，由于最近绘制的是线性标注，所以自动以该标注的第一尺寸界线为基线，因此默认项为"指定第二个尺寸界线原点"，指定后即可绘制出该点与基线间的线性标注。可连续指定多个点绘制多个基线标注，按 Esc 键可终止该命令。

☑ 选择：若不想以最近绘制的标注为基准标注，可输入"S"并回车，重新选择基准标注，再根据该基准标注绘制基线标注。

10. 连续标注

连续标注是首尾相连的多个标注，前一标注的第二尺寸界线即为下一个标注的第一尺寸界线。该方式可快速绘制出连续的、对齐的标注。绘制连续标注前，需先创建线性标注、对齐标注或角度标注等，才可通过连续标注命令绘制出后续的连续标注。

10.1 执行连续标注命令的方法

方法一：输入命令"DIMCONTINUE"/"DCO"并回车，即执行连续标注命令。

方法二：单击功能区控制面板栏的"注释"选项，单击标注模块下的 ⊩⊩⊢ （连续）图标。

方法三：单击主菜单栏的"标注"选项，在其下拉菜单中选择"连续"。

10.2 执行命令后的选项与操作

☑ 以线性标注为例，绘制线性标注后，执行连续标注命令，AutoCAD 提示：指定第二个尺寸界线原点或［选择（S）/放弃（U）］。

☑ 指定第二个尺寸界线原点：默认项，系统将自动以最近绘制标注的第二尺寸界线为连续标注的第一尺寸界线，用户指定第二尺寸界线原点后，即绘制出了一个连续标注，而该标注的第二尺寸界线又成为下一个连续标注的第一尺寸界线。重复该操作可绘制多个连续标注，按 Esc 键可终止绘制。

选择：若不想根据当前指定的标注创建连续标注，则输入"S"并回车，选择欲创建连续标注的标注，再根据上述操作进行即可。

【示例 2-64】如图 2-56 所示，对扇形进行基线标注与连续标注。

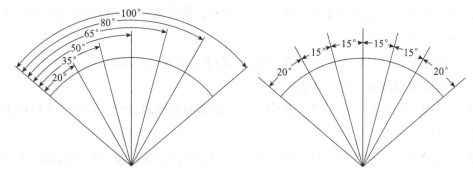

图 2-56 例图

（1）输入"L"回车（调用直线命令），指定第一个点。

（2）输入"@30<270"回车（绘制扇形的中垂线）。

（3）输入"@30<140"回车（绘制扇形的左侧边）。

（4）回车（重复上一命令，即直线），指定两直线下侧交点为第一个点。

（5）输入"@30<105"回车。

（6）回车，再次绘制直线，指定下侧交点为第一个点。

（7）输入"@30<120"回车。

（8）功能区控制面板栏→镜像，选择斜的三条直线回车。

（9）指定垂直直线的两端点，输入"N"回车（以垂直线为镜像线，不删除源对象）。

（10）功能区控制面板栏→圆弧→"圆心，起点，端点"。

（11）指定下侧交点为圆心，指定左侧端点，按住 Ctrl 键，指定右侧端点。

（12）至此，图形绘制完毕。输入"Dims"回车（打开标注样式管理器）。

（13）新建→命名新样式→继续（新建标注样式）。

（14）线→尺寸线→颜色→蓝，尺寸界线→颜色→蓝（将尺寸线和尺寸界线颜色设置为蓝色）。

（15）线→尺寸线→基线间距→2（将基线间距设置为 2）。

（16）符号和箭头→箭头大小→1（将箭头大小设置为 1）。

（17）文字→文字高度→1.5（将文字高度设置为1.5）。

（18）文字→文字颜色→蓝（将文字颜色设置为蓝色）。

（19）确定→关闭，完成标注样式设置。

（20）功能区控制面板栏→复制（标注前，先将扇形复制一份，分别进行基线标注与连续标注）。

（21）全选图形回车，指定基点，指定第二个点回车。

（22）主菜单栏→标注→角度，指定最左侧两直线（对第一个扇形进行第一个角度标注）。

（23）主菜单栏→标注→基线，输入"S"回车，单击第一个角度标注的左侧尺寸界线（指定其为第一个尺寸界线）。

（24）依次单击其余直线顶点（指定各标注的第二个尺寸界线原点）。

（25）指定完毕回车，完成基线标注。

（26）主菜单栏→标注→角度，指定另一个扇形最左侧两直线（对第二个扇形进行第一个角度标注）。

（27）主菜单栏→标注→连续，依次单击其余直线顶点（指定各标注的第二个尺寸界线原点）。

（28）指定完毕回车，完成连续标注。

11. 快速标注

在 AutoCAD 中，用户使用快速标注功能，系统将对选中对象进行识别并快速标注。快速标注命令用于一次性对一系列图形对象进行连续、并列、基线、坐标、半径或直径标注。

11.1 执行快速标注命令的方法

方法一：输入命令"QDIM"/"QD"并回车，即执行快速标注命令。

方法二：单击功能区控制面板栏的"注释"选项，单击标注模块下的 🔲（快速）图标。

方法三：单击主菜单栏的"标注"选项，在其下拉菜单中选择"快速标注"。

11.2 执行命令后的选项与操作

执行快速标注命令后，选中要标注的几何图形并回车，此时 AutoCAD 提示：指定尺寸线位置或［连续（C）/并列（S）/基线（B）/坐标（O）/半径（R）/直径（D）/基准点（P）/编辑（E）/设置（T）］，各选项含义如下：

☑ 指定尺寸线位置：默认项，系统将识别选中的图形对象，并自动选择某种标注方式，若该方式正是用户所需，则移动鼠标单击指定尺寸线位置即可。

☑ 连续：该选项用于创建连续标注。输入"C"并回车，再移动鼠标，单击指定尺寸线位置即可。

- ☑ 并列：该选项用于创建并列标注，即自中心向两侧发散的多个标注。输入"S"并回车，再移动鼠标，单击指定尺寸线位置即可。

- ☑ 基线：该选项用于创建基线标注。输入"B"并回车，再移动鼠标，单击指定尺寸线位置即可。

- ☑ 坐标：该选项用于创建坐标标注。输入"O"并回车，再移动鼠标，单击指定尺寸线位置即可。

- ☑ 半径：该选项用于创建半径标注。输入"R"并回车，再移动鼠标，单击指定尺寸线位置即可。

- ☑ 直径：该选项用于创建直径标注。输入"D"并回车，再移动鼠标，单击指定尺寸线位置即可。

- ☑ 基准点：该选项用于设置坐标或基线标注的基准点，基准点将影响快速坐标标注或快速基线标注对象的测量点。输入"P"并回车，指定新的基准点后，选择所需标注并指定尺寸线位置即可。

- ☑ 编辑：该选项用于编辑标注点，输入"E"并回车，可删除或添加标注点，编辑完毕后回车即可返回上一提示进行标注。

- ☑ 设置：该选项可设置关联标注优先级，输入"T"并回车，可选择端点或交点。

12. 标注间距

标注间距表示各标注间的高差，应用标注间距命令可调整线性标注、角度标注或基线标注等之间的间距，使其整齐、美观地排列。

12.1 执行标注间距命令的方法

方法一：输入命令"DIMSPACE"并回车，即执行标注间距命令。

方法二：单击功能区控制面板栏的"注释"选项，单击标注模块下的▩（调整间距）图标。

方法三：单击主菜单栏的"标注"选项，在其下拉菜单中选择"标注间距"。

12.2 执行命令后的选项与操作

执行标注间距命令后，选择基准标注，再选择与基准标注产生间距的标注，选择完毕后回车，AutoCAD 提示：输入值或［自动（A）］。此时直接回车，系统将自动生成一定间距，也可手动输入间距值并回车，即完成标注间距的设置。

13. 标注打断

在使用 AutoCAD 标注时，可能会有标注线与其他标注线交叉，为了图面美观，可将标注线交叉部位打断，使其不再显示。用户也可根据自身需要，应用标注打断功能使某些尺寸线、尺寸界线不显示。

13.1　执行标注打断命令的方法

方法一：输入命令"DIMBREAK"并回车，即执行标注打断命令。

方法二：单击功能区控制面板栏的"注释"选项，单击标注模块下的▦（打断）图标。

方法三：单击主菜单栏的"标注"选项，在其下拉菜单中选择"标注打断"。

13.2　执行命令后的选项与操作

执行标注打断命令后，选择要打断的标注，再输入"M"并回车进行手动打断，移动鼠标，单击指定第一个打断点与第二个打断点，即可完成标注打断。

14. 多重引线标注

多重引线标注是指用一条或多条引线指向标注对象，并在引线另一端添加文字的标注方式。

14.1　执行多重引线命令的方法

方法一：输入命令"MLEADER"／"MLD"并回车，即执行多重引线命令。

方法二：单击功能区控制面板栏"常用"选项下"注释"模块的▦（引线）图标。

方法三：单击主菜单栏的"标注"选项，在其下拉菜单中选择"多重引线"。

14.2　执行命令后的选项与操作

执行多重引线命令后，鼠标单击指定引线箭头的位置，接着指定引线基线的位置，此时系统弹出输入文字的文本框以及"文字编辑器" 文字编辑器 模块。在文本框中输入标注文字，文本框可随意拉长缩短。在文字编辑器模块中可修改标注文字的字体、颜色、行距等，编辑完毕后单击▦（关闭文字编辑器）图标即完成多重引线标注的创建。

15. 形位公差

为了方便机械、零件等的设计，AutoCAD 提供形位公差标注功能。形位公差标注包括指引线、公差符号、公差值和附加符号、基准代号和附加符号等组成部分。

15.1　执行形位公差命令的方法

方法一：输入命令"TOLERANCE"／"TOL"并回车，即执行形位公差命令。

方法二：单击主菜单栏的"标注"选项，在其下拉菜单中选择"公差" ▦ 公差(T)。

方法三：单击功能区控制面板栏"注释"选项下"标注"模块右侧的三角形 标注▾，在其下拉选项中选择"公差" ▦。

15.2　执行命令后的选项与操作

执行形位公差命令后，系统弹出"形位公差"对话框（图 2-57），用户可通过此对话框设置形位公差标注，各选项含义如下：

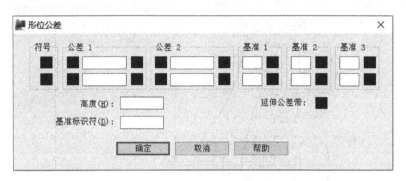

图 2-57　形位公差对话框

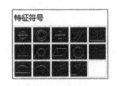

图 2-58　特征符号对话框

图 2-59　附加符号对话框

☑ 符号：用于设定公差的特征符号。单击其下的黑色方块，系统即弹出"特征符号"对话框（图 2-58），从中选取所需符号即可。

☑ 公差 1、公差 2：用于设置第一个、第二个公差值及附加符号。用户在白色文本框中输入公差值。文本框左侧的黑色方块用于控制是否在公差值前添加直径符号，单击则出现直径符号，再次单击则符号消失。文本框右侧的黑色方块用于插入附加符号，单击该方块，系统即弹出"附加符号"对话框（图 2-59），可从中进行选取。

☑ 基准：用于设置基准代号及附加符号。用户在白色文本框中输入基准代号，单击文本框右侧黑色方块，系统即弹出"附加符号"对话框，可从中选取附加符号。

☑ 高度：用于在特征控制框中创建投影公差带的值。

☑ 延伸公差带：用于在投影公差带值的后方插入投影公差带符号。单击黑色方块即可添加，再次单击则不添加。

☑ 基准标识符：用于创建由字母表示的基准标识符号，在文本框中输入字母即可。

选项设置完毕后，单击"确定"即可完成形位公差标注的创建。

本节习题

1. AutoCAD 中，尺寸标注的组成元素主要包括哪些？

2. AutoCAD 尺寸标注设置中"基线间距"指的是什么？如何正确合理地设置？

3. 绘制如图 2-60 所示的图形并标注。

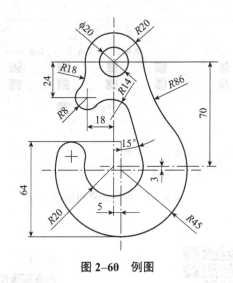

图 2-60 例图

4.绘制如图 2-61 所示的图形并标注。

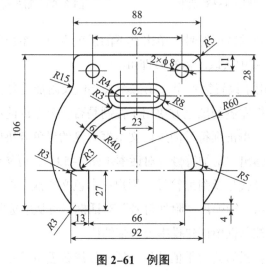

图 2-61 例图

5.绘制如图 2-62 所示的图形并标注。

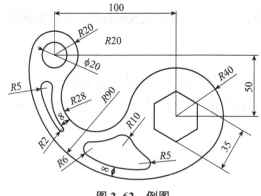

图 2-62 例图

6. 绘制如图 2-63 所示的图形并标注。

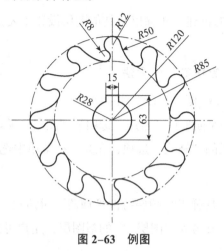

图 2-63　例图

7. 绘制如图 2-64 所示的图形并标注。

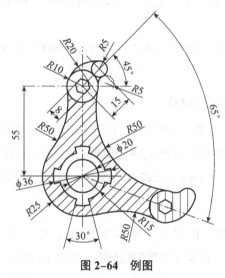

图 2-64　例图

第八节　AutoCAD 图层设置与管理

AutoCAD 的图层就像透明的纸张，当设置多个图层时，绘图区看着为一个整体，绘制时却可以分层操作，图层间互不干扰，这使得选择、修改及重新绘制十分便捷高效。因此在使用 AutoCAD 软件时，应养成图层管理的习惯。

一、图层的创建及其线型、线宽、颜色的设置

在绘图时，可以将不同种类、用途的图形分别置于不同的图层中，并设置各个图层的线型、线宽、颜色，以提高绘图效率。

1. 图层的创建与删除

在 AutoCAD 中，图层的创建、删除以及其他图层设置主要都通过"图层特性管理器"窗口实现。

1.1 打开"图层特性管理器"的方法

方法一：输入命令"LAYER"/"LA"并回车。

方法二：单击功能区控制面板栏"常用"选项下"图层"模块的 （图层特性）图标。

方法三：单击主菜单栏的"格式"选项，在其下拉菜单中选择"图层"。

1.2 创建图层

通过上述操作，AutoCAD 弹出"图层特性管理器"对话框。单击对话框中的 （新建图层）图标，系统即自动生成名为"图层 1"的新图层，用户可自行更改图层名称。

1.3 删除图层

在"图层特性管理器"窗口中，先单击欲删除的图层，再单击 （删除图层）图标即可删除该图层。

📖 **提示：** 当图层处于当前图层状态（图层前有 标注）时无法删除；0 图层和包含对象的图层不能被删除。

2. 图层的线型、线宽及颜色设置

用户设置图层的线型、线宽、颜色后，在该图层下绘制图形，若将线型、线宽、颜色选择为 Bylayer，则图形的这些特性将始终随图层改变，后续若需要修改，只需修改一次图层的线型、线宽、颜色，其中的图形将自动改变，十分方便快捷。

2.1 图层线型设置

打开"图层特性管理器"窗口（详见本节 1.1），单击选中需要设置的图层，单击线型一栏对应的当前线型，通常为 **Continuous**，系统即弹出"选择线型"对话框（图2-65）。系统默认仅加载 Continuous（连续）线型，若欲设置为其他线型，则单击"加载"选项，在"加载或重载线型"对话框中选择需要的线型并确定（图 2-65），这些线型随即便显示在"选择线型"窗口中，选中该线型并确定即可。

图 2-65 线型选择与加载对话框

2.2 图层线宽设置

打开"图层特性管理器"窗口，单击选中需要设置的图层，单击线宽一栏对应的当前线型，通常为 ——默认 ，系统即弹出"线宽"对话框（图 2-66），选中需要的线宽，再单击确定即可。常用的线宽为 0.13 mm。

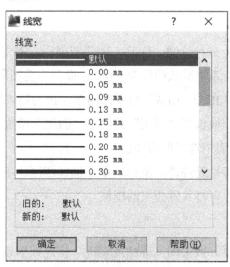

图 2-66 线宽设置对话框

2.3 图层颜色设置

打开"图层特性管理器"窗口，单击选中需要设置的图层，单击颜色一栏对应的当前颜色，通常为 ■白 ，系统即弹出"选择颜色"对话框（图 2-67），在其中选择需要的颜色后单击确定即可。

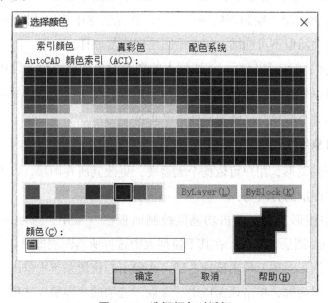

图 2-67 选择颜色对话框

二、图层的管理

在 AutoCAD 中，用户可设置当前图层，或对各图层进行打开、关闭、冻结、解冻、锁定与解锁等操作，以决定各图层的可见性与可操作性，同时，还可修改图形对象所在的图层。

1. 设置当前图层

AutoCAD 只能在图层上进行绘制，因此，创建图层后，需将图层设置为当前图层，才可将图形绘制在该图层上。系统默认图层为"0"，设置当前图层的方法为：

方法一：输入"CLAYER"/"CLA"命令并回车，接着输入图层名称并回车即可。

方法二：在功能区控制面板栏"常用"选项下"图层"模块，单击 [图层] 选项，在其下拉列表中选择所需图层。

方法三：打开"图层特性管理器"窗口，单击选择图层，单击上方 ☑（置为当前）图标即可。或双击该图层，也可将其置为当前图层。

2. 图层状态控制

图层的状态主要包括打开或关闭、冻结或解冻、锁定或解锁，各状态均可在"图层特性管理器"窗口进行修改，直接单击该图层的对应图标即可。

打开 ♀ 或关闭 ♀：关闭图层后，该图层的图形对象数据依然生成，但是暂时隐藏了，不能显示或打印输出，但用户仍然可在该图层上绘制新的图形，但新绘制的对象也是不可见的。鼠标框选无法选中被关闭图层中的对象，但可通过"快速选择"选中该图层的对象，且可进行编辑修改（如删除、镜像）。打开后即恢复原样。

冻结 ❄ 或解冻 ☀：冻结图层后，该图层上的图形数据不生成，因此不能显示或打印输出，用户也不能在该图层上绘制新的图形对象，亦无法选中该层的图形或进行编辑修改。因而当前图层可以关闭但不可冻结。解冻后图层即恢复原样。

锁定 🔒 或解锁 🔓：锁定图层后，该图层上的图形对象依然可见，但用户不可对其进行编辑修改，不过可以捕捉锁定图层上的对象，也可以在该图层上绘制新的图形，新图形绘制完毕也是锁定状态不能修改。解锁后即恢复正常。

3. 更改图形对象所在图层

对于已经绘制的图形，用户可依据个人需要，更改其所在图层，以方便统一管理与修改。更改对象所在图层的方法为：

方法一：选中图形对象，单击功能区控制面板栏"常用"选项下"图层"模块的 [图层] 选项，在其下拉列表中选择所需图层即可。

方法二：选中图形对象，单击鼠标右键，在弹出的快捷菜单中单击"特性"选项，系统即弹出"特性"对话框，单击该窗口中"常规"选项的"图层"选项，再点开其下拉列表，选中所需图层，最后关闭"特性"窗口即可。

【示例 2-65】绘制如图 2-68 尺寸的 A4 图框和标题栏。

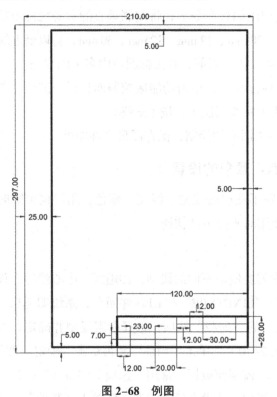

图 2-68 例图

（1）输入"Layer"回车，打开图层特性管理器。

（2）新建图层→命名"细实线"，线宽→ 0.25 mm。

（3）新建图层→命名"粗实线"，线宽→ 0.5 mm。

（4）输入"UNITS"回车，精度→ 0.00，单位→毫米，确定。

（5）主菜单栏→格式→线宽→勾选显示线宽→确定。

（6）功能区控制面板栏→图层→细实线（调用细实线图层）。

（7）功能区控制面板栏→矩形，输入"0,0"回车，再输入"@210,297"回车（绘制 A4 图幅边界）。

（8）功能区控制面板栏→图层→粗实线（调用粗实线图层）。

（9）回车（重复调用矩形命令），输入"25,5"回车，再输入"@180,287"回车（绘制图幅中的图框，留装订边）。

（10）回车（重复调用矩形命令），捕捉图框的右下角端点为第一个角点，输入"@-120,28"回车（绘制标题栏外框）。

（11）功能区控制面板栏→分解，选中标题栏外框回车（将标题栏外框分解，便于后续偏移）。

（12）功能区控制面板栏→偏移，指定偏移距离为 7 mm，选中水平外框线，向内偏移，共偏移 3 次。

（13）回车（重复调用偏移命令），将左侧垂直的标题栏外框线向右偏移，偏移距离分别为 12 mm、23 mm、20 mm、12 mm、12 mm、30 mm，皆以最近的偏移线进行后续偏移。

（14）功能区控制面板栏→修剪，减去标题栏内多余的线条。

（15）选中标题栏内部线条，单击功能区控制面板栏→图层→细实线（将标题栏内部线条的所在图层修改为细实线图层），按 Esc 终止。

（16）至此，完成 A4 图框的绘制，保存图形文件即可。

三、线型、线宽、颜色的设置

在 AutoCAD 中，除了图层的线型、线宽、颜色，用户也可随时更改当前绘制所需的线型、线宽、颜色，使用时十分灵活快捷。

1. 线型设置

绘制工程图时经常需要使用不同的线型，如虚线、中心线等。设置线型的方法为：

方法一：输入命令"LINETYPE"/"LT"并回车，系统即弹出"线型管理器"对话框（图 2-69）。单击该窗口的"加载"选项，选择所需线型并确定，再在"线型管理器"对话框中选中该线型（图 2-70），单击"当前"，再单击"确定"即可。

方法二：单击功能区控制面板栏"常用"选项下"特性"模块的▦（线型）图标，在其右侧下拉列表中选择线型。若没有所需线型，则单击"其他"，系统即弹出"线型管理器"对话框，其后操作同方法一。

方法三：单击主菜单栏的"格式"选项，在其下拉菜单中选择"线型"，系统即弹出"线型管理器"对话框，其后操作同方法一。

图 2-69 线型管理器及线型加载对话框

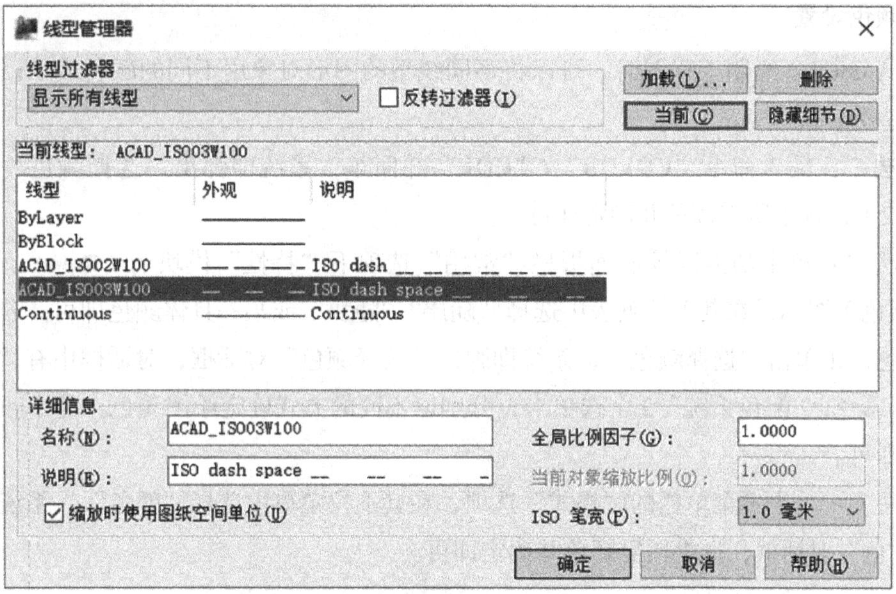

图 2-70 将新加载线型设为当前

2. 线宽设置

工程图中不同的线型往往有不同的线宽要求，设置线宽的方法为：

方法一：输入命令 "LWEIGHT" / "LW" 并回车，系统即弹出 "线宽设置" 对话框（图 2-71），选择所需线宽并确定即可。同时，此对话框还可修改线宽单位、显示比例，并可选择是否显示线宽。

方法二：单击功能区控制面板栏 "常用" 选项下 "特性" 模块的 ≡（线宽）图标，在其下拉列表中选择 "随层" ——ByLayer、"随块" ——ByBlock 或某一具体线宽即可。"随层" 表示绘图线宽始终与图形对象所在图层设置的线宽一致，这也是最常用到的设置。"随块" 则表示对象属性使用它所在图块的属性。

方法三：单击主菜单栏的 "格式" 选项，在其下拉菜单中选择 "线宽"，系统即弹出 "线宽设置" 对话框，其后操作同方法一。

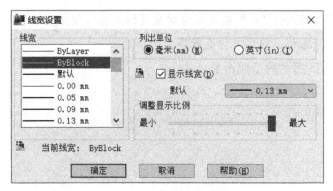

图 2-71 线宽设置对话框

3. 颜色设置

用 AutoCAD 绘制工程图时，可以将不同线型的图形对象用不同的颜色表示。设置颜色的方法为：

方法一：输入命令"COLOR"/"COL"并回车，系统即弹出"选择颜色"对话框（图 2-72），选中所需颜色并确定即可。

方法二：单击功能区控制面板栏"常用"选项下"特性"模块的 ● ■ByLayer（对象颜色）图标，在其下拉列表中选择"随层""随块"或某一具体颜色即可。若想选择其他颜色，则单击"选择颜色"，系统即弹出"选择颜色"对话框，对话框中有"索引颜色""真彩色""配色系统"3 个选项卡，分别以不同的方式确定绘图颜色，选中颜色后单击确定即可。

方法三：单击主菜单栏的"格式"选项，在其下拉菜单中选择"颜色"，系统即弹出"选择颜色"对话框，选中所需颜色并确定即可。

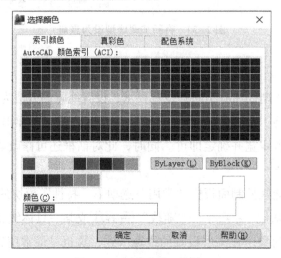

图 2-72　选择颜色对话框

本节习题

1. 当前图层可以删除吗？0 图层及包含对象的图层也可删除吗？

2. 图层的关闭、冻结、锁定有什么异同？

3. 设置如图 2-73 所示的不同图层。

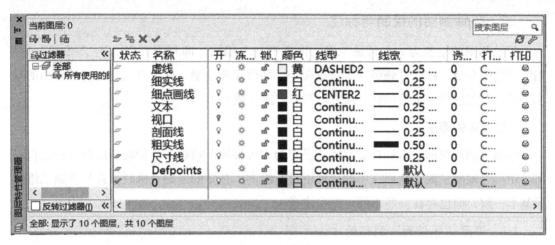

图 2-73　例图

第九节　AutoCAD 轴测图的绘制

轴测图是一种单面投影图，在一个二维平面内表现三维的效果，在 AutoCAD 中被称为"二维半"或"假三维图"。轴测图与真正三维图的不同点在于轴测图只能在一个投影面上反映物体的形状，而三维图可以随意旋转查看，但轴测图具有操作简单、易于绘制、线条清晰等优点，其图形接近于人们的视觉习惯、形象且逼真，在工程上常被作为辅助图样。

一、等轴测图的坐标系与三视图

等轴测图的绘制是在一个平面的、虚拟的 X、Y、Z 轴中进行的。如图 2-74 所示，其 X 轴相较于正常 X 轴偏移 30°，Y 轴相较于正常 Y 轴偏移 60°，Z 轴竖直向上，该投影角度始终固定不变。

绘制等轴测图时，需根据需要切换轴测图平面。X 轴与 Z 轴固定的平面为右视图，Y 轴与 Z 轴固定的平面为左视图，X 轴与 Y 轴固定的平面为俯视图，通过切换轴测图平面，可在各视角下进行绘制，最终呈现为一张立体图。

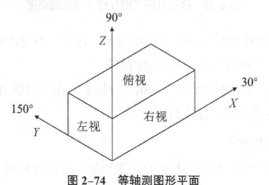

图 2-74　等轴测图形平面

二、等轴测图的绘制与标注

等轴测图的绘制方式与普通二维平面图形基本相同，即利用"直线""多段线""椭圆"等绘图命令，结合"修剪"等修改命令，即可完成绘制。标注方式也与前面介绍的基本一致，但需进行一定的倾斜，使之与图形方向一致。

1. 绘制等轴测图

绘制等轴测图前，需先将捕捉模式设置为"等轴测"捕捉。绘制时，用户可根据自身需要切换等轴测平面，从而在不同平面下进行绘制。具体的绘图及修改方式与普通二维图形基本一致，但也存在一些不同点需要注意。

1.1 设置"等轴测"捕捉的方法

方法一：在图 2-75 所示的任一底部状态栏图标处单击右键（以在栅格图标处单击为例）在弹窗中选择"设置"，打开"草图设置"对话框，在其"捕捉和栅格"选项卡下"捕捉类型"中勾选"等轴测捕捉"。

图 2-75 通过状态栏图标打开等轴测捕捉

方法二：单击主菜单栏的"工具""绘图设置"选项，系统即弹出"草图设置"对话框，单击"捕捉和栅格"模块下的"等轴测捕捉"。

方法三：输入命令"DSETTINGS"/"SE"并回车，系统即弹出"草图设置"对话框，单击"捕捉和栅格"模块下的"等轴测捕捉"。

1.2 等轴测平面的切换

开启等轴测捕捉模式后，用户可根据自身需要随意切换等轴测平面，即在左视、右视或俯视的等轴测平面上进行绘图。切换等轴测平面的方法为：

方法一：按下 F5 键。

方法二：按下 Ctrl+E 键。

方法三：单击底部状态栏的（等轴测草图）图标右侧的三角形，选择所需等轴测平面。

1.3　绘制要点

在绘制等轴测图时，有一些不同点或小技巧需要注意：

开启正交模式可以便捷绘制等轴测平面上的垂直线，结合 F5 或 Ctrl+E 键切换等轴测平面，可以灵活地在不同面上绘图。

对象捕捉有助于确定特殊点，其使用方式与普通二维图相同，对象捕捉的快捷键为 Shift+ 鼠标右键。

矩形的绘制需要通过直线或多段线实现，其边长不变。原因在于，若使用矩形命令，绘制出的图形仍为真正的矩形，而不会随着轴测图的坐标系变形，无法达到人们想要的效果。

圆形的绘制需通过椭圆命令的"等轴测圆（I）"选项实现，其半径不变。原因与矩形相同。

点的定位可通过 TK（临时追踪点）命令实现。以圆心的定位为例，先输入"EL"回车，再输入"I"回车，执行等轴测圆命令。此时系统提示指定圆心，输入"TK"回车，指定第一个追踪点，移动光标至某个方向，输入偏移距离并回车，重复该操作直至追踪到所需点回车即可。

绘制柱体时，先在俯视的等轴测平面上绘制出平面图形，再切换至左或右等轴测平面，复制该图形并在竖直方向上移动，确定其位置，最后用直线连接两平面图形，修剪多余线条即可。

绘制圆柱时，直线与圆的相切点，通过对象捕捉、象限点进行确定。

复杂图形的绘制，可借助旋转体如圆、柱体或矩形进行定位。如用矩形，则先在平面图形上绘制矩形，并在矩形内绘制网格，通过标注确定各个角点相对于矩形的位置，从而将其转绘成轴测图（图 2–76）。

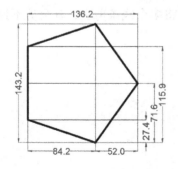
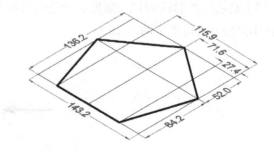

图 2–76　借助网格定位绘制轴测图

【示例2-66】绘制如图2-77所示的等轴测图。

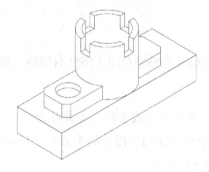

图2-77 例图

（1）底部状态栏→等轴测草图→顶部等轴测平面（打开等轴测捕捉，将等轴测平面设置为顶部）。

（2）输入"EL"回车，输入"I"回车，执行等轴测圆命令。

（3）指定圆心，输入"50"回车，绘制半径为50的圆。

（4）按F5键，切换至右等轴测平面。

（5）输入"CO"回车，选中圆回车，指定基点，在正交模式下向下移动光标，输入"100"回车。

（6）功能区控制面板栏→直线，Shift+鼠标右键→象限点，指定上圆的切点，重复该操作指定下圆切点回车（绘制圆柱的一条边）。

（7）回车（重复调用直线命令），重复上一步绘制圆柱另一边。

（8）按F5键，切换至顶部等轴测平面。

（9）回车，指定上圆圆心为第一点，在正交模式下向四个方向画直线。

（10）输入"CO"回车，选中X轴方向上的直线回车，指定基点，向两侧复制，距离为10。

（11）重复上一步，将Y轴方向的直线也进行复制。

（12）输入"EL"回车，输入"I"回车，指定圆心为上圆的圆心，输入半径"40"回车。

（13）功能区控制面板栏→修剪，全选图形回车，将多余线条剪去，其余剪不掉的线条，选中后按Delete键（图2-78）。

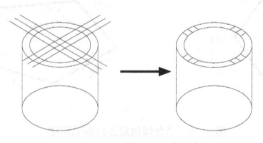

图2-78 绘制效果（一）

（14）按 F5，输入"CO"回车，选中上侧的两圆回车，指定基点，向下复制，距离为 25。

（15）功能区控制面板栏→直线，以直线和圆的交点为顶点，绘制直线（图 2-79）。

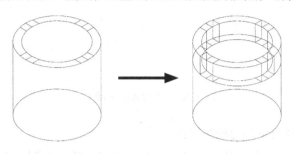

图 2-79　绘制效果（二）

（16）功能区控制面板栏→修剪，全选图形回车，将多余线条剪去，其余剪不掉的线条，选中后按 Delete 键（图 2-80）。

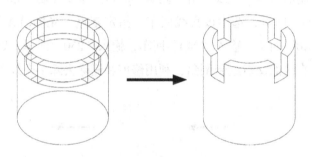

图 2-80　绘制效果（三）

（17）按 F5，切换至顶部等轴测平面。

（18）功能区控制面板栏→多段线，指定起点，光标沿 X 轴方向移动，输入"300"回车，光标再沿 Y 轴方向移动，输入"100"回车，通过该操作绘制长 300、宽 100 的矩形。

（19）功能区控制面板栏→移动，选中矩形回车，Shift+ 鼠标右键→几何中心，选中矩形的几何中心为基点，移动至柱体下圆的圆心处。

（20）按 F5，输入"CO"回车，选中矩形回车，指定基点，光标向下移动，输入"50"回车。

（21）功能区控制面板栏→直线，连接上下两矩形，绘制长方体。

（22）功能区控制面板栏→修剪，全选图形回车，将多余线条剪去，其余剪不掉的线条，选中后按 Delete 键（图 2-81）。

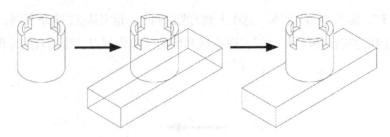

图 2-81　绘制效果（四）

（23）按 F5，切换至顶部等轴测平面。

（24）功能区控制面板栏→直线，沿上侧矩形的长边重复绘制一条直线。

（25）输入"CO"回车，选中该直线回车，指定基点，光标沿 Y 轴方向移动，输入"20"回车，输入"30"回车，输入"70"回车，输入"80"回车，删除原直线。

（26）功能区控制面板栏→直线，沿上侧矩形的短边重复绘制一条直线。

（27）输入"CO"回车，选中该直线回车，指定基点，光标沿 X 轴方向移动，输入"30"回车，输入"40"回车，输入"240"回车，输入"250"回车，删除原直线。

（28）通过连接直线的交点绘制倒角，利用修剪和删除去除多余线条（图 2-82）。

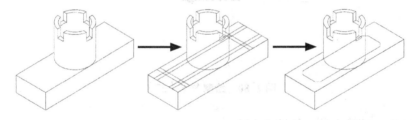

图 2-82　绘制效果（五）

（29）按 F5，输入"CO"回车，选中倒角矩形回车，指定基点，光标向上移动，输入"25"回车。

（30）选中圆柱体的下圆边回车，指定基点，光标向上移动，输入"25"回车。

（31）功能区控制面板栏→直线，将两个倒角矩形连接成柱体，圆柱与其相交处也绘制一条直线。

（32）功能区控制面板栏→修剪，全选图形回车，将多余线条剪去，其余剪不掉的线条，选中后按 Delete 键（图 2-83）。

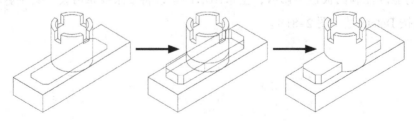

图 2-83　绘制效果（六）

（33）按 F5，切换至顶部等轴测平面。

（34）输入"EL"回车，输入"I"回车，在倒角矩形柱体上绘制半径为 20 的圆。

（35）按 F5，输入"CO"回车，选中该圆回车，指定基点，光标向下移动，输入"10"回车。

（36）功能区控制面板栏→修剪，全选图形回车，将多余线条剪去，其余剪不掉的线条，选中后按 Delete 键，图形绘制完毕（图 2-84）。

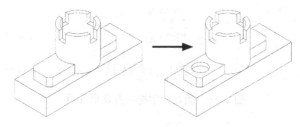

图 2-84　绘制效果（七）

2. 标注等轴测图

等轴测图的标注方式与普通二维平面图相同，但在标注完毕后，需对标注及其文字进行倾斜，使标注与图形呈现的方向一致。

2.1　倾斜标注

倾斜标注的方法为：单击主菜单栏的"标注" 标注(N) 选项，在其下拉菜单中选择"倾斜" H 倾斜(Q)，选中标注后回车，再输入倾斜角度"30"或"-30"并回车即可。倾斜角度根据标注所需呈现的方向而定。

2.2　倾斜文字

标注倾斜后，其文字的方向依然没有改变，因此需进一步修改文字的倾斜角度。其方法为：

单击主菜单栏的"格式" 格式(O) 、"文字样式" A 文字样式(S)选项，系统即弹出"文字样式"对话框。单击"新建"，新建两个文字样式，其倾斜角度分别为"30"和"-30"，设置完毕单击"取消"，在弹出的窗口选择"是"，保存更改样式。关闭该对话框，选中需要倾斜文字的标注，单击功能区控制面板栏的"注释"，在其下拉模块中（图 2-85）修改标注的文字样式，即可完成文字的倾斜。

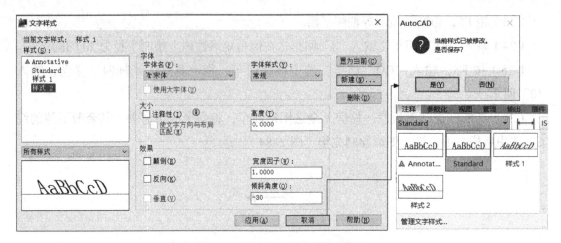

图 2-85　新建文字样式并调出使用

【示例 2-67】如图 2-86 所示，对图形进行标注，并修改标注的倾斜角度（图 2-87）。

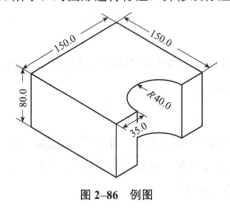

图 2-86　例图

（1）主菜单栏→标注→对齐，对各个边进行标注。

（2）输入"C"回车，指定圆心为原圆的圆心，半径为 40，绘制辅助圆。

（3）主菜单栏→标注→半径，选中辅助圆，指定尺寸线位置至原圆上。

（4）选中辅助圆→ Delete。

（5）主菜单栏→标注→倾斜，选中标注回车，输入"30"或"–30"回车，使标注与其平面方向一致。

（6）主菜单栏→格式→文字样式，新建→命名文字样式"30"→确定，倾斜角度→ 30。

（7）再次新建→命名文字样式"–30"→确定，倾斜角度→ –30。

（8）功能区控制面板栏→注释（将当前的"常用"模块换成"注释"模块）。

（9）选中倾斜 –30° 的标注，文字样式→ –30（将文字倾斜 –30°）。

（10）选中倾斜 30° 的标注，文字样式→ 30（将文字倾斜 30°）。

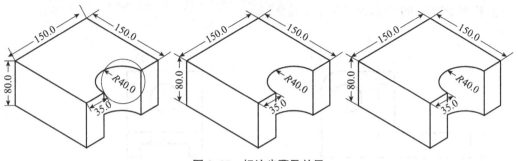

图 2-87 标注步骤及效果

本节习题

1. 绘制如图 2-88 所示的三视图及轴测图。

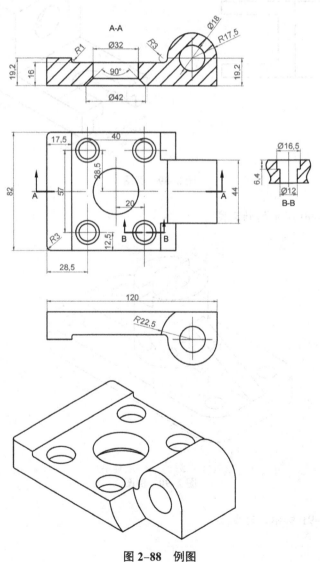

图 2-88 例图

2. 绘制如图 2-89 所示的三视图及轴测图。

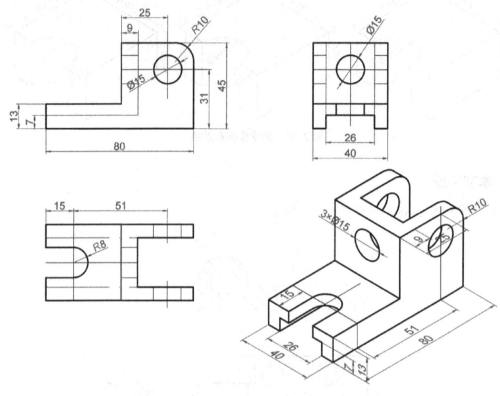

图 2-89　例图

3. 绘制如图 2-90 所示的轴测图。

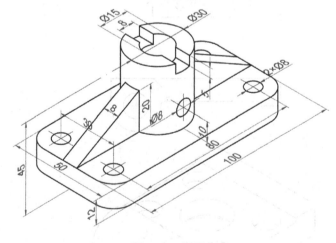

图 2-90　例图

4. 绘制如图 2-91 所示的轴测图。

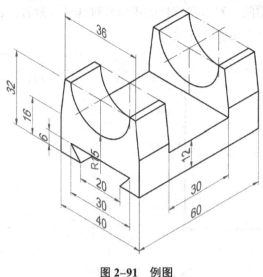

图 2-91　例图

第十节　AutoCAD 打印与出图

AutoCAD 为用户提供两种并行的绘图环境，即模型空间与布局空间。模型空间可无限延伸，是用户打开 AutoCAD 后的默认工作空间，通常的绘图工作皆在模型空间下完成。而布局空间表现为一张虚拟图纸，某种意义上就是为布局图面、打印出图而设计的。单击底部状态栏的"模型"或"布局"选项可快速切换两种空间。

用户在绘制图形结束后，通常需要输出图形，使其在某种规格的图纸上按照一定比例呈现。而在 AutoCAD 的模型空间与布局空间中，都可以进行打印输出，但二者规划图形布局、安排比例尺寸的方式不同。

一、从布局空间打印出图

布局空间模拟手工绘图的图纸，从布局空间打印出图的主要流程为：创建或切换到某个布局，将其页面设置为所需的输出图纸尺寸，在布局上排布一个或多个视口，调整每个视口的显示比例，使其符合打印出图后的实际比例尺，再根据需要添加图框、标题栏等，最后打印输出。

1. 创建布局及页面设置

从布局空间打印出图的第一步是切换至布局空间，其内侧框线为视口边界，外侧虚线内为打印区域，该虚线可通过"选项→显示→显示可打印区域"取消勾选从而不显示出来（图 2-92）。

单击 AutoCAD 绘图窗口底部状态栏的"布局 1"或"布局 2"进行切换，或在布局和模型选项卡处单击右键，在弹出的快捷菜单（图 2-93）中单击"新建布局"，再单击该布局以切换至新的布局空间。双击状态栏的布局可对其进行命名，右键单击布局、在弹出的快捷菜单中单击"删除"可删除该布局。

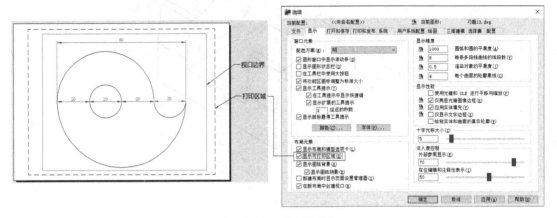

图 2-92 可打印区域

图 2-93 弹出的快捷菜单栏

切换至布局空间后，需对布局页面进行设置，主要包括图纸尺寸与打印比例。页面设置通过"页面设置管理器"窗口实现。

1.1 打开"页面设置管理器"窗口的方法

方法一：输入命令"PAGESETUP"/"PAG"并回车。

方法二：右键单击状态栏的布局，在弹出的快捷菜单中选择"页面设置管理器"。

方法三：单击主菜单栏的"文件"选项，在其下拉菜单中选择"页面设置管理器"。

1.2 执行命令后的选项与操作

弹出"页面设置管理器"对话框后，单击"修改"选项，系统即弹出新的页面设置对话框（图 2-94），用户需对以下选项进行修改：

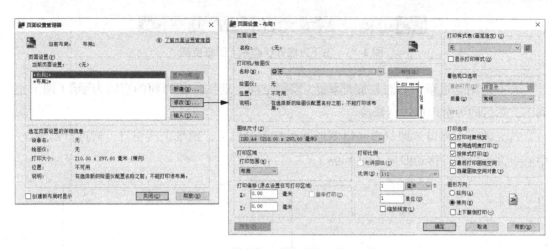

图 2-94　单击修改弹出页面设置对话框

☑　打印机 / 绘图仪：在该选项组的"名称"下拉列表中，有所有可用的系统打印机，从中选择一种所需的系统打印设备即可（如"导出为 WPS PDF"）。

☑　图纸尺寸：用于选择布局的图纸尺寸，在其下拉列表中单击所需尺寸即可。如选择 A4，则确定后，该布局将改变为 A4 尺寸。

☑　打印区域：用于指定实际打印的范围。在布局空间打印出图，通常选择打印范围为"布局"。

　　若选择"窗口"，则系统将关闭对话框并返回绘图区，命令显示区会显示"制定打印窗口 - 指定第一个角点："由用户指定窗口的两个对角点来圈定一个矩形的打印范围。

☑　打印比例：用于控制打印输出的比例，通常设置为 1∶1。

☑　图形方向：用于设置图纸的方向。

　　所有选项设置完毕后，单击"确定"，关闭"页面设置管理器"即可。

2. 视口排布及比例设置

　　布局页面设置完毕后，用户需对页面上的图形对象进行合理排布。需要注意的是，在布局空间下，有"模型" 模型 和"图纸" 图纸 两种空间状态（此"模型"不是上述的模型空间，而是布局空间的一种空间状态），可在底部状态栏右侧看到当前空间状态。

　　在图纸空间下，用户无法对视口中的图形进行修改，但可以改动整个视口，并可以在视口外进行绘制、编辑；而在布局的模型空间下，用户无法改动视口，只可以编辑视口中的图形。因此，在进行图形排布时，需根据需要改变布局的空间状态，以便编辑修改。

2.1　视口排布

　　用户绘制的图形在布局上通过视口呈现。因此排布图形前，需先排布视口。一般切换至布局时默认为图纸空间（图 2-95）。

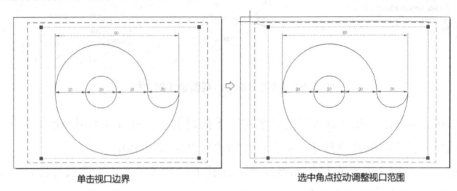

图 2-95　右下方底部状态栏－图纸空间

若不是则通过单击状态栏底部■■（模型空间）选项，使当前的空间为■■（图纸空间），然后即可对视口进行修改。

若只需一个视口（即只有一组图形需要打印输出），则单击该视口，通过拉动角点、中心点进行拉伸、移动即可（图 2-96）。

单击视口边界　　　　　　　　　　　　　　选中角点拉动调整视口范围

图 2-96　视口大小调整

若有多组图形需要一起输出，则需排布多个视口。先选中默认的单个视口并删除，然后单击主菜单栏的"视图"选项，在其下拉菜单中选择"视口""新建视口"，在弹出的"视口"对话框中选择所需的视口数量与样式，单击"确定"，而后在布局中指定两角点以确定一个矩形范围排布这些视口（图 2-97）。创建视口后，可根据个人需要，选中这些视口进行拉伸或移动。

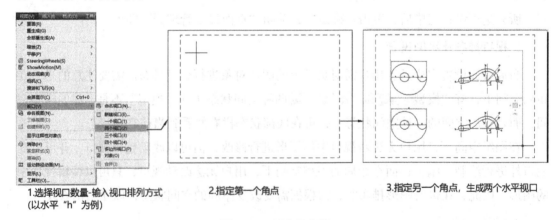

1.选择视口数量-输入视口排列方式　　2.指定第一个角点　　　　　　3.指定另一个角点，生成两个水平视口
（以水平"h"为例）

图 2-97　新建多个视口

2.2　图形比例设置

视口排布完毕后，用户还需对视口中图形的大小、位置进行调整，使图形按一定比例

缩放后呈现在图纸上，保证实际打印图纸的比例尺的准确性。

设置图形比例的方法为：

在图纸空间下，选中视口，单击鼠标右键，在弹出的快捷菜单中选择"快捷特性"，系统即弹出一个对话框。将"显示锁定"设为"否"，"注释比例"不做修改，"标准比例"根据比例尺进行修改（图 2-98）。比如，图形按实际大小绘制，欲按照比例尺 1：50 进行打印输出，则将"标准比例"调整为 1：50 即可。关闭该窗口，此时，该视口的图形即为实际大小的 1/50。

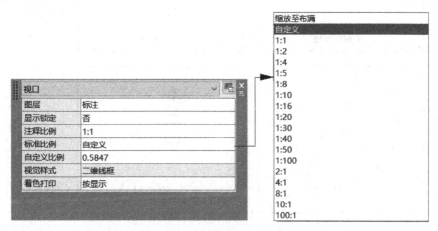

图 2-98　图形比例设置

比例调整完毕后，单击底部状态栏的 图纸 （图纸空间）选项，将图纸空间切换为模型空间，即可对视口中的图形进行平移挪动，使其居中呈现在视口中，注意不要缩放图形，否则比例将被改变，需要重新设置。

3. 打印出图

各个视口及图形排布完毕后，通常还需添加图框及标题栏。在图纸空间下，通过矩形命令绘制一个与图纸边界距离相近的矩形，即为图框，图框与图纸边界的距离通常为 5～10 mm，也可根据个人需要进行改变。再利用矩形、直线等命令绘制标题栏表格，并输入文字即可。

一切排布完毕后，即可进行打印出图。执行打印命令的方法为：

方法一：单击快速访问工具栏的 🖨 （打印）图标。

方法二：单击快速访问工具栏的 📖 （A）图标，在其下拉菜单中选择"打印"。

方法三：单击主菜单栏的"文件"选项，在其下拉菜单中选择"打印"。

执行打印命令后，系统即弹出打印对话框，其中的选项与"页面设置管理器"类似，由于之前已经对布局进行了设置，此时可直接单击"确定"进行打印出图。

【示例 2-68】如图 2-99 所示，将一组图形以四种比例尺（1∶10，1∶5，1∶1，2∶1）排布在布局空间，并以 A4 纸打印出图。

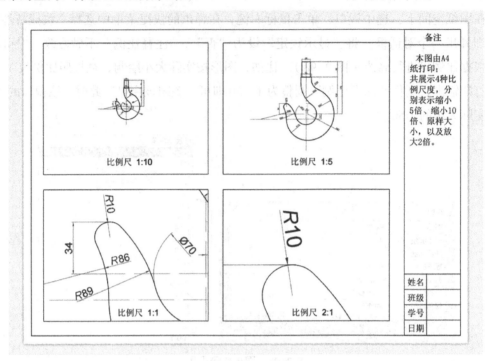

图 2-99　例图

（1）绘制图形并标注。

（2）底部状态栏→布局 1，单击视口→ Delete（切换至布局空间，将原本的视口删除）。

（3）右键单击布局 1→页面设置管理器→修改（修改布局 1 的页面）。

（4）打印机 / 绘图仪名称→导出为 WPS PDF（任意选择需要的系统打印机即可），图纸尺寸→ A4，打印范围→布局，比例→ 1∶1，图形方向→横向。

（5）功能区控制面板栏→矩形，绘制图框。

（6）主菜单栏→视图→视口→四个视口，指定视口角点（在布局中插入四个视口）。

（7）单击各视口，通过夹点拉伸，调整视口排布。

（8）选中第一个视口→单击鼠标右键→快捷特性，标准比例→ 1∶10，关闭对话框，按 Esc 键取消选中（将第一个视口内图形的打印比例尺修改为 1∶10）。

（9）重复步骤（8），将其他视口比例修改为 1∶5，1∶1，2∶1。

（10）底部状态栏→图纸→模型（将当前的图纸空间切换为模型空间）。

（11）选中视口，利用平移功能调整图形的位置（注意不要缩放图形）。

（12）底部状态栏→模型→图纸（将当前的模型空间切换为图纸空间）。

（13）功能区控制面板栏→矩形，绘制标题栏外框。

（14）功能区控制面板栏→分解，分解标题栏外框。

（15）功能区控制面板栏→偏移，绘制标题栏内框。

（16）功能区控制面板栏→修剪，修剪多余线条。

（17）功能区控制面板栏→文字，添加文字说明。

（18）功能区控制面板栏→矩形，捕捉各视口角点，绘制四个视口的边框。

（19）快捷菜单栏→打印→确定。

二、从模型空间打印出图

从模型空间打印出图时，不需要切换至布局，只需在绘制图形对象的基础上，人为添加图框、标题栏，再框选整个图框进行打印即可。但模型空间打印无法设置多个视口，不方便同时打印多组图形。

从模型空间打印的主要流程为：先绘制一定尺寸的图框，并加入标题栏，再将其按一定比例缩放，使图形对象位于图框之中，再执行打印命令，并在打印对话框中进行一定设置即可。

1. 图框制作

从模型空间打印出图时，首先需要人为绘制图框，图框的尺寸依据打印图纸的尺寸而定。由于打印时图纸四周会有一定留白，因此绘制的图框需要比图纸小一些，通常每侧与图纸边缘间隔 5 mm 或 1 cm，也可根据个人需要进行设置。

以 A4 纸、间隔 5 mm 为例。A4 纸的尺寸为 210 mm × 297 mm，每个边与图纸边缘间隔 5 mm，因此绘制的图框尺寸为 200 mm × 287 mm。图框通常为两个矩形的组合体，外侧的矩形为细实线，内侧为粗实线。因此先绘制一个细实线的 200 mm × 287 mm 的矩形，再用偏移功能向内绘制一个粗实线的矩形即可。其后，用户可根据个人需要，在图款中添加标题栏、文字等。

2. 比例缩放

图框制作完毕后，为了使图形对象较好地呈现在图框中，用户通常需要将图框按一定比例缩放，并移动至图形对象上。

对图框进行缩放，用户也可较好地把握缩放比例，并确定打印的比例尺。例如，图框缩放的比例因子为 2，则打印出的图形的实际比例尺为 1：2。

📖 **提示：**不要对图形对象进行缩放，否则图形的标注会改变。

3. 打印出图

一切布置完毕后，用户即可对整个图框进行打印出图。

3.1　执行打印命令的方法

方法一：单击快速访问工具栏的 ⊟（打印）图标。

方法二：单击快速访问工具栏的 ▨（A）图标，在其下拉菜单中选择"打印"。

方法三：单击主菜单栏的"文件"选项，在其下拉菜单中选择"打印"。

3.2 执行命令后的选项与操作

执行打印命令后，系统即弹出"打印 – 模型"对话框，用户需进行以下操作：

（1）在"打印机/绘图仪"选项组的"名称"选项选择系统打印设备，并在"图纸尺寸"选项组设置图纸尺寸。

（2）设置图纸的可打印区域：所谓可打印区域，就是扣除图纸边缘的留白部分后，剩余的可打印出图的部分，因此需要将其设置为与图框尺寸相同。操作方法为：单击"打印机/绘图仪"选项组下"名称"选项后的"特性"选项，系统弹出"绘图仪配置编辑器"对话框（图2-100），单击"修改标准图纸尺寸（可打印区域）"，再单击下方的"修改"，系统即弹出"自定义图纸尺寸 – 可打印区域"对话框，在其中调整图纸的上下左右各边界留白部分的尺寸，接着单击"下一步"给文件命名（图2-101），依次单击"下一步"→"完成"→"确定"，出现"修改打印机配置文件"弹窗（图2-102），选择创建临时文件，则仅供此次打印使用；将修改保存的则可多次使用此设置。

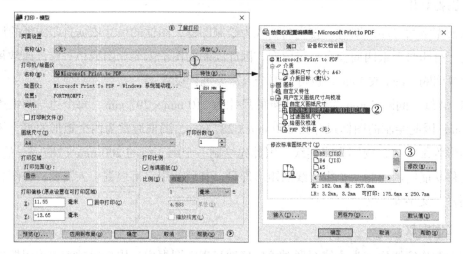

图2-100 通过绘图仪配置编辑器修改可打印区域（按图中①、②、③所示菜单选项）

图2-101 调整边界尺寸

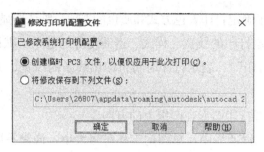

图 2-102 选择配置保存方式

（3）指定打印区域：在"打印范围"下选择"窗口"，系统即跳转至绘图区，用光标指定最外侧图框的两个对角点，选定整个图框区域，回到"打印－模型"对话框，单击确定即可完成打印。

除了上述必须设置的选项外，"打印－模型"对话框中还有其他选项，点开右下角的 可看到隐藏选项（图 2-103），均可根据自身需要进行设置。

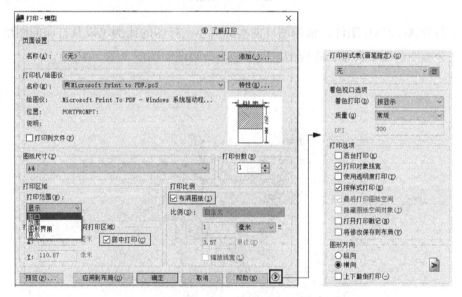

图 2-103 指定打印区域及其他打印选项设置

☑ 打印偏移：用于指定打印区域自图形左下角的偏移。一般不做设置。

☑ 打印比例：用于控制图形打印的相对比例。布局空间打印的打印比例通常为 1∶1，模型空间下打印，由于已经将图框按比例缩放，所以保持默认选项"布满图纸"不做修改。

☑ 打印样式表：用于设置打印的样式表，包括颜色、线型、线条端点样式等特性的设置。例如，用户不想按原本的颜色打印图形，而想统一按黑色打印，或想将线条的端点设置为方形，此时可单击"打印样式表"的下拉选项，新建一个打印样式，再选中该样式表，单击右侧的"编辑"，在弹出的"打印样式表编辑器"对话框中进行设置即可。

☑ 着色视口选项：用于确定打印着色方式和质量的选项。默认按显示打印，质量为常规。

☑ 打印选项：用于确定打印的线宽、样式、透明度等的选项。默认情况下勾选"打印对象线宽""按样式打印"，表示打印时将打印出线条的线宽，并使用打印样式表中的设定。

☑ 图形方向：用于设置打印图形在图纸上的方向。

【示例 2-69】实际工程项目中，总图的工程符号太小，通常需要放大为分幅图进行打印。参考图 2-104。

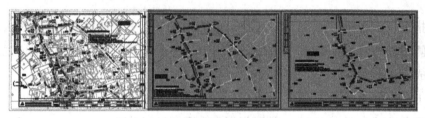

图 2-104　例图

（1）打开 AutoCAD 图件，根据图件的实际大小、打印的比例尺以及打印的图纸大小，确定每张分幅图的图幅大小，在模型空间下画出分幅图的图框（图 2-105）。

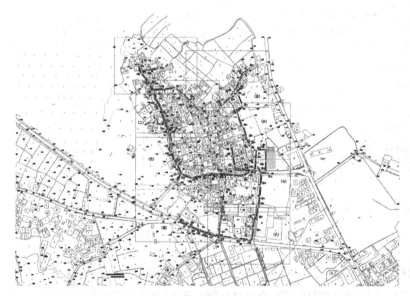

图 2-105　分幅图范围

（2）右键单击状态栏"布局 1"→页面设置管理器，设置图纸尺寸、打印比例等。

（3）底部状态栏→布局 1，单击视口→Delete（切换至布局空间，将原本的视口删除）。

（4）粘贴标准图框至灰色区域（📖提示：由于打印的图纸四周会有一定留白，图框需比实际打印图纸略小）。

（5）输入"MV"回车，在图框内建立视口。

（6）底部状态栏"图纸"→"模型"（将当前的布局–图纸空间切换为布局–模型空间）。

（7）输入"Z"回车，输入比例因子nXP回车（如2倍显示则输入2XP）。

（8）输入"PAN"回车，平移视口内的图件至合适的位置（📖**提示：**不要滚动鼠标滚轮，否则图件的显示比例改变，需重新设置）。

（9）底部状态栏"模型"→"图纸"（将当前的布局–模型空间切换为布局–图纸空间）。

（10）单击视口，通过夹点拉伸，调整视口大小，使其与分幅图图框一致。

（11）至此，完成了一个分幅图的排布。全选该图框，复制粘贴至旁边的灰色区域，粘贴数量根据分幅图数量而定。

（12）底部状态栏"图纸"→"模型"。

（13）单击新粘贴的视口内，输入"PAN"回车，平移视口内的图件至合适的位置。

（14）重复该操作，调整每个图框内显示的图件（📖**提示：**布局—模型空间下，才能编辑视口内的图件；布局—图纸空间下，才能移动、编辑视口外的图件）。

（15）在图纸空间下，根据需要加入图例、图签等。

（16）快速访问工具栏→打印。

（17）打印机/绘图仪名称→选择需要的系统打印机；特性→修改标准图纸尺寸（可打印区域），单击修改，调整可打印区域大小与图框大小一致；图纸尺寸→选择所需打印尺寸；打印比例→布满图纸；图形方向→横向；打印范围→窗口。

（18）单击右侧的窗口，指定分幅图图框的两角点，确定（通过窗口指定打印范围，完成打印）。

（19）重复以上几步操作，完成所有分幅图的打印。

【示例2-70】制作带状图的旋转分幅图。

（1）打开AutoCAD图件，根据图件的实际大小、打印的比例尺以及打印的图纸大小，确定每张分幅图的图幅大小，在模型空间下画出分幅图的矩形图幅范围。

（2）右键单击状态栏"布局1"→页面设置管理器，设置图纸尺寸、打印比例等。

（3）底部状态栏→布局1，单击视口→Delete（切换至布局空间，将原本的视口删除）。

（4）粘贴标准图框至灰色区域（📖**提示：**由于打印的图纸四周会有一定留白，图框需比实际打印图纸略小）。

（5）输入"MV"回车，在图框内建立视口。

（6）底部状态栏"图纸"→"模型"（将当前的布局–图纸空间切换为布局–模型空间）。

（7）输入"UCS"回车，捕捉分幅图矩形图幅的角点为原点，捕捉分幅图矩形边为X轴、Y轴（定义用户坐标系，X轴为旋转至下边界的边，Y轴为旋转至左边界的边）。

（8）输入"PLAN"回车，输入"C"回车（旋转视图以匹配用户坐标系）。

（9）输入"Z"回车，输入比例因子nXP回车（如2倍显示则输入2XP）。

（10）输入"PAN"回车，平移视口内的图件至合适的位置（📖**提示：**不要滚动鼠标滚轮，否则图件的显示比例改变，需重新设置）。

（11）底部状态栏"模型"→"图纸"（将当前的布局–模型空间切换为布局—图纸空间）。

（12）单击视口，通过夹点拉伸，调整视口大小，使其与分幅图图框一致。

（13）至此，完成了一个分幅图的排布。全选该图框，复制粘贴至旁边的灰色区域，粘贴数量根据分幅图数量而定。

（14）底部状态栏"图纸"→"模型"。

（15）单击新粘贴的视口内，输入"PAN"回车，平移视口内的图件至合适的位置。

（16）重复该操作，完成每个分幅图的设置。

本节习题

AutoCAD 为用户提供了哪两种并行的工作环境？

第十一节　AutoCAD 命令汇总

本节汇总了使用 AutoCAD 时需要用到的各种命令及其简化输入方式，方便用户快速查询（表2–2）。

表 2-2　AutoCAD 命令汇总

类型	命令	输入形式	简化输入
基本操作	新建文件	NEW/QNEW	
	打开文件	OPEN	
	保存文件	SAVE/QSAVE	
	换名存盘	SAVEAS	
	输出文件	EXPORT	EXP
	终止命令	Esc 键	
	撤销命令	U/UNDO/Ctrl+Z 键	
	重做命令	REDO/ Ctrl+Y 键	
	重复命令	Enter 键 /Space 键 / MULTIPLE	
	选项	OPTIONS	OP
	缩放	ZOOM	Z
	图限	LIMITS	
	栅格	GRID	
	用户坐标系	UCS	
	图形单位	UNITS	UN
	对象捕捉列表	Shift+ 鼠标右键	
	对象捕捉开关	F3 键	
	草图设置对话框	DSETTINGS	SE
	临时追踪	TT	
	定位追踪	TK	
	两点间的中点	MTP	

类型	命令	输入形式	简化输入
二维图形的绘制	点	POINT	PO
	定数等分点	DIVIDE	DIV
	定距等分点	MEASURE	ME
	点样式	DDPTYPE/PTYPE	DDP/PT
	线	LINE	L
	构造线	XLINE	XL
	射线	RAY	
	多段线	PLINE	PL
	编辑多段线	PEDIT	PE
	多线样式	MLSTYLE	
	多线	MLINE	ML
	编辑多线	MLEDIT	
	样条曲线	SPLINE	SPL
	编辑样条曲线	SPLINEDIT	SPE
	云线	REVCLOUD	REVC
	手绘线	SKETCH	SK
	圆弧	ARC	A
	圆	CIRCLE	C
	椭圆 / 椭圆弧	ELLIPSE	EL
	圆环	DONUT	DO
	矩形	RECTANG	REC
	正多边形	POLYGON	POL
	创建块	BLOCK	B
	插入块	INSERT	I
	编辑块	BEDIT	BE
图形编辑与修改	快速选择	QSELECT	
	删除	ERASE	E
	移动	MOVE	M
	复制	COPY	CO
	旋转	ROTATE	RO
	镜像	MIRROR	MI
	打断	BREAK	BR
	缩放	SCALE	SC
	阵列	ARRAY	AR
	矩形阵列	ARRAYRECT	
	环形阵列	ARRAYPOLAR	
	路径阵列	ARRAYPATH	
	拉伸	STRETCH	S
	拉长	LENGTHEN	LEN

类型	命令	输入形式	简化输入
图形编辑与修改	延伸	EXTEND	EX
	修剪	TRIM	TR
	偏移	OFFSET	O
	倒角	CHAMFER	CHA
	圆角	FILLET	F
	分解	EXPLODE	X
面域与图案填充	面域	REGION	REG
	并集	UNION	UNI
	交集	INTERSECT	IN
	差集	SUBTRACT	SU
	图案填充	HATCH	H
尺寸查询与标注	测量	MEASUREGEOM	MEA
	查询面域特性	MASSPROP	
	标注样式	DIMSTYLE	D
	线性标注	DIMLINEAR	DLI
	对齐标注	DIMALIGNED	DAL
	弧长标注	DIMARC	DAR
	坐标标注	DIMORDINATE	DOR
	半径标注	DIMRADIUS	DRA
	折弯标注	DIMJOGGED	DJ
	直径标注	DIMDIAMETER	DDI
	角度标注	DIMANGULAR	DAN
	基线标注	DIMBASELINE	DBA
	连续标注	DIMCONTINUE	DCO
	快速标注	QDIM	QD
	标注间距	DIMSPACE	
	标注打断	DIMBREAK	
	多重引线	MLEADER	MLD
	形位公差	TOLERANCE	TOL
图层设置与管理	图层	LAYER	LA
	设置当前图层	CLAYER	CLA
	线型	LINETYPE	LT
	线宽	LWEIGHT	LW
	颜色	COLOR	COL
轴测图的绘制	等轴测捕捉	DSETTINGS	SE
	等轴测平面切换	F5 键 /Ctrl+E 键	
打印与出图	页面设置管理器	PAGESETUP	PAG

第三章　效果图处理软件 Photoshop 使用基础

Photoshop 是由 Adobe 公司开发的数字图像处理软件，简称"PS"，可处理基于像素的数字图像、图形、文字和视频等。PS 自 1990 年正式发行以来，经历多次改进，初期以编号表示不同版本，至 2003 年 Adobe Photoshop 8 更名为 Adobe Photoshop CS，版本由编号版进阶至代号版。2014 年 Adobe 公司推出新版本 CC 系列取代 CS（1~6）系列，截至 2022 年 1 月，Adobe Photoshop CC 2022 为市场最新版本。

由此可见，PS 版本众多，新推版本功能更强大，但同时对计算机性能要求也就比较高，在使用该软件辅助作图时，选用合适版本有利于保证制图的效率。如何取舍各人认识不同。本书综合认为，早期的 CS 系列中的 Photoshop CS3 因删除了众多无关的组件，具简洁轻量特性，可以作为基础版本使用；Photoshop CC 2018 运行相对稳定，则是新系列中目前表现优秀的版本。在环境生态工程图绘制中，通常只用一些基础功能，从这个角度而言，本书选择 Photoshop CS3 介绍基本功能。目前一些高级版本，由于自带有工具演示，只要懂得早期版本的基本功能，使用时相对容易入手。

第一节　Photoshop 界面简介

软件功能主要以菜单和面版方式提供。打开 Photoshop 后显示的界面如图 3-1 所示。界面包括：菜单栏、工具栏、属性栏、活动面板，文档选项卡以及文档编辑窗口。

界面各部分具体介绍如下：

☑ 主菜单栏：PS 界面的最顶端，包含各种可以执行的命令，单击菜单名称可打开相对应的菜单。

☑ 工具选项栏：随着你选择的工具进行变化，可以设置工具的各种选项。

☑ 标题栏：当你打开一张图片或者新建一个文件时，从左到右分别显示：文档名称、文件格式、窗口缩放比例、颜色模式等信息。

☑ 选项卡：当你打开多个图片文件时，文档窗口只显示一个图片文件，单击对应选项卡名称，即可显示对应图片文件。

☑ 工具栏：顾名思义，用于执行编辑图片的工具。

☑ 文档编辑窗口：如图 3-1 所示，图片文件的放置处，编辑区域。

☑ 面板栏：设置编辑选项、创建调整图层、编辑图层等。面板栏包括默认的面板（如导航器面板、颜色样式面板及图层面板）和活动面板，后者常以图标附在前者左边，可直接单击或拖动后操作。通过菜单栏"窗口"启用新的活动面板，或"窗口"→"工作区"→"默认工作区"恢复默认的活动面板。

☑ 状态栏：显示当前工具和文档窗口显示比例、文档大小、文档尺寸等信息。具体可以根据需要单击箭头进行调整。

☑ 快捷菜单：PS 菜单有两类，一是主菜单，二是快捷菜单。主菜单固定显现在界面上，快捷菜单在打开界面常不可见，需要用鼠标指向特定区域，并通过单击鼠标右键调用。快捷菜单本质上是主菜单和面板的定向功能集成，时常应用可提高效率。

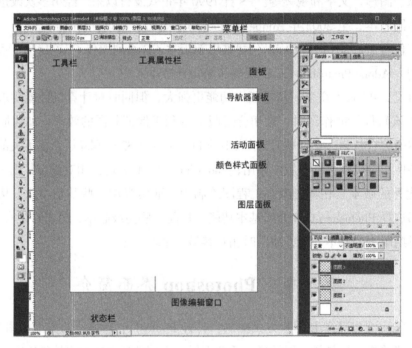

图 3-1　界面简介

第二节　文件建立与管理

文件的建立与管理在 PS 的菜单栏的"文件"菜单中，包括文件建立与打开、文件存储、文件打印等功能。了解主菜单是学习 PS 的基础，而图形文件的建立与管理则是开启作图第一步，故此将其单列于主菜单介绍之外予以说明。

一、新建文件

在 Photoshop 创建一个新文档。在菜单栏"文件→新建"（或按住 Ctrl 键的同时双击鼠标左键），弹出新建文件对话框，在框中输入图形文件的名称、设置图像的宽、高大小及单位，单位可选择"英寸、毫米、厘米、点和派卡"，查看图像文件的实际大小，如果合

适，则单击"确定"按钮即可，如图 3-2 所示。

图 3-2　新建文件

此外，对话框中还有分辨率、背景色等。在实际操作中我们尽量避免过大图像，影响操作效率。在"模式"选项中，通常设置为 RGB 颜色（红 / 绿 / 蓝）。"背景色"选项包括"白色"和"透明"，分别新建背景白色或透明的文档。一般我们采用其缺省设置，不做改动。

二、打开文件

已有的图片文件可以直接用"文件→打开"命令打开，或按 Ctrl+O 键打开。如果想打开最近打开过的文件，执行"最近打开文件"命令。

三、存储与关闭文件

PS 文件格式通常是 PSD，也可以转存为 PDF 等文件格式。保存文件时，还需要设置文件格式和大小，PSD 大小限定为最大 2 GB，PDF 文件不能大于 10 GB。

存储文件命令：

（1）存储 PSD 文件：选择"文件→存储"命令。

（2）存储其他类型的文件要使用"文件→存储为"命令。

其他文件类型包括：GIF 或 JPEG 和 PDF 文件等。

关闭文件命令；

（1）执行主菜单"文件→关闭"。

（2）直接单击主菜单栏右端的 ×（关闭）图标。

📖 提示：如果文件较大，会拖慢计算机运行速度。有两个简单易行的方法释放内存，提高效率：

关闭所有你现在不用的文件。

清理"还原""剪贴板""历史"中的记录，方法：执行主菜单"编辑→清理→全部"命令。

第三节　主菜单栏的菜单功能

主菜单栏的菜单随不同版本略有差异，但一些基本功能相同。这些基本功能中，除了上节已经介绍的文件菜单外，还包括有选择、编辑、图像、图层、滤镜、窗口和视图菜单。在这些基本功能菜单中，图层和滤镜菜单因其操作复杂，且在环境生态工程的效果图制作中具有重要作用，本书将其单独作为章节介绍，而文件菜单的功能在上节已作介绍，因此，本节主要介绍主菜单栏的选择、编辑、图像、窗口和视图菜单。

一、选择菜单

精确选择特定的对象并建立选区是 PS 绘图最重要的步骤。建立选区主要利用工具栏中的选择工具，而主菜单中的"选择"菜单命令不仅可以协助选择工具进行选区调整，使选择工具的选区操作更快速方便，还提供了一些快速选择的方法。

1. 选择菜单功能

选择菜单的选项大致可分为图形选择、图层选择和选框操作三类选项，如图 3-3 所示，具体如下：

☑　图形选择类选项：只针对当前图层内的图形，不涉及其他图层的图形，又分为无差别选择命令，如"全选"选项，和基于颜色判别的选择命令，如"色彩范围"选项；

☑　图层选择类选项：针对图层的选择操作，包括"所有图层"选项和"相似图层"选项；

☑　选框操作类选项：针对已有选框进行变化以重新定义选区，如"扩大选取""变换选区"和选取相似等。

图 3-3　选择菜单的选择功能分类

2. 选择菜单命令

选择菜单选项包括"全部""重新选择""反向""所有图层""相似图层""色彩范围""扩大选取""选取相似"等。各选项的功能作用如下：

☑　全部：执行"全部"命令，可将当前视图全部选中。

☑　取消：执行"取消选择"命令，将取消视图中的选区。

☑ 重新选择：执行"重新选择"命令可恢复刚取消的选区。

☑ 反向：执行"选择→反向"命令，可将当前选区反转。该选项通常在已有局部选区情况下使用。

☑ 所有图层：执行"所有图层"命令，可将除"背景"图层以外的所有图层全部选中。

☑ 取消选择图层：使用"取消选择图层"命令，可取消对"图层"调板中任何图层的选择状态。

☑ 相似图层：使用"相似图层"命令，可将与当前选中图层相同属性的其他图层全部选中。

☑ 色彩范围：可将图像中颜色相似或特定颜色的图像内容选中。方法："选择→色彩范围"命令，打开色彩范围对话框，如图 3-4 所示，移动鼠标到图像窗口中，单击选择要选取的颜色，按下 Shift 键可加选，按下 Alt 键可减选。

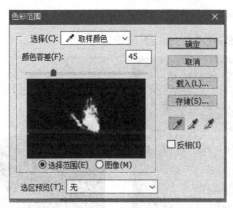

图 3-4　色彩范围对话框

色彩范围对话框各选项作用如下：

☑ 选择：该下拉列表可选取取样颜色工具，或选择现有的颜色选项以创建选区。

☑ 颜色容差：输入数值或拖动滑块调整选定颜色的范围。较低的容差值将限制色彩范围，反之将增大色彩范围。

☑ 设置预览框的显示：选择"选择范围"单选按钮，可预览图像选区。其中白色区域为选定的像素。若选中"图像"单选按钮，可预览整个图像。

☑ 选区预览：在图像中创建预览选区。

☑ 扩大选取：当图像中存在有选区时，使用"扩大选取"命令，可以将指定容差范围内的相邻像素选中。

☑ 选取相似：当图像中存在有选区时，使用"选取相似"命令，可选取包含整个图像中位于容差范围内的所有图像像素，而不只是相邻的像素。

☑ 变换选区：使用"变换选区"命令，可在选区的边框上添加变换框，与使用"自由变换"命令相同的操作方法，对选区进行变换处理。

☑ 载入选区：将指定图层或通道的选区载入。执行"载入选区"命令，打开"载入选区"对话框,在"文档"下拉列表中选择所选的文档,并在"通道"下拉列表中选中要载入选区的图层或通道。在"操作"选项组中可设置新选区与已有选区的关系。

☑ 存储选区:使用"存储选区"命令可以将选区存储为 Alpha 通道。执行该命令,打开"存储选区"对话框,指定将新通道存储在当前文档或新建文档中,并为新通道命名。

【示例 3-1】应用颜色范围建立选区抠图。

如果要选择的对象与背景有明显的颜色差异,可通过颜色范围建立复杂的选区,例如水浪(图 3-5)。具体步骤为:

(1)选取主菜单"选择→颜色范围",利用颜色拾取器单击选择对象。在这个例子中,我单击的是水浪的白色区域。

(2)在弹出的对话框中,调整颜色容差等,通过预览图观察,达到所选择目标要求后,单击确定即可建立选区。

(3)复制选区,将其粘贴到另一张图片中。

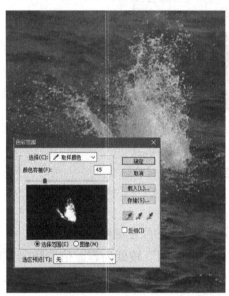

图 3-5 应用颜色范围建立选区及复制效果

二、编辑菜单

1.编辑菜单分类

主菜单栏中的编辑菜单包括撤销类命令、剪切粘贴类命令、填充描边类命令、变形类命令以及颜色设置和文件配置等类型的命令。这类命令相对较简单,但十分重要,在图形编辑中经常用到。

不同的编辑命令操作方式不一样,撤销类命令针对当前操作指令,填充描边类命令要结合选区或路径,变形类命令则针对图形选区,变形类命令在环境生态工程效果图制作中常要用到，要根据变换要求，选择合适的子菜单命令进行相应的变换操作，如图 3-6 所示。

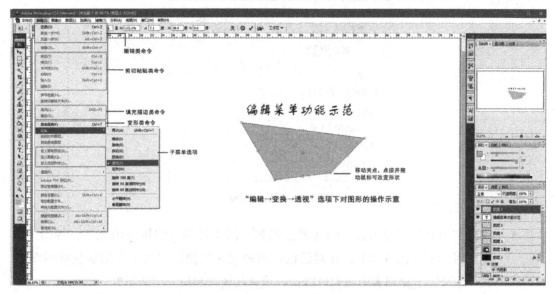

图 3-6 编辑菜单分类及命令操作示意

2. 编辑菜单的命令

编辑菜单选项的功能及使用方法介绍如下：

☑ "还原"命令：将操作还原一次，快捷键是 Ctrl+Z。

　　📖 提示：如果要将操作连续还原快捷键 Ctrl+Alt+Z 键。

☑ "剪切"和"拷贝"命令："剪切"方法是选择"编辑→剪切"，或直接按 Ctrl+X。
"拷贝"法是选择"编辑→拷贝"，或直接按 Ctrl+C。

　　📖 提示：先建立选区才能执行"剪切"和"拷贝"命令。二者区别在于剪切后选区内图像消失，而"拷贝"后原图片完整。"剪切"和"拷贝"的图像均存储在剪切板中，通常和粘贴类命令结合使用。

☑ "粘贴"和"贴入"命令："粘贴"方法是选择"编辑→粘贴"，或直接按 Ctrl+V。
"贴入"方法是选择"编辑→贴入"，或直接按 Ctrl+Shift+V。

　　📖 提示：需要预先执行"剪切"和"拷贝"命令，且"贴入"需要有选框。这里贴入命令相当于蒙版。

☑ "描边"与"填充"命令：描边命令用于对选框或者对象的边缘线。填充命令针对选区，类似工具箱中的"油漆桶"，但可以用图案填充。

　　⚒ 执行"描边"命令方法：（1）建立选框；（2）选择"编辑→描边"，弹出描边对话框（图 3-7），设置描边选项。

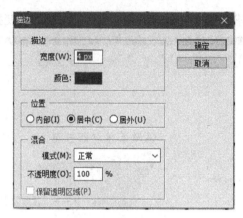

图 3-7　描边对话框

⚐ 执行"填充"命令方法：（1）建立选框；（2）选择"编辑→填充"，弹出"填充"对话框（图 3-8），在对话框中选择填充的使用方式（常用颜色或图案）；在"混合"下拉列表中我们可以选择填充的模式和填充层透明度。

图 3-8　填充对话框

☑ "自由变换"与"变换"命令："自由变换"命令是我非常喜欢的一个命令，它灵活多变，用户可以完全地自行控制，做出任何变形。

☑ "自定义画笔"命令：这个命令可以将一个或者几个图形定义成画笔，然后作为笔刷来使用，我们可以将很好的图形定义成画笔，这样在以后的操作中就可以节约时间。具体使用方法后面讲到。

☑ "定义图案"命令："定义图案"命令与前面讲过的自定义画笔命令的方法基本相同。具体使用方法后面讲到。

【示例 3-2】利用编辑功能制作系列照片艺术展示窗口。

例如，在环境修复工程中，常需要展示生物种类多样性（图 3-9），那么如何使生物种类图片展示方法更具艺术性呢？

图 3-9　例图

本文提供一种思路，采用胶片的形式展现。要实现这一形式方法有很多，本文结合编辑菜单的"粘贴入"和"变换"功能讲解实现的方法：

（1）制作胶片底片：PS 有多种实现自制胶片底片的方法，但需要综合运用其他菜单和工具。为了阐述编辑的功能，此处借用网络图片。从网上搜索图片"电影胶片素材"，利用网页自带的剪切板命令剪切（也可以将图片下载后另存为胶片素材用 PS 打开），如图 3-10。

图 3-10　电影胶片

（2）复制胶片底片：选择胶片图形，单击鼠标右键，选择复制图形。

（3）新建文件：选择菜单"文件→新建"。注：由于剪切板带有图片信息，PS 会自动匹配文件大小，否则要设置图像大小。

（4）新建胶片图像层：直接选择菜单栏"编辑→贴入"即可。

（5）建立选区：执行工具栏快速选择工具，单击胶片的贴入图形窗口处，形成选区。注意，每次建立粘贴选区时，都要用鼠标选择胶片图层。

（6）复制图片：选择需要粘贴的图片，单击右键复制图片。

（7）执行选区粘贴命令：选择菜单栏"编辑→贴入"。注意，选区粘贴要选择"贴入"而非"粘贴"命令。

（8）重复第（3）至第（5）步，完成所有照片贴入。

（9）根据窗口调整照片形状与大小：选择相应的图层，执行"编辑→变换→扭曲"，调整图像至合适的视角，如图 3-11 所示。

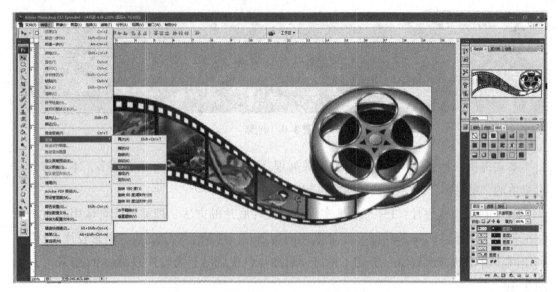

图 3-11　示意选择照片层执行扭曲变形命令

（10）最后根据需要添加注释、调整颜色等，并另存为 JPG 文件即可，如图 3-12 所示。

图 3-12　完成的作品

三、图像菜单

图像菜单主要用于选择、调整图像颜色，设置或调整图像及画布大小等。

1. 设置图像的颜色模式

建立图像文件时，需要确定图像的颜色模式。图像的颜色模式有黑白、灰度和彩色三种类型，而彩色模式又分为 HSB、RGB、Lab 及 CMYK 等，不同颜色模式有不同的色彩表达规则。在 PS 软件中，通常将复合图片颜色根据颜色模式分解成按一定规律排列的调色板，有的是连续的，有的是离散的。因此，选定了颜色模式，就确定图像的整体色彩。实际作图中，比较多的是用 RGB 颜色模式。

颜色模式的选择是通过执行"图像→模式"命令完成的，如图 3-13 所示。

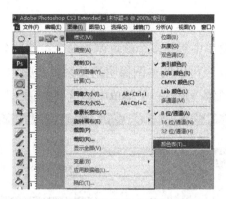

图 3-13　图像的模式命令菜单

"模式"菜单中含有颜色类型子菜单，各子菜单的功能如下：

☑ 灰度：选择该模式，将像素颜色转换成介于黑色与白色之间的 256 种灰度值。

☑ 双色调：双色调相当于用不同的颜色来表示灰度级别，其深浅由颜色的浓淡来实现。

　📖 **提示：** 图像在转换为双色调模式之前，必须先转换为灰度模式。

☑ 索引颜色：该模式是以 RGB 或 CMYK 图像为基础，可用最多 256 种颜色生成 8 位图像文件，有预定义和自定模式等多种颜色调板，通过颜色表命令更改索引颜色。

☑ RGB 颜色：RGB 模式基于自然界中三原色的加色混合原理，通过对红（R）、绿（G）和蓝（B）3 种基色的各种值进行组合来改变像素的颜色。

☑ CMYK 颜色：CMYK 颜色模式是一种印刷模式。其中 4 个字母分别指青（C）、洋红（M）、黄（Y）、黑（B）4 种颜色的油墨。

☑ Lab 颜色：由 3 个通道组成，即一个亮度分量 L 及 2 个颜色分量 a 和 b 来表示颜色的。

☑ 多通道：在多通道模式下，每个通道都使用 256 级灰度。进行特殊打印时，多通道图像十分有用。多通道模式图像可以存储为 PSD、PDD、EPS、RAW、PSB 格式。在使用多通道模式以后，在图层调板中不再支持多个图层。

☑ 颜色表：使用"颜色表"命令，可以更改索引颜色图像的颜色表。

2. 调整图像色彩

2.1　色彩的基础知识

图像"调整"命令主要对图像的色彩和色调进行编辑，在图像后期处理中有重要作用，命令操作并不难，但要用得合理科学，理解该命令功能，需要有色彩知识和色彩调和的经验，建议初学者要多补充一下这方面的知识。下面简单介绍用到的基础概念。

图像的色调：也称色相，是指人眼对不同波长的光线产生不同颜色类型的视觉。

图像的亮度：人眼对于同一种颜色相的明亮程度的视觉。

图像饱和度：是指颜色掺入不同比例白光后，使人眼感觉到色彩"浓淡"变化。

图像对比度：是指不同颜色的差异程度。

2.2　调整菜单

在"调整"菜单的子菜单中包括多个颜色调整命令，这些命令大致可分为自动调整类和人工调整类，通过这些命令可以调整图像明暗关系以及整体色调，如图3-14所示。使用方法是：选择菜单栏"图像→调整→子菜单中颜色调整命令"。

图3-14　调整菜单

子菜单中自动调整颜色类命令选项及功能如下：

☑ 自动色阶：将红色、绿色、蓝色3个通道的色阶分布扩展至全色阶范围。这种操作可以增加色彩对比度，但可能会引起图像偏色。

☑ 自动对比度：以RGB综合通道作为依据来扩展色阶，因此增加色彩对比度的同时不会产生偏色现象。多数情况下，颜色对比度的增加效果不如自动色阶来得显著。

☑ 自动颜色，通过搜索实际图像像素分布情况来调整图像的对比度和颜色。

子菜单中人工调整颜色类命令需要输入调整参数，具体功能和使用方法如下：

☑ 色阶：通过色阶对话框（图3-15）中的滑尺或在数值窗口输入数值调整颜色。

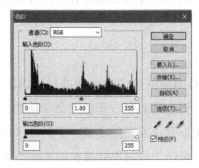

图3-15　色阶对话框

☑ 曲线：曲线工具直接弯曲直线，或选用铅笔工具画出需要的曲线调整颜色。曲线对话框如图3-16所示。

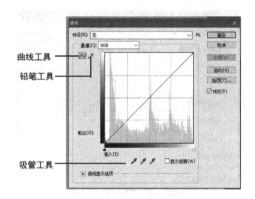

曲线工具

铅笔工具

吸管工具

图 3-16　曲线对话框

☑ 色彩平衡：通过调整基本互补色的比例而达到改变颜色的效果。使用方法，色彩平衡
　　对话框（图 3-17）滑尺调整或输入数值。

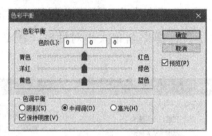

图 3-17　色彩平衡对话框

☑ 亮度 / 对比度：通过滑尺调整图像的亮度和对比度。

☑ 调整色彩：改变图像的颜色模式，包括黑白、去色、改变色相等。

☑ 黑白：将图像改变成黑白色。

☑ 色相 / 饱和度：改变图像颜色、饱和度和亮度。

☑ 去色：将图像变成灰度。

☑ 反相：将图像颜色变成其互补色。

　　此外，还有"曝光度""通道混合器"等命令，这里不一一介绍。

3. 设置画布及图像大小

　　画布指整个编辑区域，图像则指编辑的图片文件。通过"图像"菜单的"图像大
小""画布大小""裁剪"命令完成对画布和图像大小的调整。

　　3.1　设置图像大小

　　方法：选择"图像→图像大小"，弹出图像大小对话框（图 3-18），根据需要，在
对话框的像素大小（或文档大小）输入数值，如果要改变分辨率，则在分辨率中设置相
应值。

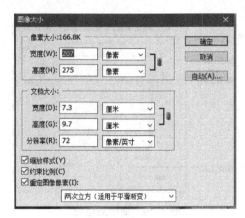

图 3-18　像素大小对话框

3.2　调整画布大小

在整合多个图像时，常要调整画布大小而不影响图片，就需要执行画布大小命令。方法是，选择"图像→画布大小"，弹出画布大小对话框（图 3-19），设置宽度和高度及画布背景色彩。

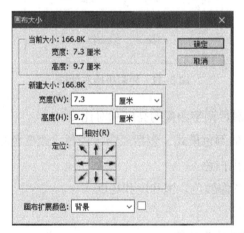

图 3-19　画布大小对话框

3.3　裁剪图像

完成图形绘制后，要裁剪多余的画面，可选用裁剪命令。方法是利用选择工具选定需要保留的区域，然后执行"图像→裁剪"。

此外，还有"裁切""显示全部"等命令，这里不作介绍。

四、视图菜单

视图菜单中的命令本身不直接影响图像编辑，但可以辅助使用者更好地编辑图像和提高出图质量。视图菜单见图 3-20。

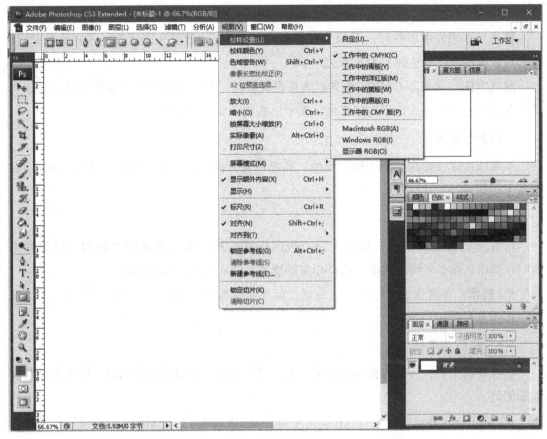

图 3-20　视图菜单

　　视图菜单功能主要包括打印校样、设置参考线、设置屏幕大小和一些辅助功能的显示以及缩放图片等。因为缩放图片在工具栏中有相应的工具，其他设置较少用到，这里主要介绍打印校样和设置参考线功能。

1. 打印校样

1.1　校样设置

　　平时制作的图片文件一般都是使用的 RGB 模式，而打印时则需要使用 CMYK 模式。这种显示的颜色到打印时颜色模式不一致，导致有些颜色在打印时丢失，因此需要进行校样设置。通常设置为"视图→校样设置→工作中的 CMYK"，也可以"视图→校样设置→自定"，并在自定义校样对话框中配置校样颜色及模拟打印纸张的颜色进行设置。

1.2　校样颜色

　　选择"视图→校样颜色"的功能，就是可以快速查看 RGB 文件在 CMYK 模式下的颜色。

1.3 色域警告

警告显示图像中那些颜色不能从打印机打印出来，一般呈灰色状态。印刷品在 PS 新建的时候颜色模式要选择 CMYK 模式。

解决方法：转化为 CMYK 模式后选择类似颜色，或者选择出现色域警告的颜色，在拾色器下单击感叹号三角形的颜色块，显示出来即可以打印出来。

2. 设置参考线

参考线可以帮你在绘图中辅助定位。其操作包括调整、移动、删除、锁定、显示 / 隐藏参考线等。

2.1 创建参考线

可直接将光标移到窗口标尺上，点按鼠标并拖拽出来；或执行"视图→新建参考线"，弹出新建参考线对话框，选择相应的选项及输入参数，单击确定。

📖 **提示：**参考线通常结合标尺绘制，如果没有标尺，则执行"视图→标尺"，或按 Ctrl+R 调出标尺。

2.2 移动参考线

选择移动工具，放到要移动的参考线上，当出现左右双向箭头提示时，按下鼠标左键拖动即可。

📖 **提示：**在移动过程中按 Alt 键，可垂直 / 水平转换。按 Shift 键，可以让参考线在移动的过程中精确地对齐标尺单位。

2.3 删除参考线

直接用移动工具拖动到窗口外面即可，如果全部删除参考线可以执行"视图→清除参考线"。

2.4 锁定参考线

直接按快捷键 Ctrl+Alt+; 键；或选择"视图→锁定参考线"。

2.5 显示或隐藏参考线

直接按 Ctrl+; 键；或单击"视图→显示→参考线"显示参考线，重复执行则隐藏参考线。

2.6 对齐参考线

本操作可使贴近参考线的对象自动地与参考线对齐，执行"视图→对齐"。

【示例 3-3】用建立参考线方法画 $r=10$ 的圆。

（1）显示标尺：选择"视图→标尺"，图像窗口的上方和左方就会出现标尺。

（2）建立垂直和水平且位置相差 10 mm 的参考线：选择"视图→新建参考线"，在弹出的新建参考线对话框中"取向"选择"垂直"，位置为 0，如图 3-21 所示。重复执行"视图→新建参考线"命令，分别建立垂直且位置为 10 mm，水平且位置分别为 0 和 10 mm 的参考线，形成一个边长为 10 mm 的正方形。

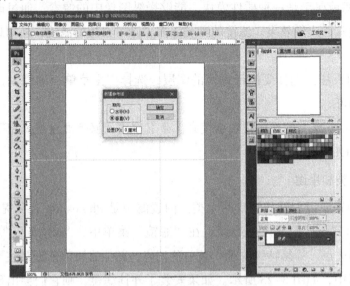

图 3-21 利用视图菜单设置参考线

（3）设置对齐参考线：选择"视图→对齐到→参考线"。

（4）建立圆形选区：选择工具栏椭圆形选框工具，拖动绘制至自动紧贴参考线。

（5）描边选区：选择主菜单栏"编辑→描边"，设置描边参数进行描边即可，如图 3-22 所示。

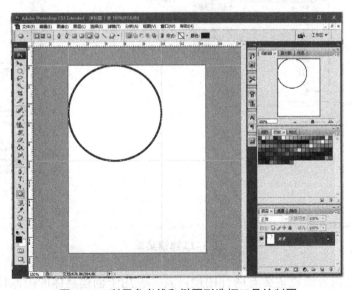

图 3-22 利用参考线和椭圆形选框工具绘制圆

📖 **提示：**也可用工具栏中的椭圆形工具绘制圆形。

五、滤镜菜单的功能

1. 滤镜菜单简介

Photoshop 滤镜属于是一种插件模块，能够操纵图像中的像素，通过改变像素的位置或颜色来生成特殊的成像效果。滤镜的种类繁多，除了自带的滤镜，还可以在网上下载滤镜插件。

滤镜的使用方法：选择要执行滤镜的图层，选择"主菜单→滤镜"，再单击所需滤镜，调整参数即可。

📖 **提示：** 大多数滤镜不能在灰色模式、索引模式及双色通道模式中使用，并且有些滤镜只适用于 RGB 颜色模式。

2. 滤镜的种类和用途

滤镜分为内置滤镜和外挂滤镜两大类。内置滤镜是 Photoshop 自身提供的各种滤镜，外挂滤镜则是由其他厂商开发的滤镜。在"滤镜"菜单中，"滤镜库""抽出""镜头校正""液化""消失点"等是特殊滤镜，被单独列出，其他滤镜都依据其主要功能放置在不同类别的滤镜组中，如图 3-23 所示。如果安装了外挂滤镜，则它们会出现在"滤镜"菜单底部。

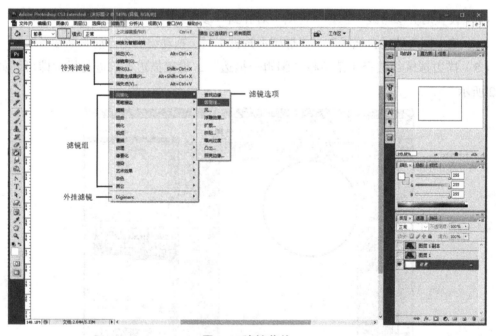

图 3-23 滤镜菜单

Photoshop 的内置滤镜主要有两种用途：其一，用于创建具体的图像特效。如可以生成粉笔画、图章、纹理、波浪等各种效果，此类滤镜的数量最多，且绝大多数都在"风格化""画笔描边""扭曲""素描""纹理""像素化""渲染""艺术效果"等滤镜组中。除

"扭曲"以及其他少数滤镜外，基本上都是通过"滤镜库"来管理和应用的。其二，用于编辑图像。如减少图像杂色、提高清晰度等，这些滤镜在"模糊""锐化""杂色"等滤镜组中。此外，"液化""消失点""镜头校正"也属于此类滤镜。Photoshop 的内置滤镜的具体功能和使用方法见本章第七节。

六、窗口菜单

主菜单栏的"窗口"菜单主要功能是用来打开或关闭面板，或重新排列窗口工具栏，以形成个性图形编辑工作界面，方便使用。

如果需要调用某绘图命令，可直接在"窗口"菜单栏中勾选相应的功能，即可在界面调出或显示功能对话框或缩略图标。此外，"窗口"菜单下部是已打开的文件名，直接选择文件名，可进行编辑。主菜单栏的"窗口"菜单及其选项见图 3-24。

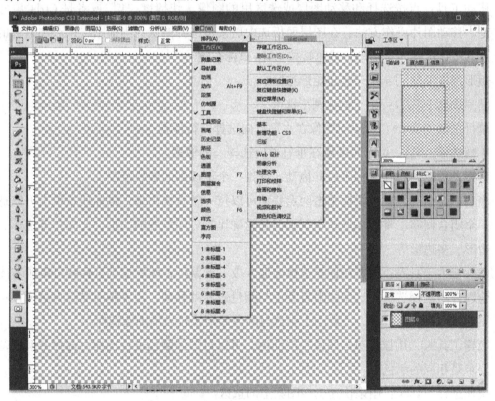

图 3-24　主菜单栏的"窗口"菜单及其选项

第四节　认识与使用工具栏

一、认识工具栏

这里我把工具栏分成了几大块，分别是选择工具、剪裁和切片工具、图框工具、测量工具、修饰工具（及绘画工具）、绘图和文字工具、导航工具。另外，在使用工具栏时，还需要关注与之配套的工具属性栏。工具属性栏的内容随所选的工具不同而对应调整菜单选项。通过工具属性栏菜单选项，可以定义工具的某些特性功能。

二、选择工具

1 选择工具

1.1 选择工具

Photoshop 中，针对特定对象或区域的操作，都是靠选区来实现的，而选区大部分是靠使用工具栏的选择工具来实现的。选区一旦建立，绘图操作就只针对选区范围内有效。如果要针对全图操作，必须先取消选区。选择工具共 10 个，集中在工具栏上部。

☑ 移动工具：点按选择和移动图层或选区里的图像，快捷键"V"或者是 Ctrl+ 鼠标左键。移动图片操作方法：在图层面板选中后按可选择图层为当前图层；点选框选的图片并按住鼠标左键拖动，或直接按 Ctrl+ 鼠标左键。

☑ 矩形选框工具：：用于创建矩形选区。

☑ 椭圆选框工具○：用于创建圆形选区。

☑ 单行选框工具：：可以对图像在水平方向选择一行像素。

☑ 单列选框工具：：可以对图像在垂直方向选择一列像素。

☑ 套索工具 ：按住鼠标不放并拖动，选择一个不规则的选择范围。

☑ 多边形套索工具 ：鼠标单击两点移动可以拉一条直线出来，鼠标任意单击可以选择一个闭合回路。常用来选择不规则但是轮廓比较分明整齐的图形，比如：五边形、六边形、多边形等。

☑ 磁性套索工具 ：只需在你要选择的地方按一下鼠标，然后拖动鼠标就可以顺着图案轮廓自动选择选区，这条线沿着颜色与颜色边界处移动，边界越明显磁力越强，将首尾连接后可完成选择，一般用于颜色与颜色差别比较大的图像选择。

☑ 魔棒工具 ：用鼠标单击图像中的颜色，可以对图像颜色进行选择，选择的颜色范围要求是相同的颜色。

☑ 快速选择工具 ：用来快速选择图案上的选区。

1.2 选区的操作

选区操作是指通过单次或多次选择工具结合工具属性的操作，达到增、减选区或形成特定形状的选区，并能羽化选区，其中，特定形状的选区可结合选区的工具属性样式菜单，也可用特定的快捷键，如画圆可按 Shift 键 + 椭圆选择工具，如图 3-25 所示。

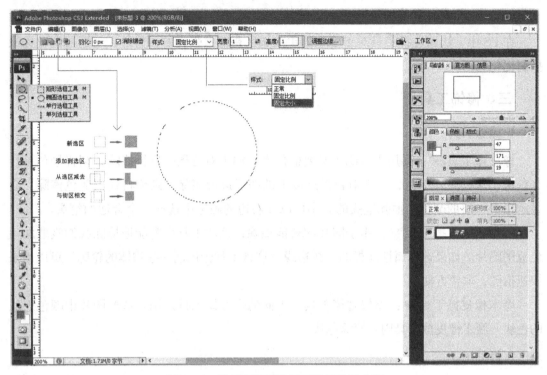

图 3-25 选择工具及选择工具属性栏介绍

【示例 3-4】利用选区操作建立如图 3-26 所示的月亮形选区。

图 3-26 例图

建立这个选区是采用从选区减去的属性设置绘制而成。具体步骤为：

（1）画第一个大圆：长按 Shift 键 + 椭圆选择工具。

（2）画第二个小园：先单击工具属性"从选区减去"（或按 Alt 键），然后按椭圆选择工具画园（图 3-27）。

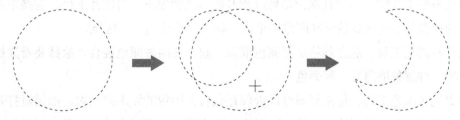

图 3-27 绘制效果

1.3 利用选择菜单功能进行选区操作

在 PS 中，快速选择工具对于建立简单的选区是非常强大的，另外，可通过调整边缘控制优化选区。

三、修饰工具

1. 擦除工具

橡皮擦工具 ⬚：要用来擦除不必要的像素，如果对背景层进行擦除，则背景色是什么色擦出来的是什么色，如果对背景层以上的图层进行擦除，则会将这层颜色擦除，会显示出下一层的颜色。擦除笔头的大小可以在右边的画笔中选择一个合适的笔头。

背景色橡皮擦工具 ⬚：用于图片的智能擦除，这款工具会智能地擦除我们吸取的颜色范围图片。如果选择属性面板的查找边缘，这款工具会识别一些物体的轮廓，可以用来快速抠图，非常方便。

魔术橡皮擦工具 ⬚：类似魔棒工具，不同的是魔棒工具是用来选取图片中颜色近似的色块。魔术橡皮擦工具则是擦除色块。

2. 修复工具

污点修复画笔工具 ⬚：不需要定义原点，确定需要修复的图像位置，调整好画笔大小，移动鼠标单击需要修复的位置，就会自动匹配。

修复画笔工具 ⬚：快捷键是字母 J，可以去除图像中的杂斑、污迹，修复的部分会自动与背景色相融合。与污点修复画笔不同的是源：为取样时需要按住 Alt 取样，为图案时直接用图案覆盖涂抹部分。

修补工具 ⬚：可以用其他区域或图案中的像素来修复选中的区域。像修复画笔工具一样，修补工具会将样本像素的纹理、光照和阴影与源像素进行匹配。您还可以使用修补工具来仿制图像的隔离区域。

内容感知移动工具：有两个功能，分别是对选中区域的复制（扩展）及对选中区域的移动。

红眼工具 ⬚：红眼工具可移去用闪光灯拍摄的人物照片中的红眼，也可以移去用闪光灯拍摄的动物照片中的白、绿色反光。

颜色替换工具 ⬚：可以在保留图像纹理和阴影的情况下，给图片上色，替换不需要的颜色。选择要使用的前景色时在图像中单击，拖动要替换的颜色区域。

混合器画笔工具：混合画笔是把颜色混到一起，使两种颜色混合。涂抹要看涂抹的方向，是把一种颜色推向另一种颜色。

历史记录画笔工具：是恢复图像最近保存或打开图像的原来的面貌，如果对打开的图像操作后没有保存，使用这个工具，可以恢复这幅图原打开的面貌；如果对图像保存后再继续操作，使用这个工具则会恢复保存后的面貌。

历史记录艺术画笔工具：历史记录艺术画笔工具跟历史记录画笔工具基本类似，不同的是我们用这款工具涂抹快照的时候加入了不同的色彩和艺术风格，有点类似绘画效果。

3.修饰工具

轨迹型绘图工具共同特点是随鼠标移动轨迹实现绘图。包括 6 种工具，模糊工具⬥、锐化工具⬥、涂抹工具⬥、减淡工具⬥、加深工具⬥、海绵工具⬥。需要注意的是，绘图类工具在使用中都有笔刷的应用，不同笔刷做出来的效果也不相同。这些工具的具体作用如下：

☑ 模糊工具⬥是将涂抹的区域变得模糊。

☑ 锐化工具⬥的作用和模糊工具正好相反，它是将画面中模糊的部分变得清晰。

☑ 涂抹工具⬥的效果就好像在一幅未干的油画上涂抹的效果。

☑ 减淡工具⬥作用是局部加亮图像。可选择为高光、中间调或暗调区域加亮。

☑ 加深工具⬥的效果与减淡工具相反，是将图像局部变暗。

☑ 海绵工具⬥的作用是改变局部的色彩饱和度，可选择减少饱和度（去色）或增加饱和度（加色）。

四、绘图类工具

1.画笔及铅笔工具

1.1 工具的使用

画笔工具⬥和铅笔工具⬥都是利用笔刷绘制各种线条或形状。不同之处在于，铅笔只有透明度控制，没有硬度控制和流量控制，常用于勾线，起草稿。当画笔硬度为 100 时，就相当于铅笔的效果。

以画笔工具为例说明其使用方法：

（1）设置笔刷：直接单击画笔调板图标，或按快捷键 F5 调出画笔调板，设置"画笔笔尖形状"及"形状动态"等选项，如图 3-28 所示。

（2）调用画笔工具：单击工具栏"画笔工具"。直接拖动绘制。

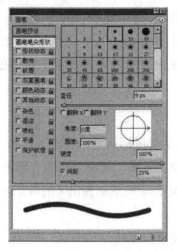

图 3-28　画笔调板及画笔笔尖形状选项

1.2　创建画笔笔刷

一般情况下，PS 自带笔刷库，不需要进行画笔笔刷的设定。但如果自带笔刷库不能满足要求时，可以新增画笔的笔刷图案，方法为：

（1）创建笔刷图案，选择图案。

（2）选择"编辑→定义画笔预设"（图 3-29），弹出"画笔名称对话框"。

（3）在对话框中输入画笔名称，单击"确定"即可。

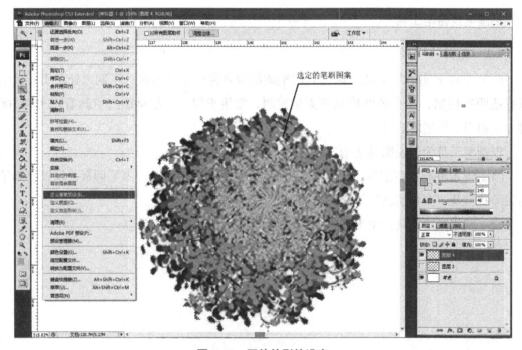

图 3-29　画笔笔刷的设定

📖 **提示：** 画笔预设与图案预设不同：笔刷图案会转为灰度，适用于所有应用到笔刷的工具，后者只有在特定调用时使用。

2. 路径工具

PS 路径是一种绘图方式，相当于给定的路线，通过相应命令，可以将路线变成选区用于抠图、填充成线条或转换成形状填充选定的色彩或图片，或作为对齐的参考线，等等。正因为路径的应用多样性和灵活性，因此在 PS 绘图中常常用到。能绘制 PS 路径的工具主要有形状工具和钢笔工具。

2.1 钢笔工具

钢笔工具的使用是 Photoshop 软件必须要掌握的一个比较重要的知识点。钢笔工具的调用方法：单击"工具栏→钢笔工具"，出现钢笔工具子菜单栏，选择子菜单中的钢笔工具，即可绘制。PS 钢笔工具绘制的路径，包括锚点、路径段、方向控制点、方向线几个元素，如图 3-30 所示。

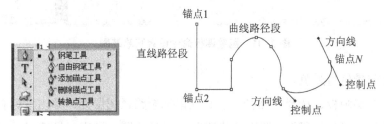

图 3-30　钢笔工具子菜单栏及绘制路径的几个结构元素

其中，子菜单中选项含义为：

☑　钢笔工具：通过锚点绘制钢笔路径。

☑　自由钢笔工具：直接拖动绘制自由曲线，锚点由计算机自动生成。

☑　添加锚点工具：单击可在路径段上添加锚点。

☑　删除锚点工具：单击可删除路径段上锚点。

☑　转换点工具：单击锚点可重拖动成新的方向线，或单击控制点改变方向线的方向，从而改变曲线路径的弯曲度。

路径的类型可以由直线、曲线和折线单独或者组合而成。下面介绍几类路径的绘制方法。

2.1.1　钢笔工具绘制直线

绘制步骤：

（1）选择"工具栏→钢笔工具"。

（2）在画布上起点处直接单击鼠标左键添加一个锚点，移动至终点处再单击第二个锚点形成一条直线段。

（3）选择"工具栏→画笔工具"，进行画笔预设，设置画笔笔尖形状、大小、角度、圆度、间距；设置形状动态中角度抖动为"方向"，关闭其他设置，如图 3-31 所示。

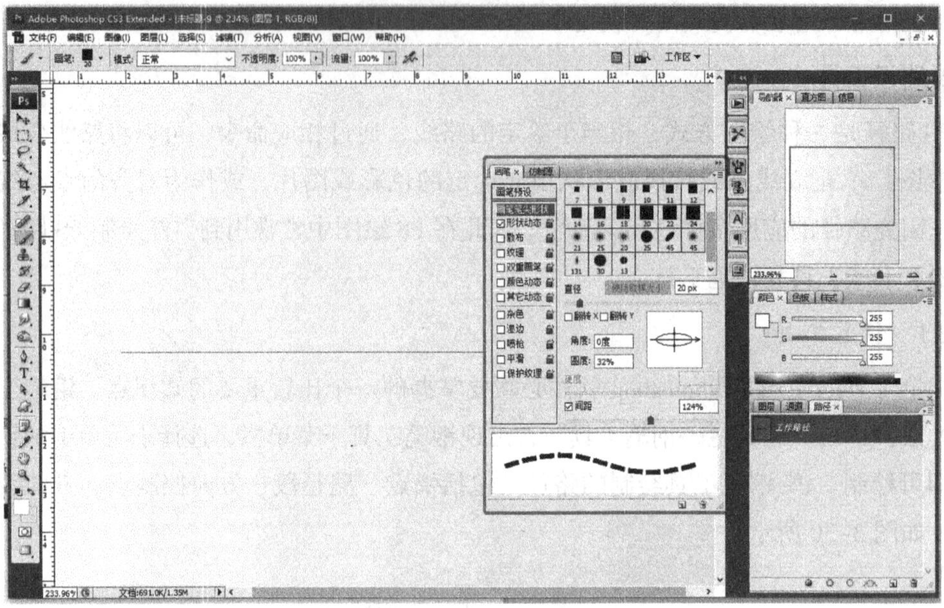

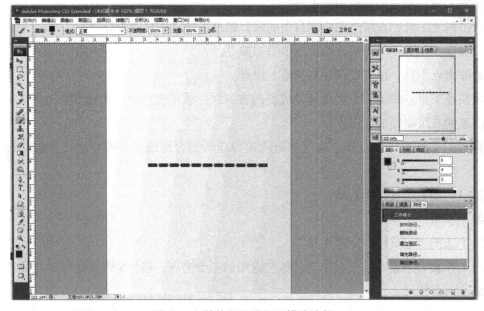

图 3-31　画笔调板命令设置画笔笔刷

（4）设置前景色为黑色。

（5）单击图层画板，选择"路径"，移动鼠标至路径图层处，单击鼠标右键，调出鼠标快捷键，选择"描边路径"。调出"描边路径"对话框，描边工具选择"画笔"，单击确定即可。或直接单击图层画板底部的"用画笔描边路径"图标，即可画出一条直线，线型为虚线，如图 3-32 所示。

图 3-32　转换工作路径为描边路径

　　提示：绘制直线路径时，同时按住 Shift 键，可以使绘制的路径呈水平、垂直或45°角。如果是画多条不连续的路径，画好一条路径后，按住 Ctrl 键单击空白地方，然后接着绘制下一条。

2.1.2　钢笔工具绘制曲线

绘制步骤：

（1）选择"工具栏→钢笔工具"，使用鼠标拖按绘制。

（2）单击确定第一个锚点，再单击确定第二个锚点，然后在画布上按下鼠标左键并拖曳绘制曲线。

　　提示：拖曳过程中，有两条方向线一直跟随鼠标的移动而移动，两条方向线的方向相反，却在同一条直线上，从而能保证曲线平滑。

（3）根据需要，选择"工具栏→钢笔工具→转换点工具"调整方向线控制点，调整曲线至所需的弯曲度。

（4）设置画笔及颜色等（见绘制直线），单击图层画板底部的"用画笔描边路径"图标，即可画出相应的曲线。

2.1.3　钢笔工具绘制转折曲线

转折曲线是指相邻两条曲线或者相邻一条曲线和一条直线之间的连接点出现明显的拐角。绘制方法是：先使用绘制平滑曲线的方法绘制出平滑曲线，在拖曳鼠标的过程中，按Alt 键就可以实现两条曲线之间出现拐角效果。

2.1.4　删除路径

绘制路径时出现错误，按一次 Delete 键可以删除最后一段路径；按两次可以清除整个工作路径。

　　提示：路径一般很难一次就画到位，画好的路径，可以通过转换点工具（也在钢笔工具工具组里面）来调节。调节方法：选择转换点工具后单击路径，路径会出现空心的小圆圈（锚点），按住锚点拖动鼠标即可调节。

2.1.5　路径工具建立选区

利用钢笔绘制封闭路径，然后单击右键，选择快捷菜单中的"建立选区"即可。下面以案例说明。

【示例 3-5】应用钢笔工具快速抠图。

如果是光滑、弯曲，且有硬边的对象，适合用钢笔工具抠图。具体方法为：

（1）选择"钢笔工具"，沿着对象边缘单击建立锚点，至遇到起始锚点，单击该点即可闭合，如图 3-33 所示。

（2）选择转"换点工具"，单击需要修改的锚点移动，弯曲路径，使之贴合边缘。

（3）右键单击鼠标，选择快捷菜单中"建立选区"，选中对象。

（4）直接剪切，或反选以删除背景。

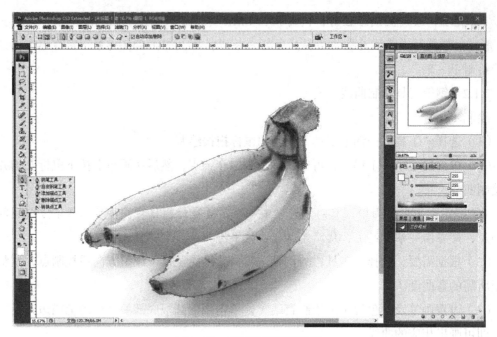

图 3-33 钢笔工具抠图示意

2.2 形状工具

形状工具面板包含所需的基本形状（如方块、线性、圆圈、椭圆）和自定义形状。其主要作用除了绘制形状，更多的是形成路径或选区，用于填充、制作图层蒙版等，如图3-34 所示。

图 3-34 形状工具子菜单栏

形状工具使用的主要步骤如下：

（1）选择形状工具。

（2）设置形状工具的属性。

在属性工具栏设置相应的功能，有 3 种选项：创建新的形状图层、创建新的工作路径、创建填充区域，见图 3-35。

图 3-35 属性工具菜单栏中三种形状创建方式按钮

（3）根据需要在属性栏中选择相应功能选项，并设置相关参数：如形状、颜色选项等。

（4）点按鼠标拖动，即可绘制相应形状。如果要画正圆时采用"Shift+椭圆工具"。

（5）如使用工作路径，则在属性栏中选择"创建新的工作路径"，利用画笔描边、填充等方式绘制图形。

📖 **提示：** 如果绘制自定义形状，单击自定义形状按钮，会出现形状微缩图库，通过图库选择相应的图案即可绘制。

2.3 创建自定义形状

如果需要新创建自己的自定义形状，可采取如下步骤：

（1）建立图层，根据形状要求建立自定义形状选区。

（2）单击图层调板中的"路径"选项，在底部按钮中，选择"从选区生存工作路径"按钮，将选区转为路径。

（3）选择菜单栏中的"编辑→自定义形状"，在弹出的对话框中输入自定义形状的名称，确定，即可通过自定义形状工具调用。

五、填充与渐变工具

1. 渐变工具

渐变工具的作用是产生逐渐变化的色彩。渐变是有方向的，渐变的方向由渐变线控制。渐变线上起点为实线的十字标，终点为虚线的十字标。向不同的方向拖拉渐变线会产生不同的颜色分布。颜色分布的样式可分为软件自带样式和自定义样式。

渐变工具的使用方法：

（1）单击"渐变工具 ▮"。

（2）在属性栏中选择渐变样式，根据需要设置其他属性，拖动渐变线，即可在渐变起点与终点之间填充逐渐变化的各种色彩。

渐变样式来源可分为系统自带渐变样式和自定义渐变样式。

1.1 系统自带渐变样式

Photoshop 在属性栏中已经提供了多种渐变样式的设定，选择后可在渐变缩览图中看到大致效果，如图 3-36 所示。

图 3-36 渐变工具属性栏

系统自带的渐变样式：

- ☑ 线形渐变▬，然后新建一个图像并在其中拖拉，松手后即可完成。效果如图。
- ☑ 径向渐变▣起点到终点的距离为半径，将颜色以圆形分布，半径之外的部分用终点色填充（下图白色圆圈之外）。
- ☑ 角度渐变▬，它是以起点为中心，起点与终点的夹角为起始角，顺时针分布渐变颜色（如下图白色箭头所指）。
- ☑ 对称渐变▬可以理解为两个方向相反的径向渐变合并在一起。
- ☑ 菱形渐变▣的效果类似于径向渐变，只不过这里是菱形而不是圆形。

1.2 自定义渐变样式

自定义渐变主要是通过"渐变编辑器"的编辑来实现。

（1）选择渐变工具，然后单击属性菜单栏中的渐变编辑器（图 3-36），出现"渐变编辑器"对话框，如图 3-37 所示。

（2）选择对话框中"预设"中的渐变列表，通过颜色色标和透明度色标设置想要的渐变方式，存储成样式文件即可。

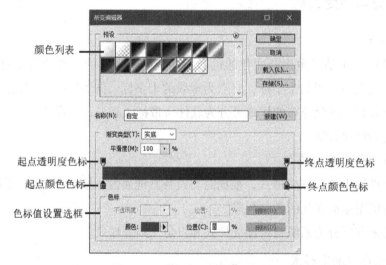

图 3-37 "渐变编辑器"对话框

"渐变编辑器"对话框中，列表右方的"载入"按钮是载入其他的渐变设定。"存储"按钮是将目前列表中的所有设定予以存储。另外还有起终点的颜色及透明度设置滑块。渐变样式存储的文件为 .grd。

2. 油漆桶工具

油漆桶工具▲的作用是为一块区域填充，有两种填充方式：一是填充颜色（前景色），二是填充图案。通过填充属性栏选择填充类型，见图 3-38。使用方法如下：

（1）选择"工具栏→油漆桶工具"。

（2）在油漆桶工具属性栏中设置填充类型（前景、图案）、图层混合模式、不透明度等，如图 3-38 所示。

（3）单击即可填充区域。

图 3-38　填充属性栏介绍

六、仿制图章与图案图章

1. 仿制图章的使用

仿制图章工具🔊，其作用是"复印机"，就是将图像中一个地方的像素原样搬到另外一个地方，使两个地方的内容一致。仿制图章的使用方法：

（1）调用仿制图章工具：选择"工具→仿制图章"（或按快捷键 S，或 Shift+S）。

（2）定义仿制图章的属性：在仿制图章工具属性栏，根据需要定义仿制图章的属性，一般需要通过属性栏中的画笔属性设置仿制图章的大小和形状。

（3）定义仿制采样点：按 Alt 键 + 鼠标单击采样点（这里 Alt 键不能松开，出现带外圆的十字光标时单击鼠标）。

（4）绘制点仿制：在绘制点拖动鼠标，采样点的像素在绘制点被复印出来。

📖 **提示：** 采样点即为复制的起始点，随着鼠标拖动，采样点会出现十字光标并同时移动，但其移动方向和距离与绘制点保持同步。选择不同的笔刷直径会影响绘制的范围，而不同的笔刷硬度会影响绘制区域的边缘融合效果，选择对齐选项，无论仿制过多少次，都可以重新使用最新的取样点。

仿制图章的工具属性栏介绍：

使用仿制图章需要设置一些工具属性以提高效率，仿制图章的属性设置通过仿制图章的属性栏完成。仿制图章属性栏包括：画笔栏、模式栏、透明度、流量、对齐和样本。如图 3-39 所示。

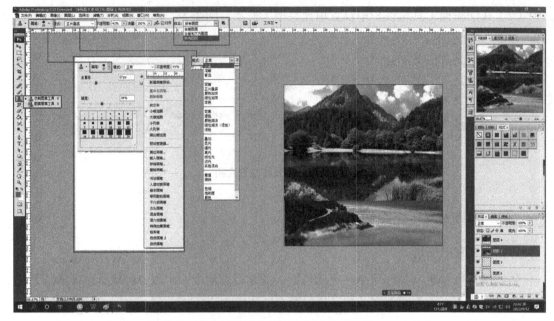

图3-39 仿制图章及其属性栏

☑ 画笔：调节仿制图章仿制的大小和形状，具体见画笔工具。

☑ 模式：指以图层融合模式，通常选择"正常"。

☑ 透明度：调节仿制图章仿制颜色的透明程度，通过输入或滑尺设置。

☑ 流量：调节仿制图章仿制颜色浓淡，通过输入或滑尺设置。

☑ 对齐：选择该选项，则每次仿制时均从新采样点开始，并与原采样点对齐移动。

☑ 样本：采样点来源，共有三个选项：当前图层、当前图层和下一图层以及所有图层。

2. 图案图章的使用

图案图章工具🖌不用采样点，而是直接绘制图案库中的图案，常作填充背景。图案图章的使用方法：

（1）选择"工具→图案图章"。

（2）通过图案图章的属性栏定义图案图章的属性。

（3）绘制图案：直接在需要区域内单击拖动鼠标绘制。

在运用图案图章工具时，要在属性栏设置工具属性。图案图章工具属性栏定义图章画笔大小及形状，通过图案调版下拉选项定义图案。图案图章与仿制图章相似，但没有样本选项，却多了图案选项，可以直接单击下拉选框，弹出图案画版，并从中选择图案模式，还可以调用图案扩展部分以丰富图章内容，如图3-40所示。

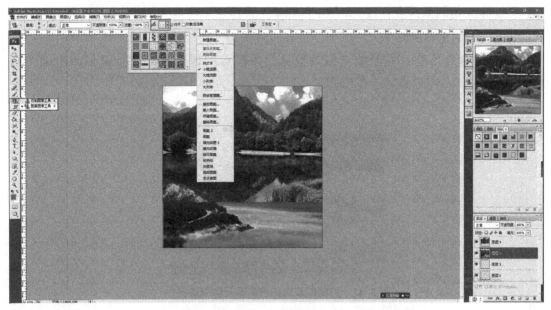

图 3-40　图案图章及其属性栏（示例图案画版及其子菜单）

📖 **提示：** 图案画版扩展部分调用方法是：单击图案画版右上角的圆三角按钮，出现类似笔刷调板中的子菜单，其中有复位图案、载入图案等选择列表，根据需要选择相应选项。这类操作也广泛运用在 PS 及 Adobe 其他系列软件的调板中。

3. 应用实例

仿制图章工具应用了笔刷的，制作过程中需注意选择适当的直径和硬度。笔刷直径将影响绘制范围，软硬度将影响绘制区域的边缘。

【示例 3-6】利用仿制图章增加示例图中飞机（图 3-41）。

图 3-41　例图

（1）调用仿制图章工具：选择"工具→仿制图章"（或按快捷键 S，或 Shift+S）。

（2）定义仿制图章的属性：在仿制图章工具属性栏，根据需要定义仿制图章的属性，一般需要通过属性栏中的画笔属性设置仿制图章的大小和形状。

（3）定义仿制采样点：按 Alt 键 + 鼠标单击采样点（这里 Alt 键不能松开，出现带外圆的十字光标时单击鼠标）。

（4）绘制点仿制：在绘制点拖动鼠标，采样点的像素在绘制点被复印出来（图 3–42）。

图 3–42　仿制图章选择仿制源及仿制点操作

📖 **提示：**使用较软的笔刷，那样复制出来的区域周围与原图像可以比较好地融合。

本节习题

1. 绘制如图 3–43 所示的均匀的圆环选区，并在两环中填充任意图案。

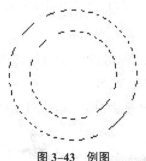

图 3–43　例图

2. 如何利用仿制图章工具，将一个图层中图像的所需部分（例如土壤剖面图片），填充至另一个图层图像的指定区域（例如指定一个"L"形）里。

3. 利用仿制图章工具给特定形状填充特定图案，例如给正方形图形中填上斜线，并对照看看，勾选和不勾选"对齐"的效果。

4. 请在网上找一个存在乱搭建（如乱搭电线）的农村村居图片，用仿制图章工具，制作去除乱搭建后的村居效果图。

第五节　图层建立与管理

图层是制图中很重要的一部分。分层绘制的作品具有很强的可修改性，最大可能地避免重复劳动。因此，将图像分层制作是明智的。图层已经成为所有图像软件的基础概念之一，Photoshop 中也是如此。

一、图层菜单与图层面板

1. 图层菜单

"图层"菜单中的命令可以实现对图层的大多数编辑，如新建、合并、删除等操作。图层菜单见图 3-44，菜单中呈暗体字的选项表示该选项不可用。

图 3-44　图层菜单及其子菜单示意

2. 图层面板栏

图层面版（图 3-45）是图层操作的可视化窗口，主要集中在面板栏的下方。图层面板栏的功能包含了一些图层菜单的常规操作，而且更简单直接。

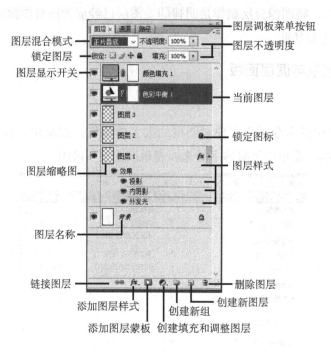

图 3-45　图层面板栏

二、新建图层

新建图层是在原有的图层上新建一个可编辑的空白图层。其方法如下：

方法一：执行菜单中的"新建图层"命令或按 Shift+Ctrl+N，跳出新建图层对话框（图3-46），在"名称"栏中输入文件名。

方法二：在图层调板中单击建新图层按钮，并在图层栏文字部分双击后键入文件名。

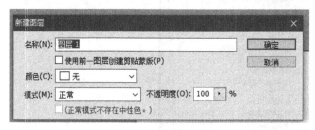

图 3-46　新建图层对话框

　　提示：按住 Alt 键，双击图层调板中图层符，可以调用"图层属性"对话框修改图层名称和颜色标记。按住 Alt 键，双击背景图层可将其转换为普通图层。

三、图层的基本操作

1.选择图层

多个图层文件中，对某图层中的图像编辑时，须先选择该图层，将图层变为当前编辑图层。选择图层的方法如下：

选择单一图层方法：直接单击图层调板中相应的图层即可。

选择多个连续的图层方法：单击第一个图层，然后按 Shift 键单击最后一个图层。

选择多个不连续的图层方法：按住 Ctrl 键，并在图层调板中单击待选图层。

2. 移动图层

方法一：执行菜单""命令，在弹出的子菜单中选择相应的命令改变图层顺序。

方法二：在图层调板中点按并拖动当前图层到指定位置。

3. 复制图层

图层调板中将图层拖动到下方的新建图层按钮🔳上，或在图层调板中按住 Alt 键拖动图层来完成复制。也可以选择移动工具后，按住 Alt 键，光标从▶️会变为▶️，拖动图层。

4. 重命名图层

重命名图层（或图层组）按照以下步骤执行操作：

（1）选择图层（或图层组）。

（2）选取"图层→重命名图层"（或"图层→重命名组"）。

（3）在图层面板中为图层 / 组输入新名称。

📖 **提示：** 可以鼠标左键直接双击图层图标，进入命名编辑状态后，更改图层名称。

5. 隐藏和显示图层

图层面板的图标前，有"显示图层可见性"的眼睛按钮"👁"，单击该图标可以隐藏和显示图层。

6. 删除图层

删除图层有多种方法：

方法一：选择某图层，通过选择菜单栏中"图层 / 删除 / 图层"删除。

方法二：选择某图层，通过图层调板中的删除按钮删除。

方法三：选择某图层，将鼠标放在图层调板的图层图标上，按右键调用快捷键，选择"删除图层"删除。

7. 建立图层组

建立图层组可以使多个同类的图层并入一个图层组中，减少图层量，便于操作。建立图层组主要有三种方法。

方法一：直接创建新图层组并在图层组中添加图层：单击图层面板中的"新建组"按钮🗂️，或选取菜单栏"图层→新建→组"，命名；再单击图层调板中"新建图层"按钮。

方法二：将已有图层归并入图层组：按 Shift，同时选择需要归并的多个图层；选择图层菜单"新建→从图层新建组"。

方法三：在图层组中添加图层：直接用鼠标左键点按需要归并的图层，拖动至已建的图层组中。

📖 **提示：**在图层组内某一位置添加图层，须单击图层组，使图层组前面的三角形展开指示符向下。

8. 链接图层

被链接的多个图层可以一同被移动或变换。链接图层方法：选择多个图层，单击图层面板中的链接图层按钮。

9. 合并图层

方法一：执行菜单"图层 / 拼合图像"命令，在弹出的警示对话框中单击确定。将可见图层合并为一个图层，删除隐藏图层，合并后的图层不能再拆分。

方法二：执行菜单"图层 / 合并可见图层"，将可见图层合并为一个图层，不同的是不会删除隐藏图层。或执行菜单"图层 / 向下合并"，可合并当前图层和下一图层。

四、图层不透明度和混合模式

1. 图层的不透明度

图层的整体不透明度用于确定它遮蔽或显示其下方图层的程度。图层不透明度为 $0\sim100\%$，表示从完全透明到完全不透明。

调整不透明度方法：在图层调板中"不透明度"数值框中直接输入数值，或移动控制滑块确定数值。

2. 图层的混合模式

图层的混合模式确定本图层像素如何与下一图层像素进行混合计算创建各种特殊效果的规则。使用图层混合模式需要有两个图层：一是本图层，即混合颜色层；二是下一图层，即基色图层。运用图层混合模式的具体步骤：

（1）建立两个图层，选择上一图层或组。

（2）在图层面板的"混合模式"选框中选取一个选项。或者选取主菜单"图层→图层样式→混合选项"，弹出"图层样式对话框"，在"混合模式"选项中选取一个选项。

（3）在图层面板的混合模式"不透明度"设置框滑块中设置不透明度。

图层混合模式各选项设置见图3-47。

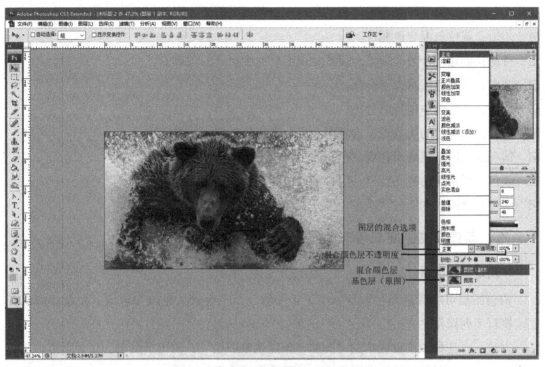

图 3-47 图层混合模式各选项及设置

图层混合模式选项的功能：

- ☑ 正常：保持原图像颜色。
- ☑ 溶解：结果色由基色或混合色的像素根据透明度随机替换，呈现溶解的效果。
- ☑ 变暗：选择基色或混合色中较暗的颜色作为结果色。
- ☑ 正片叠底：将基色与混合色进行正片叠底。结果色总是较暗的颜色。
- ☑ 颜色加深：通过增加混合色与基色之间的对比度使基色变暗。
- ☑ 线性加深：通过减小亮度使基色变暗以反映混合色。与白色混合后不产生变化。
- ☑ 变亮：比混合色暗的像素被替换，比混合色亮的像素保持不变。
- ☑ 滤色：将混合色的互补色与基色进行正片叠底。结果色总是较亮的颜色。
- ☑ 颜色减淡：通过减小混合色与基色之间的对比度使基色变亮。
- ☑ 线性减淡：通过增加亮度使基色变亮以反映混合色。
- ☑ 叠加：对颜色进行正片叠底或过滤，具体取决于基色。
- ☑ 柔光：使颜色变暗或变亮，具体取决于混合色。
- ☑ 强光：对颜色进行正片叠底或过滤，具体取决于混合色。
- ☑ 亮光：通过增加或减小对比度来加深或减淡颜色，具体取决于混合色。
- ☑ 线性光：通过减小或增加亮度来加深或减淡颜色，具体取决于混合色。
- ☑ 点光：根据混合色替换颜色。

☑ 实色混合：将混合颜色的红色、绿色和蓝色通道值添加到基色的 RGB 值。

☑ 差值：基色与混合色相减。

☑ 排除：创建一种与"差值"模式相似但对比度更低的效果。

☑ 减去：从基色中减去混合色。

☑ 划分：从基色中划分混合色。

☑ 色相：用基色的明亮度、饱和度及混合色的色相创建结果色。

☑ 饱和度：用基色的明亮度、色相及混合色的饱和度创建结果色。

☑ 颜色：用基色的明亮度以及混合色的色相和饱和度创建结果色。

☑ 明度：此模式创建与"颜色"模式相反的效果。

五、新建调整图层与填充图层

1. 新建调整图层

调整图层可将颜色和色调调整应用于图像，而不会永久更改像素值。要新建调整图层，执行下列操作之一：

方法一：选择主菜单栏中的"图层→新建调整图层"，调出子菜单，在子菜单中选择一个选项。命名图层，设置图层属性，然后单击"确定"。

方法二：单击图层面板底部的"新建调整图层"按钮，然后选择调整图层类型。

要调整色调和颜色，单击色阶或曲线。要调整颜色，请单击色彩平衡或色相 / 饱和度。要将颜色图像转换为黑白图像，请单击黑白。

📖 **提示：** 建立专属某一图层的调整图层，可以选择调整图层后，按 Ctrl+Alt+G。

2. 新建填充图层

利用"新建填充图层"中的"纯色""渐变""图案"命令，可在图像中添加单色填充、渐变填充或是图案填充的图层。填充图层单独占有一个图层，可根据需要随时调整参数或删除。与调整图层不同，填充图层不影响下面的图层。要创建填充图层，执行下列操作之一即可。

方法一：选取"图层→新建填充图层"，然后从"纯色""渐变"或"图案"中选取一个选项。命名图层，设置图层选项，然后单击"确定"。

方法二：单击"图层"面板底部的"新建调整图层"按钮，然后从"纯色""渐变"或"图案"中选取一个填充图层类型。

其中，"纯色"选项是指用当前前景色填充调整图层，可使用拾色器选择其他填充颜色；"渐变"选项通过调用"渐变编辑器"弹出式面板选取一种渐变，如果需要改变渐变的大小、方向等，请设置其他选项，如"样式""角度""缩放"等；"图案"选项通过调用"图案填充"对话框，从弹出菜单中选取一种图案，并根据需要设置"角度""缩放"等选项。此外，要将调整图层的效果限制为应用于特定的图像图层，请先选中这些图像图层，然后选择"图层→新建→从图层建立组"，再将混合模式从"穿透"更改为其他混合模式，然后将调整图层放置在该图层组的上面。

【示例 3-7】如图 3-48 所示，使用左边的 3 幅图片通过混合模式合成右图效果。

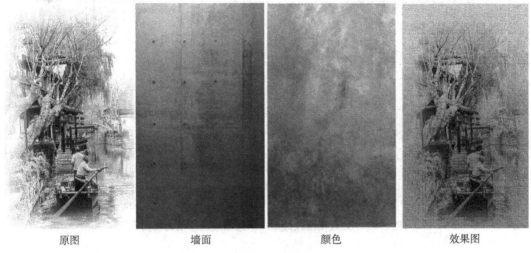

原图　　　　　　墙面　　　　　　颜色　　　　　　效果图

图 3-48　例图

通过混合模式合成效果图的具体步骤如下：

（1）新建文件。

（2）新建图层 1，命名颜色层，拷入颜色图片（作为背景）。

（3）新建图层 2，命名墙面层，拷入墙面图片。

（4）新建颜色层专属色相饱和度调整层（饱和度设为 –52，明度 –10），如图 3-49 所示。

具体方法：①新建色相饱和度调整层：主菜单栏→新建调整图层→色相饱和度，饱和度设为 –52，明度 –10，单击确定；②移动图层（点按拖动）至图颜色层上一层；③设置专属调整属性：选择调整图层，按 Ctrl+Alt+G。

（5）将墙面图层设置为混合模式，选择"叠加"模式。

（6）新建墙面层曲线调整层，中间调调整为 S 形，如图 3-48。

（7）新建图层，拷入人体；设置混合模式，选择"正片叠底"模式。

（8）新建图层组：同时选择上述四个图层，选择主菜单"图层→新建→组"。

（9）新建图案填充组：选择布纹图案，设置合适的缩放比，如图 3-49 所示。

（10）新建图层，打入原图。

（11）新建调整图层，选择主菜单栏"新建调整图层→亮度 / 对比度"，调节至合适的亮度即可。

图 3-49　处理图层及效果（示意曲线及色相调整图）

六、图层的样式及其应用

图层样式是指在图层中添加艺术样式，增加投影、内外发光、斜面、浮雕等效果。图层样式在制作效果图中多有用到，要多加练习应用。

1. 添加图层样式

添加图层样式方法有两种：

方法一：选择主菜单栏"图层→图层样式"，弹出图层样式对话框，点选样式，设置参数。

方法二：在图层调板中的相应图层名称栏上双击右键，弹出图层样式对话框，点选样式，设置参数。

图层样式及参数设置面版如图 3-50 所示，设置的效果可以在样式面版中预览。

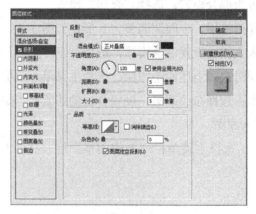

图 3-50　图层样式及参数设置面版（投影样式）

2. 利用混合颜色带融合图层

混合颜色带是混合选项中的一项功能。通过设置混合颜色带中的通道选项，拖动混合滑块等可以快速隐藏背景，只在画面中显示主体对象，从而达到抠图复合的目的。

混合颜色带的打开及设置的方式为：

（1）在两个拟混合图层中，选择上层图层（通常为混合素材）。

（2）选择主菜单"图层→图层样式→混合选项"。

（3）弹出图层样式混合选项面板，如图 3-51 所示，在"混合颜色带"对话框中设置相应的参数。

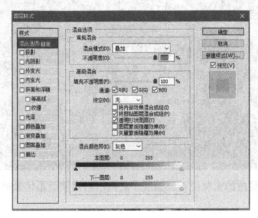

图 3-51　图层样式面板中的混合选项

设置参数解释如下：

☑ "混合颜色带"下拉列表：可以选择控制混合效果的颜色通道，"灰色"表示使用全部颜色通道控制混合效果。

☑ "本图层"和"下一图层"滑块：前者调节隐藏像素程度，后者调节显示程度。

☑ 按住 Alt 键单击滑块，可以将其分离。PS 会在分离后的两个滑块之间的像素创建半透明区域，从而产生比较柔和的过渡效果。

【示例 3-8】利用将图 3-52 所示素材及原图合成带闪电的效果图。

素材图　　　　　　　　　　原图　　　　　　　　　合成效果图

图 3-52　例图

（1）用移动工具将闪电图像拖动到大桥图像中，放置在画面的左上角。

（2）双击闪电图层，打开"图层样式"对话框，在对话框的"颜色混合带"区域，按住 Alt 键单击"本图层"中的黑色滑块，将其分离两半，将右半边滑块向右侧拖动（0，242），拖至靠近白色滑块处，这样可以创建一个较大的半透明区域，使闪电周围的蓝色能够较好地融合到背景图像中。

（3）此时观察图像，发现闪电图层的边界有些过于清晰，此时可以为其添加一个图层蒙版，选择一个柔角画笔，设置画笔的不透明度，用黑色画笔进行涂抹，将生硬的边缘隐藏，如图 3-53 所示。

图 3-53　叠放的素材图与原图层（红框示利用蒙版柔化素材图边线）

本节习题

1. 如何选择性地将分散的几个图层组建成一个图层组？

2. 图层调板中的混合模式不透明度和填充不度明度如何调节，它们对图层的不透明度调节效果是否相同？

3. 新建广场底图和树木图层，利用树木图层分别练习设置投影、内阴影和外阴影三个图层样式的设置方法，分析其效果。

4. 新建带天空的湖面底图和多个飞鸟图层，利用"图层混合颜色带"融合成飞鸟翔集的水面效果。

第六节　蒙版及其应用

一、蒙版初识

拼接不同的图像时，通常可以用剪切、粘贴入的方法，但这种对原图像具有破坏性，还原困难。用蒙版完成部分隐藏后拼接，就可避免直接删除图层内容。

PS 中的蒙版就是利用不同的灰度值转化成不同的透明度完成对某一图层的显示和隐藏。灰度即由黑至白的过渡值，透明度则是指图像由不可见至完全可见的程度。蒙版就是利用底板（选区或形状）的灰度值（0～255）来控制图像的可见程度（由完全可见至完全不可见），且这种可见度变化可以具有自然过渡的效果。通常我们说需要"将图像中某些部分屏蔽"，意思就是说蒙版中的相应部分应该是屏蔽图层的黑色，如图 3-54 所示。

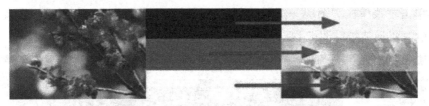

图 3-54 蒙版的灰度值转化成图像透明度的效果

根据建立方式，蒙版可分为 3 种类型：图层蒙版、剪切蒙版、快速蒙版。

二、图层蒙版建立及其管理

1. 图层蒙版的建立

建立图层蒙版有两种方式：一是有选区的蒙版操作，二是无选区的蒙版操作。针对选区建立图层蒙版的步骤为：

（1）针对图层素材建立选区。在实际操作中，蒙版大都是通过选区建立的，因此制作蒙版第一步就是在素材图层建立选区。

（2）建立蒙版。建立蒙版方法有两种：

方法一：通过图层菜单"图层"→"图层蒙版"建立蒙版。

📖 提示：通过图层菜单"图层"→"图层蒙版"建立蒙版时，有 4 个建立选项，较常用的是"显示选区"和"隐藏选区"，默认为前者。

方法二：通过图层调板建立，直接单击图层调板下方的添加图层蒙版按钮 ▣。

2. 图层蒙版的应用

图层蒙版建立后，常用于抠图、图片融合。其原理均是利用蒙版的透明度来控制图像的可见程度，且这种可见度变化可以具有自然过渡的效果，这一特点使得蒙版可以将两张不同类的图片自然融合在一起。下面将通过示例进行讲解。

【示例 3-9】利用蒙版将素材图 3-55 中的红线选区内的元素单独抠出。

原图 剪切图

图 3-55 例图

（1）建立素材图层，拷入拟抠图的素材，命名为素材层。

（2）选择需要抠图的区域。方法为：在工具栏中选择钢笔工具，沿抠图边界画出路径，将路径转化为选区。选择图层调板中的"路径"选项，单击调板底部"将路径作为选区载入"按钮；或将鼠标移至"工作路径"图标，单击右键调出快捷菜单，选择建立选区。

（3）单击主菜单栏"图层→图层蒙版→显示选区"，如图3-56所示。或者单击图层面版底部的"添加蒙版"图标 。即可得到剪切图。

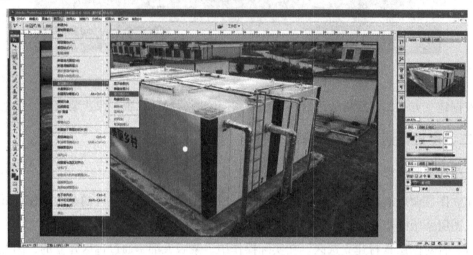

图3-56　利用选区工具和图蒙版抠图

【示例3-10】利用图层蒙版透明度渐变实现山地风景和海滨风景图像的融合。

在网上找两张风景图片，山地风景和海滨风景，采用如下方法进行融合：

（1）新建文件，并新建图层1，拷入山地风景图片，如图3-57所示。

图3-57　山地风景图片图层

（2）新建图层 2，拷入海滨风景图片，如图 3-58。

图 3-58　海滨风景图片图层

（3）选择海滨风景图层，选择主菜单"图层→图层蒙版→完全显示"。

（4）选择工具栏"渐变工具"。

（5）设置渐变工具属性：在属性栏单击渐变编辑器框，调出"渐变编辑器"，预设中选择"蓝色、黄色、蓝色"样式；如图 3-59 所示，设置渐变类型。

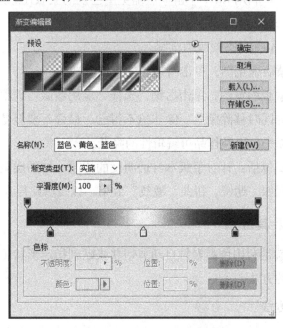

图 3-59　渐变编辑器参数设置

（6）在海滨风景图层上拖动渐变工具，可多次尝试，直到得到理想的效果，如图3-60所示。

图 3-60　图层蒙版渐变融合的效果

3. 针对蒙版的附加操作

针对蒙版的附加操作主要包括：停用蒙版、删除蒙版、应用蒙版等。具体方法为：

☑ 利用蒙版还原选区：利用 Ctrl+ 单击蒙版缩览图已创的蒙版还原选区。

☑ 停用 / 启用蒙版：Shift+ 单击蒙版缩览图。

☑ 分离 / 链接蒙版：Alt+ 单击蒙版缩览图。

☑ 删除蒙版：选择蒙版缩览图，单击右键，选择删除选项。

☑ 应用蒙版：选择蒙版缩览图，单击右键，选择"应用蒙版"选项。应用蒙版的作用是将图层内容保留的同时移除蒙版。除非迫不得已，最好不要轻易应用蒙版，因为这意味着图层内容的损失，以及作品可编辑性的降低。

☑ 蒙版的修改：主要包括：针对蒙版本身透明度的修改，如图层蒙版；针对剪贴蒙版的形状层的修改，例如"滤镜、扭曲、波纹"效果，以及剪贴层素材的色彩修改等。

三、剪切蒙版及其应用

所谓剪切蒙版，就是利用色彩素材自动剪切并张贴到指定形状（相当于剪切模板）的表面，进行表面装饰的方法。

1. 建立剪切蒙版方法

应用剪切蒙版需要设置两个图层，上层为"颜色覆盖层"，下层为"剪切形状层"。

执行剪切蒙版命令就是将颜色覆盖层贴到形状层上，并根据形状剪去多余部分，使二者合二为一，达到修饰形状表面的效果。

建立剪切蒙版的方法为：

（1）新建两个图层，保持两图层上下相邻。

（2）将上层作为"颜色覆盖层"，拷入颜色素材。

（3）将下层作为"剪切形状层"，绘制相应的形状，也可以输入文字。

绘制剪切形状有多种方法，主要包括：①直接绘制方法，包括用形状工具、画笔工具或描边工具等；②用抠图方法。

输入文字作为剪切形状时，是以字体本身为剪切形状，如果字体带有阴影效果等图层样式，不作为剪切形状。

（4）选择上层"颜色覆盖层"，选择菜单栏"图层→新建剪切图层"。

（5）建立图层组，利于整体移动。

方法：按住 Shift（或者 Ctrl），点选所需成组的图层，单击图层面板中的创建组按钮即可。

📖 **提示：** 第（5）步（建立图层组）并非剪切蒙版的必要步骤，因剪蒙版两个图层相互依赖，但又互相独立，容易受编辑移位等影响。通过建立图层组可以避免影响，而且所得形状可以自由移动。

2. 剪切蒙版应用示例

由于剪切蒙版具有利用素材修饰形状的功能，在环境生态工程图形的绘制中有很多用途，比如，构建特殊效果的文字、制作剪贴画、绘制特定符号，或给某些特定剖面装饰材质等。下面我们举几例以说明。

【示例 3-11】 利用形状工具将指定图片制作成不同形状（图 3-61）的剪贴画。

图 3-61　例图

（1）单击菜单栏"图层→新建图层"，或图层面版中新建图层按钮，新建两个图层。

（2）在第上层图层中贴入所需剪贴的图片，命名为素材层。单击图层显隐图标，隐藏素材层，便于下层图层的观察操作，如图 3-62 所示。

图 3-62　步骤效果图 1

（3）在下层图层面板中编辑形状。方法：单击工具栏的形状工具，选择相应的形状进行编辑。这里编辑成六边形的形状，如图 3-63 所示。

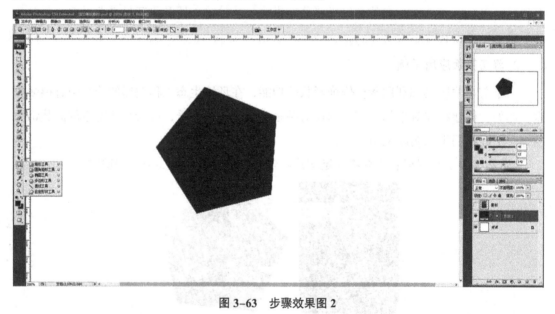

图 3-63　步骤效果图 2

（4）单击选择素材层，打开图层显示，单击菜单栏"图层→新建剪切蒙版"，即得图 3-64 所示效果。

图 3-64　步骤效果图 3

（5）根据需要，可以选择三个图层，选择菜单栏"图层→新建图层组"，并命名图层组。

【示例 3-12】利用画笔工具制作创意剪贴画。

（1）前两步方法同上一示例。

（2）在下层图层面板中编辑形状。方法：单击工具栏画笔工具，选择画笔下拉面板，选择自然画笔，调整画笔直径，根据自己想要的形状涂画（图 3-65）。

图 3-65　步骤效果图 1

（3）单击选择素材层，打开图层显示，单击菜单栏"图层→新建剪切蒙版"，即得图 3-66 所示效果。

图 3-66　步骤效果图 2

下面我们来总结一下剪贴蒙版的知识点：

☑　要成立剪贴蒙版至少要有两个图层，其中形状层只能有一个，素材层可以有很多。

☑　所有素材层必须位于形状层的上方，并紧接着形状层顺序排列。如果将一个普通图层拖动到它们之间，那么该图层也会成为附属层。

☑　在建立剪贴蒙版后，无论素材层或形状层，各自仍然可以拥有图层蒙版。

☑　素材层和形状层无链接关系，不能同时进行变换。但可通过同时选择多个图层来间接实现。

【示例 3-13】利用文字工具制作特效文字：用天然石头照片（图 3-67）制作"美丽乡村"石牌。

图 3-67　例图

（1）单击菜单栏"图层→新建设图层"，或图层面版中新建图层按钮，新建两个图层。

（2）在第一个图层中贴入石头照片，命名为素材层。单击图层显隐图标，隐藏素材层，便于下层图层的观察操作（石头照片可以自己拍照，也可以利用网页搜索相关图片后，抠图获取）。

（3）在第二个图层面板中输入文字"美丽乡村"，根据比例需要，设置字体（方正舒体）及大小。

（4）调用文字图层的混合选项（图 3-68），设置内阴影。方法：选择文字图层，单击右键调用图层的混合选项。

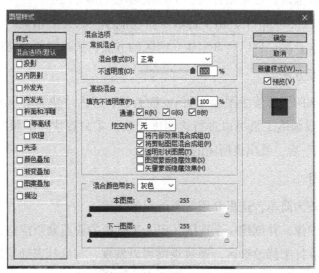

图 3-68　步骤效果图 1

（5）复制素材层为铺底层。方法：点选素材层，按 Alt 并拖动素材层至第二个图层以下，并更改图层名称为铺底层。

（6）单击选择第一层素材层，打开图层显示，单击菜单栏"图层→新建剪切蒙版"，即得图 3-69 所示效果。

图 3-69　步骤效果图 2

（7）选择菜单栏"图层→新建图层组"，作为一个图层组整体并命名。该操作主要作用是将上述操作后形成的三个分散图层形成一个整体，便于后续移动等处理。

四、快速蒙版

在 Photoshop 中还有一个称为快速蒙版的，其与屏蔽图层内容的蒙版有本质区别，它的作用是创建或修改选区，通常结合渐变工具或画笔工具等使用。

在早期版本的 Photoshop 中，由于选取工具功能单一，许多精确的选区都需要借助快速蒙版，但随着版本升级，现已有许多建立选区的方法，快速蒙版的使用价值不高。

1. 建立快速蒙版方法

单击工具栏底部的快速蒙版图标 ，或按 Q 键，进入"快速蒙版编辑状态"。

利用渐变工具或画笔工具可以进行透明度修改。重复按快速蒙版图标或 Q 键，退出"快速蒙版编辑状态"后，就出现所需的选区。

2. 快速蒙版使用

快速蒙版使用较为简单，这里介绍一下练习的步骤：

（1）新建一幅图像，并创建一个选区。单击工具栏的快速蒙版按钮，或按 Q 键。

（2）通过画笔涂抹来修改选区。通过观察可以发现，与涂抹普通蒙版相同，涂抹快速蒙版也是使用黑色或白色，从而到达加上或减去选区的目的。

本节习题

1. 在网上搜索两个图案，分别为图案一和图案二，如果图案一的特定区域需要填充图案二的某一部分，如何利用剪切蒙版实现这种填充效果？（提示：将图案一特定区域选成选区，新建形状层，位于图案一之上，填充成黑色，在形状层之上放置图案二为素材层，选择素材层，执行剪切命令）

2. 如果素材层为多层时，均执行剪切蒙版命令后，会呈现什么效果？

3. 快速蒙版和图层蒙版的区别？

4. 如何利用剪切蒙版制作带花纹图案的文字？

第七节　滤镜的使用

本节主要介绍自带滤镜的功能、参数含义及作用，并以实例应用重点介绍特殊滤镜、抽出滤镜和消失点滤镜等的使用方法。各滤镜组滤因具有性质相同的系列工具，可形成同性质的系列滤镜效果，容易对比学习和理解，因此这里仅作简单介绍，可以自行找素材进行设置练习，以加深理解。

1. 抽出滤镜

抽出滤镜的作用是从复杂的背景中抠出图像，主要适用于对象边缘细微、复杂或者无法确定（比如火焰）的情况，使用"抽出"命令不需要太多操作就可以将其从背景中剪切出来，并且自动清除背景，变成透明像素。

【示例 3-14】用抽出滤镜工具抠图。

（1）打开拟抠图像的图层。

（2）选择"菜单栏→滤镜→抽出"，弹出"抽出"滤镜对话框，如图 3-70。

（3）在"抽出"滤镜对话框中，选择画笔工具，在对话框右边的"工具选项"中，设置画笔的大小，设置高光颜色和填充的颜色，这里分别设置为绿色和蓝色。

（4）用画笔沿抠图边缘画出轮廓线，如图 3-70 所示。

图 3-70　"抽出"滤镜对话框的描边

（5）再单击"抽出"滤镜对话框中的油漆桶工具，为选区填充颜色，如图 3-71 所示。

图 3-71　"抽出"滤镜对话框填色

（6）单击"抽出"滤镜对话框右边的"确定"按钮，即可抠出海鸥的图像，如图 3-72 所示。

图 3-72 "抽出"滤镜执行效果

2. 消失点滤镜

消失点滤镜允许在包含透视平面（如建筑物侧面或任何矩形对象）的图像中进行透视校正编辑。使用方法：

（1）选择主菜单"消失点"。

（2）弹出"消失点"滤镜对话框，用创建平面工具在所需要编辑的平面上画出相应的透视平面，如需要调整平面，则可用编辑平面工具调整。

（3）利用消失点滤镜对话框提供的编辑工具对图片进行编辑，如图 3-73 所示。

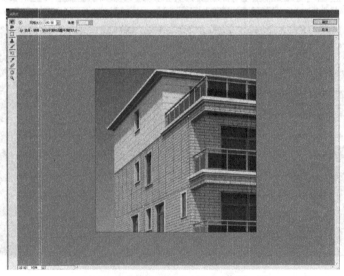

图 3-73 消失点滤镜对话框编辑界面

失点滤镜可按透视完成复制、形状变换、绘制图形等多项工作。消失点滤镜提供的编辑工具及其功能如下：

☑ 编辑平面工具：用来选择编辑、移动平面的节点以及调整平面的大小。

☑ 创建平面工具：定义透视平面的四个角节点。创建四个节点后可以移动缩放平面或者重新定义及形状。按住 Ctrl 键移动平面的节点可以拉出一个新的垂直平面。在定义透视平面的节点时，如果节点的位置不上去可以按下 Backspace 键将该节点删除。

☑ 选框工具：在平面上单击并移动鼠标可以选择平面上的图像。选择图像后将光标放在选区内按住 Alt 键，可拖动复制图像。按住 Ctrl 键拖动选区，则可以用源图像填充该选区。

☑ 图章工具：使用该工具时按住 Alt 键在图像中单击可以为仿制设置取样点。

☑ 画笔工具：可绘制指定颜色。

☑ 变换工具：使用该工具可以通过移动定界框的控制点来缩放和移动浮动选区，就类似于矩形选区上使用的自由变换。

☑ 吸管工具：可以拾取图像中的颜色作为画笔颜色。

☑ 测量工具：可以在透视平面中测量项目距离和角度。

☑ 缩放和抓手工具：用于视口显示比例以及移动画面。

【示例 3-15】在一个立体表面贴上磁砖图案。

具体步骤如下：

（1）选择主菜单栏"滤镜→消失点"，弹出消失点滤镜对话框，如图 3-74 所示。

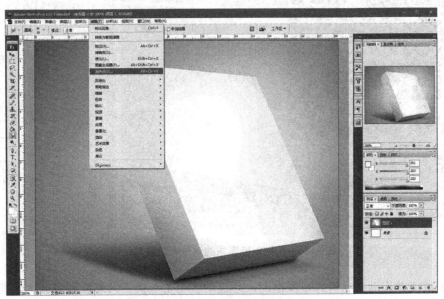

图 3-74　调用失点滤镜对话框

（2）选择对话框中的"创建平面工具"，在给定的面上绘制透视平面框，如图 3-75 所示。

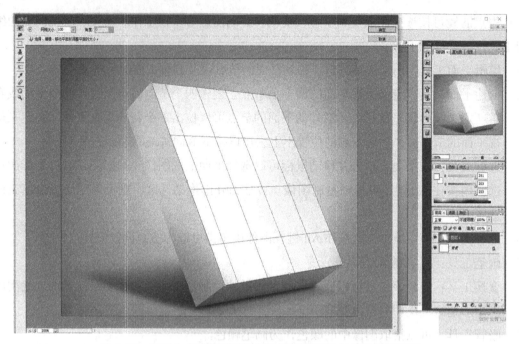

图 3-75 调用失点滤镜对话框创建平面工具绘制的透视平面框

（3）复制所需要的图片素材，并按 Ctrl+V 粘贴在对话框中，如图 3-76 所示。

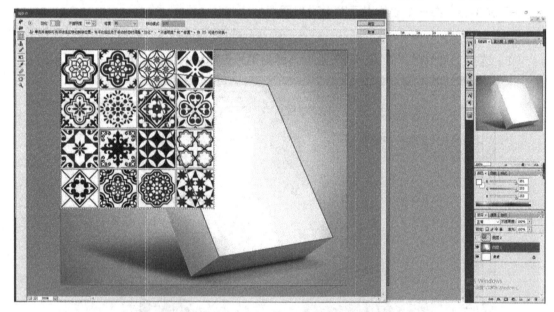

图 3-76 粘贴磁砖图案的消失点滤镜对话框

（4）点按并拖动素材进入平面框内，并拖动或单击变换工具缩放调整，达到期望的效果，如图 3-77 所示。

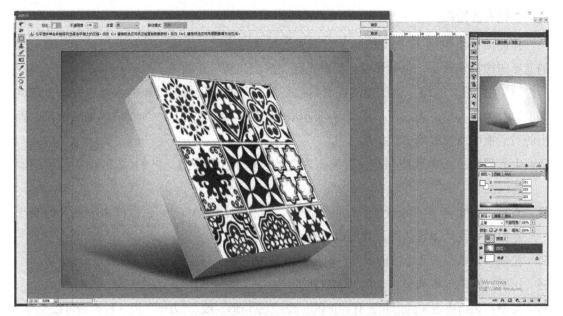

图 3-77　将粘贴磁砖图案拖入透视平面框后调整的效果

3. 像素化滤镜组

大部分像素化滤镜会将图像转换成平面色块组成的图案，并通过不一样的设置达到截然不同的效果。像素化滤镜分为以下几种：

（1）"彩块化"滤镜：滤镜通过分组和改变示例像素成为相近的有色像素块，将图像的光滑边缘处理出许多锯齿。

（2）"彩色半调"滤镜：该滤镜将图像分格，然后向方格中填入像素，以圆点代替方块。处理后的图像看上去就像是铜板画。

（3）"点状化"滤镜：该滤镜将图像分解成一些随机的小圆点，间隙用背景色填充，产生点画派作品的效果。

（4）"晶格化"滤镜：该滤镜将相近的有色像素集中到一个纯色的多边形上，创造出一种独特的风格。弹出的对话框只包括一个控制参数，单元格大小的取值范围是 3～300，主要是控制多边形网格的大小。

（5）"马赛克"滤镜：该滤镜将图像分解成许多规则排列的小方块，其原理是把一个单元内的所有像素的颜色统一产生马赛克效果。

（6）"碎片"滤镜：该滤镜自动拷贝图像，然后以半透明的显示方式错开粘贴 4 次，产生的效果就像图像中的像素在振动。

（7）"铜板雕刻"滤镜：该滤镜用点、线条重新生成图像，产生金属版画的效果。他将灰度图转化为黑白图，将彩色图饱和。

4. 扭曲滤镜组

扭曲滤镜组包括 12 种滤镜，是对图像进行几何变形，生成一种从波纹到扭曲或三维的变形图像特殊效果，包括切变、扩散光亮、挤压和旋转扭曲等。

（1）"波浪"滤镜：该滤镜的控制参数是最复杂的，包括波动源的个数、波长、波纹幅度以及波纹类型，用户可以选择多种随机的波浪类型，使图像产生歪曲摇晃的效果。弹出的对话框中所设置的参数较多。

☑ 生成器数：该参数控制产生波的振源总数，取值范围是 1～999，数值设置越大图像越混乱。

☑ 波长：是指调节波峰或波谷之间的距离，取值范围是 1～999，数值由小到大的变化是控制波纹从很弯曲的曲线变成直线。

☑ 波幅：是指调节产生波的幅度，取值范围是 1～999，该参数主要反映的是波幅的大小。

☑ 比例：确定水平和竖直方向的缩放比例。

☑ 类型：是指决定波的形状，有"正弦"波、"三角形"波、"方形"波 3 种类型可以选择。

（2）"波纹"滤镜：该滤镜模拟一种微风吹拂水面的方式，使图像产生水纹涟漪的效果。弹出的对话框包括两个控制参数。

☑ 数量：调整两翼的高度和方向，取值范围是 –999～+999。

☑ 大小：调节涟漪的大小。

（3）"玻璃"滤镜，该滤镜产生一种透过玻璃看图像的效果。弹出的对话框中包含有 5 个控制参数。

☑ 扭曲度：是调节图像的变形程度，取值范围是 0～20。

☑ 平滑度：取值范围是 0～15。

☑ 纹理：下拉菜单里提供了 4 个可选选项，也可以单击后面的小三角来自行载入纹理。

☑ 缩放：调节缩放比例，调节范围是 50%～200%。

☑ 反相：可使纹理图反转，把浅色变深，把深色变浅。

（4）"海洋波纹"滤镜：该滤镜能移动像素产生一种海面波纹涟漪的效果。

（5）"极坐标"滤镜：该滤镜能产生图像坐标向极坐标转化或从极坐标向直角坐标转化的效果，它能将直的物体拉弯、圆形物体拉直。弹出的对话框中包括两个坐标：平面坐标到极坐标和极坐标到平面坐标。

（6）"挤压"滤镜：该滤镜能产生一种图像或选区被挤压或膨胀的效果。实际上是压缩图像或选取中间部位的像素，使图像呈现向内凹或向外凸的形状。弹出的对话框只有一个设置参数（数量），调节向内或向外挤压的程度。

（7）"扩散亮光"滤镜：该滤镜产生一种弥散着光和热的效果，其原理是在图像的亮调区添加柔和的灯光效果，灯光的颜色由背景色决定，而且灯光的强度随着远离亮调中心而逐渐减弱。扩散亮光对话框弹出的对话框包含有 3 个参数：粒度是指调整表面颗粒，取值范围是 0～10 ；发光数量是指数值越大，图像中的颗粒越多；清除数量是指调整热光数量，取值范围是 0～20。

（8）"切变"滤镜：沿一条曲线扭曲图像。通过拖移框中的线条来指定曲线，形成一条扭曲曲线。可以调整曲线上的任何一点。弹出的对话框只包含一个控制参数，"未定义区域"是指图像的边缘区域，有两个选项。

☑ "折回"：表示图像右边界处不完整的图形可在图像的左边界继续延伸。

☑ "重复边缘像素"：表示图像边界处不完整的图形可以用重复局部像素的方法来修补。拖动曲线端点的黑点可以改变曲线方向。

（9）"球面化"滤镜：该滤镜产生将图像帖在球面或柱面上的效果。在正常的模式下可以产生类似极坐标滤镜的效果，并且还可以在水平方向或竖直方向球化。弹出的对话框包含有两个控制参数。

☑ 数量：调整缩放球化数值，取值范围是 –100%～+100%，负值表示凹球面，正值表示凸球面。

☑ 模式：有 3 种模式可供选择。

（10）"水波"滤镜：该滤镜所产生的效果就像把石子扔进水中所产生的同心圆波纹或旋转变形的效果。弹出的对话框包括 3 个控制参数：

☑ 数量：设置波纹的效果，取值范围是 –100～+100，负值的效果是凹陷，正值的效果是凸起。

☑ 起伏：设置纹理，取值范围值是 0～20，该数值从小到大的变化就是波纹的数量逐渐变多。

☑ 样式：有 3 种波纹的类型可以选择。

（11）"旋转扭曲"滤镜：该滤镜创造出一种螺旋形的效果，在图像中央出现最大的扭曲，逐渐向边界方向递减，就像风轮一般。弹出的对话框只有一个控制参数。

☑ 角度：可以调整风轮旋转的角度，取值范围是 –999°～+999°。

（12）"置换"滤镜：该滤镜是最为与众不同的一种技巧，一般很难预测它的效果。弹出的对话框包含有 4 个参数设置选项。

☑ 水平比例：设定水平方向的缩放比例。

☑ 垂直比例：设定垂直方向的缩放比例。

☑ 置换图：设置置换图的属性方式。

☑ 未定义区域：主要是指图像的边缘区域（折回：是表示图像的右边界处不完整的图像可以在图像的左边的界外继续延伸；重复边缘像素：表示图像边界不完整的图像可用重复局部像素的方法来弥补）。

5. 杂色滤镜组

杂色滤镜组中包括了 5 个滤镜，分别是减少杂色、蒙尘与划痕、去斑、添加杂色、中间值。它们可以增加或去除图像中的杂点，这些工具在处理扫描图像时非常有用。

（1）"减少杂色"滤镜：该滤镜可以去除图像中的一些杂点、脏点。

（2）"蒙尘与划痕"滤镜：该滤镜可以弥补图像中的缺陷。其原理是搜索图像或选区中的缺陷，然后对局部进行模糊，将其融合到周围的像素中去。弹出的对话框包含两个控制参数。

☑ 半径：调节清除缺陷的范围，取值范围是 1～100，数值越大，模糊的范围越大。

☑ 阈值：确定参与计算的像素数，取值范围是 0～255，数值为 0 时，区域内的所有像素将参与计算，值越大参与的计算像素越少。

（3）"去斑"滤镜：该滤镜能除去与整体图像不太协调的斑点。

（4）"添加杂色"滤镜：该滤镜向图像中添加一些干扰像素，像素混合时产生一种漫射的效果，增加图像的图案感。弹出的对话框包括 3 个控制选项。

☑ 数量：即调节加入的干扰量，取值范围是 1～999，数值范围越大，效果越明显。

☑ 分布：有两种分布方式可供选择，一个是平均分布，另一个是高斯分布。

☑ 单色：是指是否设置为单色干扰像素。

（5）"中间值"滤镜：该滤镜能减少选区像素亮度混合时产生的干扰。它搜索亮度相似的像素，去掉与周围像素反差极大的像素，以所捕捉的像素的平均亮度来代替选区中心的亮度，弹出的对话框只包括一个控制参数选项。

☑ 半径：取值范围是 1～100，数值决定了参与分析的像素数，数值越大模糊的范围就越大。

6. 模糊滤镜组

模糊滤镜组可以光滑、边缘太清晰或对比度太强烈的区域，产生晕开模糊的效果，从而可以柔滑边缘，还可以制作柔和影印，其原理是减少象素间的差异，使明显的边缘模糊，或使突出的部分与背景更接近。

（1）"动感模糊"滤镜：使用该滤镜可以产生运动模糊，它是模仿物体运动时曝光的摄影手法，增加图像的运动效果。弹出的对话框包含有两项参数，用户可以对模糊的强度和方向进行设置，还可以通过使用选区或图层来控制运动模糊的效果区域。

（2）"高斯模糊"滤镜：该滤镜可以直接根据高斯算法中的曲线调节像素的色值，来控制模糊程度，造成难以辨认的浓厚的图像模糊。弹出的对话框只包含一个控制参数（半径，取值范围是 0.1～250，是以像素为单位，取值受图像分辨率的影响，大图可以取较大的值，取值太大时处理速度会较慢。

（3）"进一步模糊"滤镜：该滤镜与模糊滤镜的效果相似，但它的模糊程度是模糊滤镜的 3～4 倍。

（4）"径向模糊"滤镜：该滤镜属于特殊效果滤镜。使用该滤可以将图像旋转成圆形或从中心辐射图像。弹出的对话框包括 4 个控制参数。

- ☑ 数量：控制明暗度效果，并决定模糊的强度，取值范围是 1～100。
- ☑ 模糊方法：提供了两个选项，旋转和缩放。
- ☑ 品质：提供了 3 个选项，草图、好、最好。
- ☑ 中心模糊：使用鼠标拖动辐射模糊中心相对整幅图像的位置，如果放在图像中心则产生旋转效果，放在一边则产生运动效果。

（5）"模糊"滤镜：该滤镜通过减少相邻像素之间的颜色对比来平滑图像。它的效果轻微，能非常轻柔地柔和明显的边缘或凸起的形状。

（6）"特殊模糊"滤镜：使用该滤镜可以产生一种清晰边界的模糊方式，它自动找到图像的边缘并只模糊图像的内部区域。它很有用的一项功能是，可以除去图像任务肤色调中的斑点。弹出的对话框中包含 4 项参数设置。

- ☑ 半径：设置模糊区域的半径，取值范围是 0.1～100。
- ☑ 阈值：设置模糊区域的临界值，取值范围是 0.1～100。
- ☑ 品质：设置模糊的质量，包括低、中、高三级。
- ☑ 模式：设置模糊的模式，包括正常、仅限边缘、叠加边缘。

7. 渲染滤镜组

渲染滤镜组用于在图像中创建云彩、折射和模拟光线等。

（1）"分层云彩"滤镜：该滤镜将图像与云块背景混合起来产生图像反白的效果。

（2）"光照效果"滤镜：该滤镜是较复杂的一种滤镜，只能应用于 RGB 模式。该滤镜提供了 17 种光源 3 种灯光和 4 种光特征，模拟灯光、日光照射效果，多用来制作夜晚天空效果和浅浮雕效果。弹出的对话框包括 4 个选项。

- ☑ 样式：一共有 17 种光源，光源值代表中等强度的聚光源。
- ☑ 光照类型：一共有 3 种灯光类型（点光：投射长椭圆形光，用户可以在预览窗口改变照明区域；全光源：是一种反光；平行光：投射直线方向的光线，只能改变光线方向和光源位置）。
- ☑ 属性：有 4 个特征参数要调整（光泽：决定图像的反光效果；材料：决定照射物体是否产生更多反射；曝光度：决定光线的明暗；环境：可产生一种混合的效果）。
- ☑ 纹理通道：有 4 种选择（无、红、绿、蓝）

（3）"镜头光晕"滤镜：该滤镜模拟光线照射在镜头上的效果，产生折射纹理，如同摄象机镜头的炫光效果。弹出的对话框包括 3 个控制选项。

- ☑ 亮度：调节产生亮斑的大小，取值范围是 10%～300%。
- ☑ 光晕中心：拖动十字光标可改变炫光位置。
- ☑ 镜头类型：它决定炫光点的大小，有 3 种类型可供选择。

（4）"云彩"滤镜：该滤镜利用选区在前景色和背景色之间的随机像素值，在图像上产生云彩状的效果，产生烟雾飘渺的景象。

8. 画笔描边滤镜组

画笔描边滤镜组包括 8 种滤镜，可使图像具有一种手绘式或艺术化的外观，还可以通过增加底纹、笔触、杂点式锐化细节加上材质而做出点描式绘画效果，注意，画笔描边滤镜不支持 CMYK 模式和 Lab 模式的图像。

（1）"成角的线条"滤镜：该滤镜产生倾斜笔画的效果，在图像中产生倾斜的线条。弹出的对话框包含 3 项设置参数。

☑ 方向平衡：设置线条的倾斜方向，取值范围是 0～100。

☑ 线条长度：设置笔画的长度，取值范围是 3～50。

☑ 锐化程度：设置笔画的尖锐程度，取值范围是 0～10。

（2）"墨水轮廓"滤镜：该滤镜在颜色边界间生黑色轮廓，它控制线条的长度而不是方向。弹出的对话框包含 3 项设置参数。

☑ 描边长度：设置笔画长度，取值范围是 1～50。

☑ 深色强度：设置黑色轮廓的强度，取值范围是 0～50。

☑ 光照强度：设置白色区域的强度，取值范围是 0～50。

（3）"喷溅"滤镜：该滤镜产生辐射状的笔墨溅射效果。可以使用该滤镜来制作水中的倒影，弹出的对话框包含两项参数。

☑ 喷色半径：调节溅射水滴的辐射范围，取值范围是 0～25。取值越大，图像颜色越分散。

☑ 平滑度：调节溅射水滴颗粒的光滑程度，取值范围是 1～15。取值越大，景物越逼真。

（4）"喷色描边"滤镜：该滤镜与喷溅滤镜相类似，不过它可以产生斜纹状水珠飞溅的效果，产生不同于喷溅滤镜的辐射状，而是斜纹状的飞溅效果，其原理是用带有方向的喷点覆盖图像中的主要颜色。弹出的对话框包含 3 项设置参数。

☑ 线条长度：设置笔画的长度，取值范围是 0～20。参数设置为 3 以下时效果不明显。

☑ 喷色半径：设置水珠溅射时辐射范围半径，取值范围是 0～25。

☑ 描边方向：设置笔画的方向，其中包括右对角线、水平、左对角线和垂直 4 种方向。

（5）"强化的边缘"滤镜：该滤镜对各颜色之间的边界进行强化处理，突出图像的边缘。弹出的对话框包含 3 项设置参数。

☑ 边缘宽度：设置边缘的宽度，取值范围是 0～14。

☑ 边缘亮度：调整要处理的边界亮度，取值范围是 0～50。

☑ 平滑度：设置边缘的平滑度，取值范围是 1～15。

（6）"深色线条"滤镜：该滤镜产生一种很强烈的黑色阴影，其原理是用柔和且短的线条使暗调区变黑，用白色长线条填充亮调区。弹出的对话框包含 3 项参数。

☑ 平衡：调节平衡笔画方向，取值范围是 0～10。取值为 0 时，线条是由左上方斜向右下方；取值为 10 时，线条由右上方斜向左下方；取值为 5 时两种方向各占一半。

☑　黑色强度：调节黑色阴影强度，取值范围是 0～10。取值越大，原来的深色将越黑。

☑　白色强度：调节白色区域强度，取值范围是 0～10。取值越大，亮调区将越亮。

（7）"烟灰墨"滤镜：该滤镜就像蘸满墨水的画笔在传统的纸上作画一样，使图像具有模糊的边缘和大量的黑色。弹出的对话框包含 3 项参数。

☑　描边宽度：设置笔画的宽度，取值范围是 3～15。

☑　描边压力：设置笔画的压力值，取值范围是 0～15。

☑　对比度：设置图像的对比度，取值范围是 0～40。

（8）"阴影线"滤镜：该滤镜产生交叉网状的笔画，给人随意编织的感觉。弹出的对话框包含 3 项参数。

☑　线条长度：调节笔画长度，取值范围是 3～50。取值越大交叉越明显。

☑　锐化程度：调节交叉网线的尖锐程度，取值范围是 0～20。取值较大时，图像将呈现多彩的颜色。

☑　强度：调节交叉网线笔画的力度，取值范围是 1～3。取值越大，暗调区越深。

9. 素描滤镜组

素描滤镜组包括 13 种滤镜，用于制作多种艺术绘画效果。

（1）"半调图案"滤镜：该滤镜使用前景色在图像中产生网板图案，它将保留图像中的灰阶层次。弹出的对话框包括 3 个控制参数。

☑　大小：调节网板间距，即控制网的疏密程度，取值范围是 1～12，数值越大网越稀疏。

☑　对比度：调节前景的颜色对比度，取值范围是 0～50。

☑　图案类型：有 3 种图案类型可供选择（圆点、网点、直线）。

（2）"便条纸"滤镜：该滤镜结合浮雕和颗粒化滤镜的效果，产生类似浮雕的凹陷压印效果，暗调区呈现凹陷效果，显示的是背景色。弹出的对话框包含 3 项参数。

☑　图像平衡：调节前景色与背景色，使之平衡，取值范围是 0～50，值太大或太小都会导致图像失真。

☑　粒度：调节图像颗粒，取值范围是 0～20，值越大颗粒越多。

☑　凸现：调节浮雕程度，取值范围是 0～25，它决定图像的三维效果。

（3）"粉笔和炭笔"滤镜：该滤镜产生一种用粉笔和炭精涂抹的草图效果。炭精使用前景色，而粉笔使用背景色。弹出的对话框包含 3 项参数。

☑　炭笔区：调节炭笔绘画的区域，取值范围是 0～20。

☑　粉笔区：调节粉笔绘画的区域，取值范围是 0～20。

☑　描边压力：取值范围是 0～5。

（4）"烙黄"滤镜：该滤镜产生一种颜色单一的液态金属的效果。经过该滤镜处理过的效果就像被抛光的金属表面。弹出的对话框包含两项参数。

☑ 细节：取值范围是 0～10。

☑ 平滑度：调节画面的平滑度，取值范围是 0～10。

（5）"绘图笔"滤镜：该滤镜产生一种素描草图效果。弹出的对话框包含 3 项参数。

☑ 线条长度：调节笔画的长度，取值范围是 1～15。

☑ 明/暗平衡：调节笔画的明暗平衡关系，取值范围是 0～100。取 0 时，图像由背景色填充；取 100 时，图像由前景色填充。

☑ 面边方向：有四种笔画方向可供选择。

（6）"基底凸现"滤镜：该滤镜可以产生一种粗糙的浮雕效果，其原理是用前景色来替代图像中的暗调区，用背景色来替代亮调区，突出图像表面的差异。弹出的对话框包含 3 项参数。

☑ 细节：调节细腻程度，取值范围是 1～15。

☑ 平滑度：调节画面的平滑程度，取值范围是 1～15，取小值时图像清晰，但粗糙；取大值时图像模糊，但光滑。

☑ 光照方向：有 8 种方向可供选择。

（7）"水彩画纸"滤镜：该滤镜产生图像被浸湿的效果，颜色向四周扩散。弹出的对话框包含 3 项参数。

☑ 纤维长度：调节纸张的湿润程度和扩散程度，取值范围是 3～50。

☑ 亮度：调节亮度，取值范围是 0～100。

☑ 对比度：调节前景的颜色对比度，取值范围是 1～100。

（8）"撕边"滤镜：该滤镜产生用手撕开的纸边的效果，使图像出现锯齿，在前景色和背景色之间产生分裂。弹出的对话框包含 3 项参数。

☑ 图像平衡：调节图像前景色和背景色平衡，取值范围是 0～50。取值为 0 时，图像被背景色填充，取值为 50 时，图像被前景色填充。

☑ 平滑度：调节颜色边界的平滑程度，取值范围是 1～15。

☑ 对比度：调节前景色的颜色对比度，取值范围是 0～25。

（9）"炭笔"滤镜：该滤镜产生一种炭精涂抹的草图效果。炭笔使用前景色，背景使用背景色。弹出的对话框包含 3 项参数。

☑ 炭笔粗细：调节炭笔笔画的粗细程度，取值范围是 1～7。

☑ 细节：取值范围是 0～5。

☑ 明/暗平衡：调节明暗平衡，取值范围是 0～100。控制前景色和背景色的比例。取值小时，背景色所占的比例大；取值大时，前景色所占的比例大。

（10）"炭精笔"滤镜：该滤镜产生一种炭笔涂抹的草图效果，该滤镜适用于反差大的图像。弹出的对话框包含 7 项参数。

☑　前景色阶：调节前景色的多少，取值范围是 1～15。

☑　背景色阶：调节背景色的多少，取值范围是 1～15。

☑　纹理：有 4 种纹理模式。

☑　缩放：调节纹理的疏密程度，取值范围是 50%～200%。

☑　凸现：控制纹理起伏，取值范围是 0～50。

☑　光照方向：有 8 种方向可供选择。

☑　反相：使纹理反转。

（11）"图章"滤镜：该滤镜产生图章盖印的效果，该滤镜对黑白图像尤其适用。弹出的对话框包含 3 项参数。

☑　明 / 暗平衡：调节前景色和背景色平衡，取值范围是 0～50，数值为 0 时图像由背景色填充，数值为 50 时图像由前景色填充。

☑　平滑度：调节颜色边界的平滑程度，取值范围是 1～50。

（12）"网状"滤镜：该滤镜产生一种网眼覆盖的效果。弹出的对话框包含 3 项参数。

☑　浓度：调节网眼浓度，取值范围是 0～50。取值越大，深色颗粒越少。

☑　前景色阶：调节前景色层次，取值范围是 0～50。

☑　背景色阶：调节背景色层次，取值范围是 0～50。

（13）"影印"滤镜：该滤镜产生影印效果、简化图像，缺乏立体感。弹出的对话框包含两项参数。

☑　细节：调节图像的细微层次，取值范围是 1～24，数值越大越细腻。

☑　暗度：调节图像的暗调区颜色深浅，取值范围是 1～50，值越大颜色越深。

10. 纹理滤镜组

纹理滤镜组包括 6 种滤镜，这些滤镜可以给图案加上各种纹理效果，还可以制作纹理图，造成深度感和材质感。

（1）"龟裂缝"滤镜：该滤镜能使图像产生凹凸的裂纹。弹出的对话框包含 3 项参数。

☑　裂缝间距：调整裂痕纹理的间距，取值范围是 2～100。

☑　裂缝深度：调整裂痕的深度，取值范围是 0～10。

☑　裂缝亮度：调整裂痕的亮度，取值范围是 0～10。

（2）"马赛克拼贴"滤镜：该滤镜为图像增加一种马赛克拼贴图案。弹出的对话框包含 3 项参数。

☑　拼贴大小：调整马赛克拼贴的大小，取值范围是 2～100。

☑　缝隙宽度：调节拼贴之间的缝隙大小，取值范围是 1～15。

☑　加亮缝隙：调节拼贴之间的间隙的亮度，取值范围是 0～10。

（3）"颗粒"滤镜：该滤镜为图像增加许多颗粒纹理。弹出的对话框包含 3 项参数。

☑ 强度：调整颗粒的强度，取值范围是 0～100。取值越大颗粒越多。

☑ 对比度：设置颗粒的对比度，取值范围是 0～100。

☑ 颗粒类型：提供了 10 种类型可供挑选。

（4）"拼缀图"滤镜：该滤镜产生建筑接贴的效果。弹出的对话框包含 2 项参数。

☑ 平方大小：设置方块的大小，取值范围是 0～10。

☑ 凸现：设置方块的凸凹程度，取值范围是 0～25。

（5）"染色玻璃"滤镜：该滤镜使图像产生不规则的彩色玻璃格子效果，格子内的色彩为当前像素的颜色。弹出的对话框包含 3 项参数。

☑ 单元格大小：设置彩色玻璃格子的大小，取值范围是 2～50。

☑ 边框粗细：设置彩色玻璃格子边框的宽度，取值范围是 1～20。

☑ 光照强度：设置照射彩色玻璃格子的灯光强度，取值范围是 0～10。

（6）"纹理化"滤镜：该滤镜产生许多纹理，专门用来制作材质肌理。弹出的对话框包含 4 项参数。

☑ 纹理：有 4 种纹理模式可供选择。

☑ 缩放：调节纹理间的间隙，取值范围是 50%～200%。默认值是 100%。

☑ 凸现：设置纹理的凸凹起伏程度，取值范围是 0～50。

☑ 光照方向：设置光线的照射方向，包括 8 个方向。

☑ 反相：该复选框被选中后，将反相处理图像。

11. 艺术效果滤镜组

艺术效果滤镜组可以使图像产生一种艺术效果，看上去就好像经过画家处理过的。该滤镜只适用于 RGB 和 8 位通道的色彩模式。

（1）"壁画"滤镜：该滤镜将产生古壁画的斑点效果，它和干燥笔有相同之处，能够强烈地改变图像的对比度，产生抽象的效果。弹出的对话框包含 3 个控制参数。

☑ 画笔大小：它可以模拟笔刷的大小，值越大就越不能体现细微的层次，值越小图像显得越细腻，取值范围是 0～10。

☑ 画笔细节：它可以调整笔触的细腻程度，取值范围是 0～10，数值越大越细腻。

☑ 纹理：它调节效果颜色之间的过度变形，取值范围是 1～3，数值越小图像越光滑，数值变大时，图像的边缘将产生锯齿，并增加一些像素斑点。

（2）"彩色铅笔"滤镜：该滤镜模拟美术中的彩色铅笔绘画效果，使得经过处理的图像看上去就像用彩色铅笔绘制的，使其模糊化，并在图像中产生主要由背景色和灰色组成的十字斜线，弹出的对话框包含 3 个控制参数。

☑ 铅笔宽度：设置笔尖的宽度，取值范围是 1～24。

☑ 描边压力：设置笔画压力的大小，取值范围是 0～15。

☑ 纸张亮度：设置纸张的亮度，取值范围是 0～50。

（3）"粗糙蜡笔"滤镜：该滤镜产生一种覆盖纹理效果，处理后的图像看上去就像用彩色蜡笔在材质背景上作画一样。

（4）"底纹效果"滤镜：该滤镜模拟传统的在纸背面作画的技巧，产生一种纹理喷绘效果。

☑ 画笔大小：调节笔触的长度，取值范围是 0～40，数值越大，笔画的长度越长。

☑ 纹理覆盖：调节笔触的细腻程度，取值范围是 1～20，数值越大图像中的斜线越明显，斜线与背景的反差就越大。

☑ 纹理：提供 4 种纹理选项。

☑ 缩放：调整覆盖图样的大小，取值范围是 50%～200%，数值从小到大，纹理则从稀到密。

☑ 凸现：调整覆盖图样的浮雕深度，取值范围是 0～50，它控制图像的三维效果。

☑ 光照方向：亮度的照射方向，提供了 8 个不同的方向。

☑ 反相：选中该复选框后，将图像反相处理。

（5）"干画笔"滤镜：该滤镜使画面产生一种不饱和不湿润干枯的油画效果。弹出的对话框包含 3 个控制参数。

☑ 画笔大小：它可以设置笔刷的大小，取值范围是 0～10。

☑ 画笔细节：它可以调整笔触的细腻程度，取值范围是 0～10。

☑ 纹理：它调节颜色间的过滤效果，取值范围是 1～3。

（6）"海报边缘"滤镜：该滤镜可以使图像转化成漂亮的剪贴画效果，它将图像中的颜色分为设定的几种，捕捉图像的边缘并用黑线勾边，提高图像的对比度。

☑ 边缘厚度：提高边缘的厚度，0～10，取值越大，边缘越宽。

☑ 边缘强度：调节控制边缘的可视程度，取值范围是 0～10，它决定了可以捕捉的图像边缘的数量。

☑ 海报化：调节颜色在图像上的渲染效果，取值范围是 0～6，值越小图像越简单。

（7）"海绵"滤镜：该滤镜将产生画面浸湿的效果，就好像使用海绵蘸上颜料在纸上涂抹图像一样。弹出的对话框包含 3 个控制参数。

☑ 画笔大小：设置笔刷的尺寸大小，取值范围 0～10。

☑ 定义：设置海绵吸收或覆盖颜色的深浅，取值范围 0～25。

☑ 平滑度：调整颜色过渡的平滑程度，取值范围是 1～15。

（8）"木刻"滤镜：可以模拟剪纸效果，看上去像是经过精心修剪的彩纸图。弹出的对话框包含 3 个控制参数。

☑ 色阶数：它决定图像处理后颜色的数量，取值范围是 2～8。

☑ 边简化度：它决定图像处理完成后边缘处的层次感，取值范围是 0～10，取值越小，简化越少。

☑ 边逼真度：该选项可以调节产生痕迹的精确程度，它不是独立工作的，它受边缘简化的影响，取值范围是 1～3。

（9）"水彩"滤镜：该滤镜产生水彩画的效果，加深图像的颜色。弹出的对话框包含 3 个控制参数。

☑ 画笔细节：设置笔刷的细腻程度，取值范围是 1～14。

☑ 暗调强度：用来设置阴影的强度，取值范围是 1～10。

☑ 纹理：设置水用效果的纹理，取值范围是 1～3。

（10）"塑料包装"滤镜：该滤镜产生一种表面质感很强的塑料包装效果，经处理后，图像就像包上了一层塑料薄膜，使图像具有很强的立体感，在参数的一定范围内，图像表面会产生塑料泡泡。弹出的对话框包含 3 个控制参数。

☑ 高光强度：调节塑料包装效果中的高亮点的亮度，取值范围是 0～20，取值越大，塑料薄膜越明显。

☑ 细节：设置塑料包装细节的密度，取值范围是 1～15，数值越大，包裹越紧密，物体的细小轮廓就越能体现出来。

☑ 平滑度：调节效果的光滑度，取值范围是 1～15。

（11）"涂抹棒"滤镜：该滤镜产生条纹涂抹效果，使用条状涂抹滤镜将使图像中的暗调区域变模糊，使亮调区变得更亮。弹出的对话框包含 3 个控制参数。

☑ 线条长度：调节笔触的长度，0～10，取值越大，笔画的长度越长。

☑ 高光区域：调节高亮度区域的面积，取值范围是 0～20，它使图像的亮度区更亮，取值范围越大越亮。

☑ 强度：取值范围是 0～10。数值高则强度大，有很强的反差效果。

12. 视频滤镜组

视频滤镜组主要将色域限制为电视画面可重现的颜色范围。

（1）NTSC 颜色滤镜：一般用于制作 VCD 静止帧的图像，创建用于电视显示的图像。将图像的色彩范围限制为 NTSC（国际电视标准委员会）制式，即电视可以接收并表现的颜色。

（2）逐行滤镜：可去掉视频图像中的奇数或偶数行，以便平滑在视频上捕捉的图像，该滤镜也用于视频静止图像帧的制作。

13. 风格化滤镜组

风格化滤镜组通过移动和置换图像像素并提高图像像素的对比度，产生印象派及其他风格化效果。

（1）凸出：可使选择区域或图层产生一系列块状或金字塔状的三维纹理。

（2）扩散和拼贴："扩散"根据所选择的选项使选区内的像素发生变化，使图像看起来有聚焦的感觉；"拼贴"可从选区的原位置开始将图像拆散为一系列拼贴图像。

（3）曝光过度和浮雕效果："曝光过度"混合正片和负片图像，与冲洗照片过程中加强曝光的效果相似；"浮雕效果"滤镜通过将选区内或整个图层的填充颜色转换为灰色，并用原填充色勾画边缘，使选区呈现凸出或下陷效果。

（4）查找边缘和照亮边缘："查找边缘"用于标识图像中有明显过渡的区域并强调边缘。在白色背景上用深色线条绘制图像的边缘，对于图像周围创建边框非常有用；"照亮边缘"，通过查找并标识颜色的边缘，为其增加类似霓虹灯的亮光效果。

（5）等高线和风："等高线"查找主要亮度区域的过渡，并用细线勾画每个颜色通道，得到与等高线图中的线相似的结果；"风"滤镜在图像中创建细小的水平线以模拟风的动感效果。

14. 其他滤镜组

其他滤镜组主要用来修饰图像的某些细节部分，还可以让用户创建自己的特殊效果滤镜。

（1）位移：将选区设定的像素数量水平或垂直移动，原位置由设定的"未定义区域"参数决定 。

（2）最大值和最小值："最大值"可使用指定半径范围的像素中最大的亮度值替换当前像素的亮度值，从而向外扩展白色区域并收缩黑色区域；"最小值"可使用指定半径范围的像素中最小的亮度值替换当前像素的亮度值，从而向内收缩白色区域并扩大黑色区域。

（3）高反差保留：可在图像明显的颜色过渡处保留指定半径内的边缘细节，并忽略图像颜色反差较低区域的细节。

（4）自定：用户可指定一个计算关系来更改图像中每个像素的亮度值。

15. 数字水印滤镜组

数字水印的功能并不是为图像添加某种特殊效果，而是用来将数字水印嵌入图像中以储存著作权信息，或是读取已嵌入的著作权信息。

数字水印的实质是添加到图像中的杂色，通常肉眼看不见这种水印。

（1）嵌入水印：要在图像中嵌入水印，首先必须浏览 Digimarc 公司的官方网站并得到一个 Creator ID，然后将这个 ID 和著作权一同插入到图像中，完成数字水印的嵌入。

（2）读取水印：主要用于阅读图像中的水印，当图像嵌入了数字水印，系统会在图像窗口的标题栏或状态栏中以一个"C"字母来标记。

本节习题

1.如何利用消失点滤镜复制或抹去墙面上的门窗或图案？

2.抽出滤镜的描边画笔粗细是否影响抽出效果？

3.下载一个图像，练习利用不同像素化滤镜组进行像素化，比较其效果。

第八节 Photoshop 快捷键汇总

本节汇总了使用 PS 时需要用到的命令及其快捷键，方便用户快速查询。

（1）Ctrl+T：自由变形

该快捷键主要对图层进行旋转、缩放等变形调整，同时可以拖动修改图层在画面中的位置，是极为常用的功能键。

（2）Ctrl+J：复制图层

该快捷键是对图层的复制，一般的操作是通过图层菜单栏选择，或者直接在图层面板上右键单击图层的下拉菜单中选择，而"Ctrl+J"的快捷键不仅能复制图层，还能高光层、阴影层，在修图、调色、合成等设计工作中都是很常用的功能。

（3）数字键：图层不透明度变化

在图层面板中，选中图层后，直接按数字键即可修改该图层的不透明度，1 即 10%，以此类推，0 是 100%。

（4）空格键 +F：更改工作区颜色

工作区即画布所在的地方，就是 PS 软件中最大的那块区域，通过改快捷键可以更改工作区的颜色，4 种不同灰度的颜色，从死黑到浅黑到灰到亮灰，任君选择。

（5）F：更改屏幕显示模式

即让 PS 在标准屏幕模式、带有菜单栏的全屏模式和全屏模式间切换，一般常用于欣赏作品、检查设计效果等工作环境中。

（6）TAB：工作区窗口显示 / 隐藏

主要作用是让工作区全屏，只保留菜单栏，隐藏工具栏和各种面板窗口，以最大的工作区显示，以便有更大的视域来观察、设计等。

（7）Ctrl+Shift+Alt+E：盖印图层

盖印图层，简单说就是将当前所有图层（及效果）合并，且生成一个全新的图层，打个比喻来说，这是一种"无损合成图层"，并不会破坏之前的任何图层，方便我们在设计中"反悔"去修改，而又能满足进一步修饰、设计的目的。

（8）Ctrl+Alt+A：选中所有图层

按下该快捷键可以迅速选中所有图层，免去键盘（Ctrl/Shift）+ 鼠标单击来选中图层的麻烦。需要注意的是，当文档中存在背景图层时，按下此快捷键则不会选中背景图层，只会选中除它之外的所有图层。

（9）Ctrl+G：图层编组

在 PS 中，图层面板中的图层多起来的时候，合适地编组将是一个非常好而且相当必要的习惯。选中要编组的图层，然后按快捷键 Ctrl+G 即可编组。

（10）D：复位颜色

PS 默认的前景色和背景色为黑色、白色，而当我们做了一段时间的设计后，难免会遇到颜色已经不再是黑白，而又想用到黑白的时候，这个时候，只要按下键盘快捷键 D 即可恢复默认状态了（PS：所有涉及字母键的快捷键都要在英文输入状态下使用）。

（11）X：切换前景色和背景色

字母 X 键的作用，一是前景色和背景色的互换，一是在蒙版状态下，切换黑白画笔。

（12）Ctrl+I：反相

选中图片图层的情况下，按下该快捷键的作用是得到该图片的负片效果。

（13）空格键 + 鼠标左键：移动画布

画布，也就是我们在进行设计的图片，有时候 1：1 比例观看时，很可能大得会超过了工作区，而有些地方看不到，这个时候就需要移动它了，只需按住空格键，然后左键单击移动即可（PS：当我们用选框工具画出一个选区时，按下空格键，左键单击并移动鼠标则可以移动选区）。

（14）Ctrl+D：取消选区

有创建选区的，就会有取消选区的需求，只需按下该快捷键，蚂蚁线就消失了，选区不见了。

（15）Shift+Alt+M：切换成"正片叠底"模式

当在使用画笔工具或者污点修复画笔工具类时，按此快捷键，可以把当前的绘画模式从默认的"正常"切换到"正片叠底"模式。

（16）Shift+Alt+S：滤色模式

在使用画笔类工具的时候，按下该快捷键，可以将绘画模式一秒切换到"滤色模式"。

（17）Shift+Alt+O：叠加模式

画笔类工具被选择状态下，按下该快捷键可以把绘画模式一秒切换成"叠加模式"。

（18）Shift+Alt+F：柔光模式

画笔类工具被选择状态下，按下该快捷键可以把绘画模式一秒切换成"柔光模式"。

（19）Shift+Alt+Y：明度模式

画笔类工具被选择状态下，按下该快捷键可以把绘画模式一秒切换成"明度模式"。

（20）Shift+Alt+W：线性减淡（添加）模式

画笔类工具被选择状态下，按下该快捷键可以把绘画模式一秒切换成"线性减淡（添加）模式"。

（21）Shift+Alt+C：颜色模式

画笔类工具被选择状态下，按下该快捷键可以把绘画模式一秒切换成"颜色模式"。

（22）Alt+，：选中"背景图层"

有时候我们的文件中，图层已经相当多了，想要选中最下面的"背景图层"都要鼠标滚轮滑动好久，所以快捷键"Alt+，"就非常有用了，可瞬间选中"背景图层"。

（23）Ctrl+R：显示标尺

在工作时"标尺"的存在还是很实用的，而它显示/隐藏的快捷键则是"Ctrl+R"。

（24）Ctrl+Shift+Alt+N：创建新图层

按下该组合快捷键，则会在当前选中图层上方直接创建一个新的透明图层。

（25）Ctrl+删除键：填充背景色

直接为选中的图层/对象填充背景色。

（26）Alt+删除键：填充前景色

直接为选中的图层/对象填充前景色。

（27）Ctrl+F：重复执行滤镜

这个快捷键的作用有点类似于 Word 中的"格式刷"，就是再次执行上一次使用的滤镜，比如对图层 1 刚刚做了高斯模糊，如果此时选中图层 2，按快捷键 Ctrl+F，则图层 2就同样被高斯模糊了。当然，也可以反复对同一个图层 Ctrl+F。

（28）Ctrl+0：缩放至工作区

在各种缩放操作中，快捷键 Ctrl+0 的作用是把当前画布/图片缩放到适配工作区，即图片铺满整个工作区。

（29）Ctrl+1：缩放至 100%

即把画布或是图片按照它的真实尺寸 1∶1 地在 PS 中显示，如果是很大的图，那么无疑将超过工作区面积，一眼已经无法看全整张图（PS：也可以直接 Ctrl++ 或者 Ctrl+- 来缩放）。

（30）Ctrl+Tab：文档切换

这组快捷键是针对多 PSD 文件同时打开、同时工作的情况时，按下 Ctrl+Tab 则会在PSD 文件之间切换。

（31）Shift+Alt+鼠标左键：设置前景色

在画笔或者油漆桶工具被选择的情况下，按此快捷键则会激活一个调色板，鼠标的移动则会直接设置好前景色。

（32）Shift+Alt+N：正常模式

当画笔工具处在正片叠底的绘画模式时，按下此快捷键则可以一秒让绘画模式回归"正常模式"。

第四章　三维图绘制软件 SketchUp 使用基础

第一节　SketchUp 基本概念

SketchUp 是一款面向设计方案创作的三维设计工具。不同于二维的图纸，SketchUp 可以直接将创意通过三维电子模型的形式反映在计算机显示屏上。在环境生态工程计算机辅助制图中，SketchUp 可以辅助制作三维效果图。利用 SketchUp 创建地形，在地形上建立模型，然后导出模型立体图，在 PS 里将其和现有场景融合在一起，制作成效果图。或将 CAD 平面设计图直接导入 SketchUp，在平面基础上创建三维模型，最后渲染出图。

一、软件简介

SketchUp，又名"草图大师"，是一款可供用于创建、共享和展示三维模型的软件。SketchUp 使用简单，功能强大，拥有人性化的用户操作界面和清晰的操作指导系统。不必键入坐标，SketchUp 就能帮助我们跟踪位置和完成相关建模操作。SketchUp 工具虽然不多，但熟练运用后也可做多样的工作。因此，SketchUp 在三维建模中十分普及，广泛应用于建筑、园林景观、室内等行业，深受专业人士的喜爱。本书以 SketchUp Pro 2020 汉化版本为例进行讲解。

二、界面介绍

1.工作区

SketchUp 启动并新建文件后，出现的整个界面称为工作区。工作区包含"菜单栏""工具栏""默认面板""视图窗口""状态栏""数值输入框"，如图 4-1 所示。下面将结合图像分别介绍。

（1）菜单栏：位于界面最顶部，菜单栏包括"文件""编辑""视图""相机""绘图""工具""窗口""扩展程序""帮助"。

（2）工具栏：由纵横两个工具栏组成，可以根据个人习惯随意放置工具栏位置，关闭后如想重新打开，可以单击工具栏空白位置，勾选所需工具。

（3）默认面板：位于界面右侧，包括"材质""场景""样式""阴影"等对话框，可以在"窗口"→"默认面板"中勾选需要的对话框。单击"窗口"→"默认面板"→"显示面板"或"隐藏面板",打开和隐藏默认面板。

（4）绘图区：位于界面中央主要位置，为绘制时的显示界面。进入软件时，绘图区中可以看到绘图坐标轴和原点旁一个用于标定尺寸的人物模型。其中坐标轴红色实线代表东边，红色虚线代表西边；绿色实线代表北边，绿色虚线代表南边；蓝色实线代表地平面以上；虚线代表地平面以下。一般来说，建模在红色、绿色、蓝色实线所构成的象限进行，且紧贴坐标原点。

（5）状态栏：位于界面左下角，当鼠标在软件操作界面上移动时，状态栏中会有相应的文字提示，可以显示工具功能、工具使用引导。

（6）数值输入框：位于界面右下角，可以根据当前的作图情况输入"长度""距离""角度""个数"等相关数值，用来精确建模。

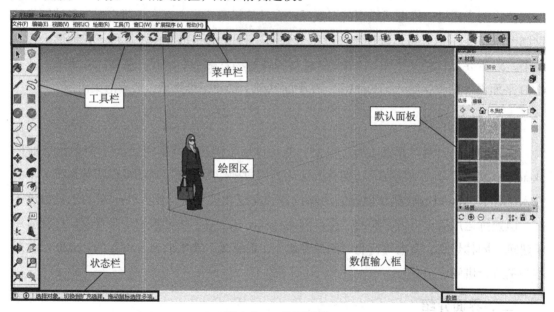

图 4-1　工作区界面

重置工作区的方法：让工作区回到初始状态，可以单击"窗口"→"系统设置"→"工作区"→"重置工作区"→"确定"。

2. 工具栏

（1）编辑工具栏：编辑工具栏是对几何体进行修改编辑的工具集，包括"移动""推/拉""旋转""路径跟随""缩放""偏移"工具。

（2）标准工具栏：标准工具栏主要功能是管理文件打印和查看模型信息，依次包括"新建""打开""保存""剪切""复制""粘贴""擦除""撤销""重做""打印""模型信息"工具。

（3）仓库工具栏：仓库工具栏用于使用 3D Warehouse 平台下载和上传 SU 模型以及添

加扩展程序。包括"3D Warehouse""分享模型""分享组件""Extention Warehouse"工具。

（4）地点工具栏：地点工具栏可以向模型添加地理位置信息、打开和关闭地形，包括"添加位置"和"切换地形"工具。

（5）绘图工具栏：绘图工具栏包括常用模型绘制工具，含"直线""手绘线""矩形""旋转矩形""圆""多边形""圆弧""3点画弧""扇形"工具。

（6）相机工具栏：三维建模时调整观察视角的工具，如"相机"取景时，随角度、远近变化改变画面。相机工具栏依次包括"环绕观察""平移""缩放""缩放窗口""充满视窗""上一视图""定位相机""绕轴旋转""充满视窗""漫游"工具。

（7）建筑施工工具栏：包括"卷尺""尺寸""量角器""轴""文字""三维文字"工具。

（8）样式工具栏：样式工具栏包括"X光模式""线框模式""消隐模式""着色模式""材质贴图""单色模式"工具。

（9）视图工具栏：视图工具栏显示的是切换到标准预设视图的快捷按钮，包括"等角透视图""顶视图""前视图""右视图""后视图""左视图""底视图"工具。可以从下拉菜单"相机"→"标准视图"→"底视图"中打开。

（10）截面工具栏：剖切工具栏可以执行常用的剖面操作。包括"剖切面""显示/隐藏剖切""显示/隐藏剖面""显示剖面填充"工具。

（11）阴影工具栏：阴影工具栏提供控制阴影的方法，包括阳光和阴影选项，切换阴影显示开关的按钮以及太阳光的日期时间控制按钮。

（12）沙箱工具栏：也称地形工具，用于制作室外环境的地形，通过下拉菜单"窗口"→"参数设置"→"扩展栏"，勾选"SU地形工具栏"，打开"地形工具"浮动面板。依次包括"用等高线生成""用栅格生成""挤压""贴印""悬置""栅格细分""边线凹凸"工具。

（13）标记工具栏：标记工具栏类似其他软件的图层工具栏，提供了常用的图层管理功能："添加""删除""显示""设置颜色"等。

（14）尺寸工具栏：位于工作界面右下角，进行相关命令时，如进行绘制图形移动对象设置相机视觉阵列比例旋转等相关操作时，输入框会显示当前数值，要进行改变则可以直接输入相关数值，按"回车"键进行确认。

第二节　SketchUp 绘图环境设置

在正式使用SketchUp之前，设置绘图环境至关重要，设置好的面板也可以重复使用，节省后续绘制时间。本章节包括如何设置系统参数和如何安装插件两个部分。

一、系统参数设置

在首次进入 SketchUp 程序时，可以进行如下系统参数设置，设定绘制模板、操作面板、工具栏等，以便后续使用。

1. 绘制模板设置

绘制模板是系统默认的打开软件时绘图所采用的格式样板，包括"单位""角度"等参数的设定，通常情况下，选择默认单位为毫米的建筑模板。

设置绘制模板的方法为：执行"主菜单"→"窗口"→"系统设置"命令。打开"SketchUp 系统设置"对话框（图 4-2），在"模板"栏中选择所需模板，如"建筑（单位：mm）"。

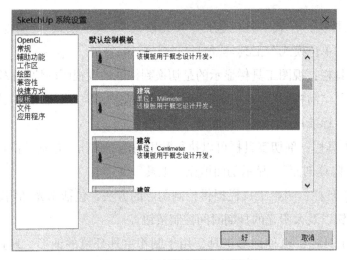

图 4-2 绘制模板设置对话框

2. 默认面板设置

默认面板主要设置一些与图形效果操作相关的选项，包括"材质""组件""样式"等，为后期的图形及场景渲染操作提供服务。

设置默认面板的方法为：执行"主菜单"→"窗口"→"默认面板"命令，勾选"默认面板"中"材料""样式（或称风格）""标记（或称图层）""场景"。

3. 工具栏设置

工具栏是综合了各种工具的集合，它对所有工具分类，可以使用户快速寻找到所需工具。设置工具栏，可将常用工具添加到操作界面上，将其拖动到界面左侧工具栏、顶部工具栏或屏幕任意位置。

工具栏设置的方法为：执行"主菜单"→"视图"→"工具栏"命令。弹出"工具栏"对话框，勾选"大工具集""截面""使用入门""样式""视图""实体工具"等常用工具栏（图 4-3）。

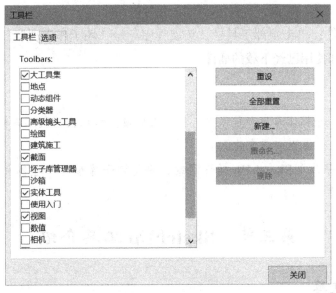

图 4-3 工具栏设置

二、插件安装

SketchUp 操作使用简单方便，很多绘图的功能都省略掉了，但也正因如此，导致它作图功能不尽完善。为了弥补这一缺憾，SketchUp 使用大量的插件来辅助建模以提高效率。这些插件并不自带，需要使用者根据需要下载安装。

1. 插件文件安装

针对 SketchUp 插件的两种文件格式，有以下安装方式：

☑ *.rbz 格式插件安装：执行"窗口"→"扩展程序管理器"命令，在"扩展程序管理器"中单击左下角"安装扩展程序"，在磁盘中安装需要安装的插件。

☑ *.rb 格式插件安装：将所需插件复制到 SketchUp 安装文件夹中的 ShippedExtensions 文件夹中，启动 SketchUp，执行"视图"→"工具栏"命令，勾选所需安装的插件。执行"窗口"→"扩展程序管理器"命令，可显示系统已安装过的插件及其是否启用。

2. 坯子库使用教程

坯子库是一个 SketchUp 插件管理与分享平台，基本涵盖了 SketchUp 的所有常用中文版插件，可以在坯子库官网下载插件、分享资源、阅览教程，基本流程如下：

（1）进入坯子库官网（http://www.piziku.com/），注册登录。

（2）下载管理器：单击"安装坯子库管理器"，可选择"本地下载"或"云盘下载"。

（3）下载插件：在 SketchUp 中单击顶部工具栏"拓展程序"→"坯子库管理器"→"坯子插件库"，在联网条件下，可以直接从 SketchUp 进入坯子库官网进行插件搜索与下载。

（4）查看插件：单击顶部工具栏"拓展程序"→"坯子库管理器"→"显示插件列表"，即可查看和使用已经下载的插件。

本节习题

1. 新建模型，根据本章节步骤及个人操作偏好设置默认面板及工具栏系统参数，观察在挑选不同选项时，界面有何变化。

2. 前往"坯子库"SketchUp 插件网站，安装坯子库插件管理器和插件"树木生成器""毛发生成器"。

第三节　SketchUp 工具介绍

一、基础工具

SketchUp 基础工具包括选择工具、删除工具、材质工具和制作组件工具，这些是 SketchUp 建模中最常用到的工具。

1. 选择工具

选择工具可以对图形、组件、群组等元素进行选择，以进行更多操作。选中的元素会以蓝色高亮显示。

调用选择工具的方法：单击浮动工具面板 ▶ 激活，或通过"主菜单"→"工具"→选择"激活。

选择工具的使用方法：

☑ 单一选择：激活选择工具，鼠标左键单击对象。

☑ 加选与减选：Ctrl+"选择工具"可加选，Shift+"选择工具"可减选。

☑ 取消选择：鼠标单击空白区域可取消当前所有选中元素，或快捷键 Ctrl+T。

☑ 全部选择：快捷键 Ctrl+A，或"主菜单→工具→全选"。

2. 删除工具

删除工具可以直接删除绘图窗口中的边线、辅助线以及其他的物体。它的另一个功能是隐藏和柔化边线。

☑ 激活删除工具的方法：单击工具面板 ✐ 激活，或"主菜单→工具→删除"激活。

☑ 删除工具使用方法：

☑ 删除几何体：激活删除工具，鼠标直接单击或按住鼠标划过物体，且物体亮显时（被选中），再次放开鼠标即可删除。

☑ 隐藏边线：Shift 键 + "删除工具"，可以隐藏边线。

☑　柔化边线：Ctrl 键 + "删除工具"，可以柔化边线。

📖 **提示：**如果要删除大量的线或几何实体，可用"选择工具"选择，按 Delete 键删除。

3. 材质工具

材质工具用于给模型中的实体分配材质（颜色和贴图），也可以给单个元素上色，填充一组相连的表面，或者置换模型中的某种材质。材质面板一般位于右侧默认面板中，可以单击"材质"下拉选项调出，如图 4-4 所示。

激活材质工具的方法为：单击工具面板 激活，或通过"主菜单"→"工具"→"材质"激活。

材质工具是给面域赋予材质，下面结合案例说明其使用方法。

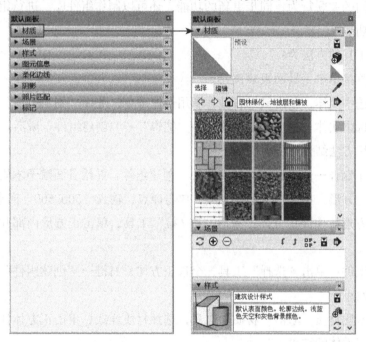

默认面板菜单　　　　　　　　材质面板

图 4-4　从默认面板中调出材质面板

【**示例 4-1**】绘制一个边长 **1000 mm** 的正方形，并赋予草地材质，如图 4-5 所示。

（1）绘制矩面：单击"矩形"工具，单击原点，输入"1000,1000"回车。

（2）激活材质工具：单击工具面板 。

（3）单击"园林绿化、地被层和植物"→"浅绿草色"。

（4）单击正方形内部，即可赋予材质。

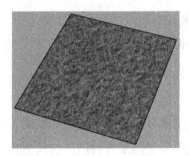

图 4-5　草地正方形例图

4. 制作组件工具

制作组件工具的作用是将多个几何体集合为一个功能单位，使之可以像一个几何体。组件具有相互间的关联行为、同步更新的功能。还可以制作组件库、进行组件替换及对齐到不同表面等功能。

激活组件工具的方法为：

方法一：直接单击工具面板🔖激活。

方法二：选中实体，单击鼠标右键，调用快捷菜单，选择"创建组件"激活。

方法三：选中实体，单击"主菜单"→"编辑"→"创建组件"激活。

组件的使用方法结合案例说明如下。

【示例 4-2】制作一个边长 500 的正方形，创建组件，并给各面赋予木质材质。

（1）绘制正方形：单击"矩形"工具，单击原点，输入"500,500"回车。

（2）将正方形拉伸成正方体：激活"推/拉"工具，单击正方形内部并向上拉伸，输入"500"回车。

（3）创建组件：单击"选择"工具，全选正方体，右键→"创建组件"，在定义栏输入"正方体"回车。

（4）赋予木质材质：激活"材质"工具，选择材质样式，单击正方体任意一面，得到如图 4-6 左边正方体的结果。

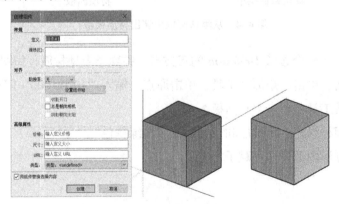

图 4-6　创建组件及其结合材质工具应用示例

思考：如果不创建组件，直接给正方体某一面赋予材质，会是什么结果？这说明了创建组件的什么特点？

二、绘图工具

绘图工具包括直线工具、矩形工具、圆形工具、圆弧工具、多边形工具、手绘线工具，可以绘制规则或不规则的线或面。

1. 直线工具

直线工具可以绘制单独线段、多段连接线，绘制封闭平面，也可以用来分割表面或修复被删除的表面，还可以直接画出三维几何体。

激活直线工具的方法为：直接单击工具面板 ✏ 激活，或通过"主菜单"→"绘图"→"直线"激活。

使用直线工具的绘图方法：

☑ 绘制任意直线：在直线起点单击鼠标，移动鼠标，在直线终点再次单击鼠标。此时一根直线就绘制完成了，如果想结束绘制，可以切换成任意一个工具，例如"选择"工具，如果要继续，可以连续单击鼠标绘制。

☑ 精准绘制直线：在直线起点单击鼠标，在绘制方向移动鼠标，输入长度，如 1000（默认单位为 mm），敲击回车键。也可在输入长度处加上单位，如输入"1 m""100 cm"。

☑ 绘制平行于坐标轴的直线：在直线起点单击鼠标，通过移动鼠标的位置，可以发现会有不同颜色的高亮显示，且伴随"在某色轴线上"的文字，输入长度并回车，可绘制平行于该轴线的直线，如图 4-7 所示。如果高亮变紫，则表示此时平行于之前所绘制的一条线，文字显示"与边线平行"。

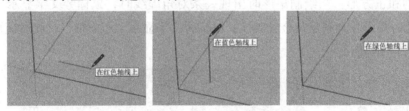

图 4-7　绘制平行于坐标轴的直线

以线成面：在同一平面上绘制首尾相连的直线可以形成一个封闭的面，如图 4-8 所示。切换到"选择"工具，右键单击这个面，选择删除，可以删除此面而只保留边线。

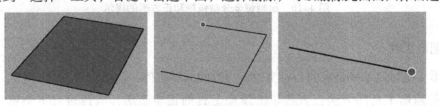

图 4-8　使用直线工具绘制平面

【示例 4-3】绘制以坐标原点为起点，平行于红色轴线的长 2000 mm 的直线。

（1）单击"直线"工具，单击原点。

（2）鼠标沿红色轴线移动，输入"2000"回车。

2. 矩形工具

矩形工具可以通过指定矩形的对角点来绘制矩形平面。激活矩形工具的方法：直接单击浮动工具面板■激活，或通过"主菜单"→"绘图"→"矩形"激活。

使用矩形工具绘图方法：

☑ 绘制矩形：在矩形起点单击鼠标，移动鼠标，鼠标路径即为矩形对角线，默认长宽两条边平行于轴线，在终点处再次单击鼠标，即完成一个矩形的绘制。也可单击鼠标左键后，按住拖动到终点，松开鼠标，如图 4-9 所示。

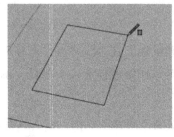

图 4-9　绘制矩形

☑ 绘制精准矩形：单击起点，依次输入长、宽，中间用逗号隔开。例如绘制一个长 2 m，宽 4 m 的矩形，单击起点后，移动鼠标确定矩形方向，输入"2000,4000"，敲击回车，即可精准绘制。

☑ 黄金分割和正方形：当绘制矩形时出现一条对角虚线时，鼠标旁文字显示"黄金分割"，此时矩形长宽满足黄金分割比；鼠标旁文字显示"正方形"，此时矩形长宽相等，如图 4-10 所示。

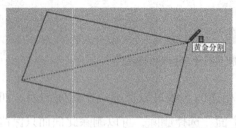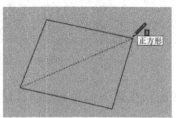

图 4-10　绘制黄金分割矩形和正方形的提示

3. 圆形工具

圆形工具可以绘制自定圆心、半径、边数的圆形实体，默认边为 24。

激活圆形工具的方法：直接单击浮动工具面板●激活，或通过"主菜单"→"绘图"→"圆形"激活。

下面用实例讲解使用圆形工具绘图方法：

【示例 4-4】绘制以坐标原点为圆心边长 2500 mm 的圆。

（1）单击"圆"工具，单击坐标原点。

（2）输入"2500"回车。

4. 圆弧工具

圆弧工具可以绘制圆弧实体，圆弧是由多个直线段连接而成的，但可以像圆弧曲线那样进行编辑。

激活圆弧工具的方法为：直接单击浮动工具面板 ∕◦ 激活，或通过"主菜单"→"绘图"→"圆弧"激活。

下面用实例讲解使用圆弧工具绘图方法：

【示例 4-5】绘制一个长 × 宽＝ 2000 mm × 3000 mm、圆角半径 500 mm 的圆角矩形。

（1）绘制矩形：绘制宽 2000 mm，长 3000 mm 矩形。单击"矩形"工具，单击矩形起点，移动鼠标确认矩形方向，输入"2000,3000"回车。

（2）调整视图：在顶部工具栏选择"相机"→"标准视图"→"顶视图"，并勾选"平行投影"将视图调整为顶视，便于进一步绘制。

（3）在四角绘制矩形：使用"矩形"工具，单击一个顶点作为矩形起点，向矩形内部移动鼠标，输入"500,500"，绘制一个边长 500 mm 的正方形，其他角同样操作，如图 4-11 所示。

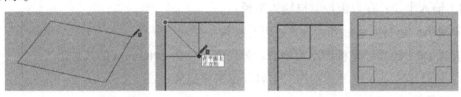

绘制矩形　　　　　　　　　　　在四角绘制小矩形

图 4-11　绘制矩形在顶视图中给矩形的四角绘制小矩形

（4）绘制圆角：使用"圆弧"工具，单击上一步绘制的矩形内侧的端点作为起点，移动鼠标到边线上的矩形端点，单击确定圆弧端点，最后移动鼠标到另一侧边线上的矩形端点并单击，结束绘制。这样就绘制好一个 1/4 的圆弧，其他角同样，如图 4-12 所示。

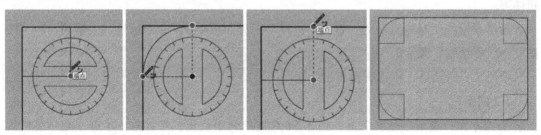

图 4-12　绘制圆角

（5）擦除多余线条：使用"擦除"工具将不需要的线条擦去，完成圆角矩形的绘制，如图4-13。

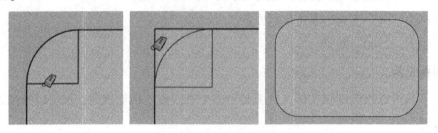

图4-13　擦除多余线条

5. 多边形工具

多边形工具可以绘制3~100条边的外接圆的正多边形实体。

激活多边形工具的方法：直接单击浮动工具面板◉激活，或通过"主菜单"→"绘图"→"多边形"激活。

多边形工具使用方法：

（1）确定多边形中心：指定中心点。

（2）选择内接或外切圆：快捷键Ctrl切换。

（3）指定边数：用默认值，或直接在数值控制框输入所需要的边数，可在输入的数字后面加上字母"s"，例如，8s表示8角形；指定的边数是下一次绘制时的默认值。

（4）输入半径：在数值控制框输入半径。

📖 提示：绘制完成后可以对多边形外接圆半径进行修改。

【示例4-6】绘制以坐标原点为中心、外切圆半径为2000 mm的八边形。

（1）确认中心：单击"多边形"工具，单击坐标原点。

（2）切换外切圆：按Ctrl键。

（3）输入边数：输入"8s"回车。

（4）输入半径：输入"2000"回车。

6. 手绘线工具

手绘线工具可以绘制不规则共面连续线段，或简单的徒手草图物体，绘制等高线或有机体等。

激活手绘线工具的方法为：直接单击浮动工具面板≈激活，或通过"主菜单"→"绘图"→"手绘线"激活。

手绘工具激活后，可以直接自由绘制。

📖 提示：

手绘草图：激活手绘线工具，按住Shift键绘制手绘线，可以勾画草图，此时绘制的线条不会影响其他几何体，也不会产生捕捉点。

三、编辑工具

编辑工具包括移动工具、推/拉工具、旋转工具、缩放工具、路径跟随工具、偏移工具。

1. 移动工具

移动工具可以移动、拉伸、复制几何体，也可旋转组件。

激活移动工具的方法为：单击浮动工具面板❖激活，或"主菜单"→"工具"→"移动"激活。

移动工具的使用方法：

☑ 移动几何体：选中需要移动的元素或物体，激活移动工具，单击确定移动的起点（或基点），移动鼠标至终点（基点自动对齐）。也可以顺某一方向移动后，输入一个距离值，再次单击确定。

☑ 复制并移动：按住 Ctrl 键 + 选择工具，选中要复制的实体拖动，可以进行复制并移动。在结束操作之后，注意新复制的几何体处于选中状态，原物体则取消选择，也可以用同样的方法继续复制下一个。

☑ 创建线性阵列（多重复制）：在移动时按住 Ctrl 键复制一个副本，在数值控制框输入一个复制的倍数来创建多个副本，如图 4-14 所示。例如输入 3×（或 *3）就会复制 3 倍。另外，也可以输入一个等分值来等分副本与原物体之间的距离。例如输入 5 会在原物体和副本之间创建 5 个副本。

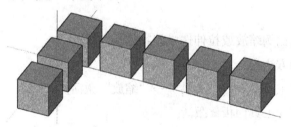

图 4-14 移动工具创建阵列功能

2. 推/拉工具

推/拉工具可以用来扭曲、调整模型的表面，如移动、挤压、结合和减去表面等，输入数据可以精确推拉。

激活推/拉工具的方法为：直接单击工具栏❖激活，或选择"主菜单"→"工具"→"推/拉"激活。

推/拉工具使用方法：

☑ 建立或选定推/拉面：绘制或确定需要推/拉的面。

☑ 激活推/拉工具：直接单击工具栏❖激活。

☑ 推 / 拉操作：鼠标靠近目标平面，平面会自动高亮显示，单击后，根据推 / 拉方向进行"推"或"拉"。

☑ 输入高度数据：在输入栏输入推 / 拉高度值回车。

　　📖 提示：如果后续多个平面推拉高度相同，只需要双击后续平面的同向面即可。如果欲与定面高度相同，则不需输入数据，只需推拉时，将推拉工具移至该平面并单击即可。

3. 旋转工具

可以在同一旋转平面上旋转物体中的元素，也可以旋转单个或多个物体。如果是旋转某个物体的一部分，旋转工具可以将该物体拉伸或扭曲。

激活旋转工具的方法为：

方法一：通过"主菜单"→"工具"→"旋转"激活。

方法二：单击浮动工具面板 ⟳ 激活。

旋转工具使用方法：

☑ 旋转几何体：用选择工具选中要旋转的元素或物体，激活旋转工具；在模型中移动鼠标时，光标处会出现一个旋转"量角器"，可以对齐到边线和表面上，也可以按住 Shift 键来锁定量角器的平面定位，及利用 SketchUp 的参考特性来精确定位旋转中心；移动鼠标开始旋转，旋转到需要的角度后，再次单击确定。

☑ 旋转复制：旋转前按住 Ctrl 键可以进行旋转并复制物体。

☑ 环形阵列：用旋转工具复制好一个副本后，可以用多重复制来创建环形阵列。

4. 缩放工具

缩放工具可以按比例缩放或拉伸选中的物体。

激活缩放工具的方法为：

方法一：通过"主菜单"→"工具"→"缩放"激活。

方法二：单击浮动工具面板 ▪ 激活。

下面用实例讲解缩放工具使用方法：

【示例 4-7】绘制一个长 2000 mm，宽 1000 mm 的矩形，并将其放大至 3 倍大小。

（1）单击"矩形"工具，单击原点，输入"2000,1000"回车。

（2）全选矩形，单击"缩放"工具，单击原点对角的点，输入"3"回车。

5. 路径跟随工具

路径跟随工具也称路径放样工具，它是将平面以垂直于预定的线运动得到几何体的工具。激活路径跟随工具的方法为：直接单击浮动工具面板 ⟳ 激活，或通过"主菜单"→"工具"→"路径跟随"激活。

路径跟随工具使用方法：

（1）绘制断面：绘制需要路径跟随的平面。

（2）绘制路径：用直线或其他绘图工具绘制路径，且路径和平面需要垂直相交。

（3）生成几何体：激活路径跟随工具，单击平面，移动鼠标沿路径生成几何体，单击终点结束，如图 4-15 所示。也可绘制在断面后，绘制一个垂直于断面的圆形路径，沿路径跟随将断面图形旋转成几何体，如图 4-16 所示。

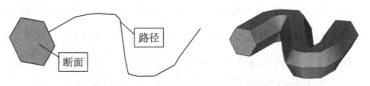

图 4-15　使用路径跟随工具绘制几何体

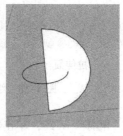

图 4-16　使用路径跟随工具将一个图形旋转成几何体

6. 偏移工具

偏移工具可以对任意形状面域的闭合边线进行复制并在同一平面内垂向偏移以形成新的面，类似按比例缩放复制的效果。

激活偏移工具的方法为：单击浮动工具面板 ✐ 激活，或通过"主菜单"→"工具"→"偏移"激活。

偏移工具使用方法：

☑ 线的偏移：激活偏移工具，直接单击要偏移的线（必须是面域的边线），拖曳光标来定义偏移距离或输入数值确定偏移距离；或直接用激活偏移工具点对象操作即可。

【示例 4-8】综合使用矩形、推/拉、偏移等工具，绘制如图 4-17 所示的景观灯。

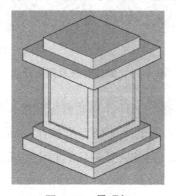

图 4-17　景观灯

（1）绘制底面：使用"矩形"工具，单击起点，移动鼠标确定矩形方向，输入边长"400,400"并回车，在平面上绘制一个边长为400 mm的正方形。

（2）推拉底座：使用"推/拉"工具，选中上一步中绘制的面，向上推拉，输入距离"50"并回车，让平面向上移动50 mm。

（3）制作第二层底座：使用"偏移"工具，单击顶面，鼠标向内移动确定偏移方向，输入"30"并回车，使边线向内偏移30 mm。然后使用"推/拉"工具，选中中心的面向上，输入"50"并回车，使其向上推拉50 mm，完成第二层底座制作，如图4-18所示。

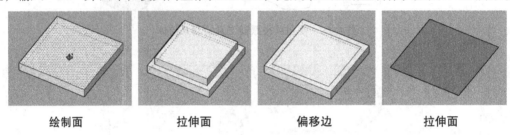

绘制面　　　　　　　拉伸面　　　　　　　偏移边　　　　　　　拉伸面

图4-18　绘制底座

（4）制作灯柱：使用"偏移"工具，单击第二层底座的顶面，鼠标向内移动确定偏移方向，输入"30"并回车，使边线向内偏移30 mm。然后使用"推/拉"工具，选中中心的面向上，输入"300"并回车，使其向上推拉300 mm，完成灯柱制作，如图4-19所示。

（5）绘制灯柱侧面开窗位置：使用"偏移"工具，单击灯柱侧面，鼠标向内移动确定偏移方向，输入"30"并回车，使边线向内偏移30 mm，对4个侧面都进行相同操作。

（6）内推开窗：使用"推/拉"工具，选中上一步绘制的开窗位置平面，向内推移，输入"10"并回车，使其内推10 mm。对4个侧面都进行相同操作，可以用鼠标双击平面，快速完成偏移同样的距离，完成开窗制作，如图4-19所示。

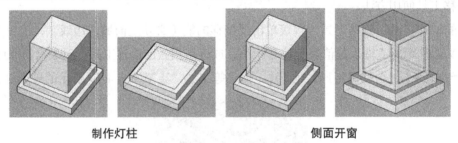

制作灯柱　　　　　　　　　　　　　　　侧面开窗

图4-19　制作灯柱及侧面开窗

（7）制作顶部：使用"偏移"工具，移动鼠标到第一层底座的顶点，将偏移对齐底座，单击应用。将顶面上外围一圈的平面向上推拉50 mm，中间平面向上推拉100 mm，完成顶部制作，如图4-20所示。至此，景观灯的制作完成了。

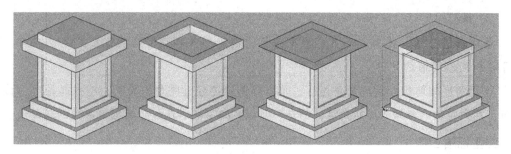

图 4-20　制作顶部

四、辅助工具

辅助工具包括测量工具、量角器工具、坐标轴工具、尺寸标注工具、文字标注工具、三维文字工具、剖切面工具，可以使用测量、标注等功能辅助建模。

1. 测量工具

测量工具可以测量两点间的距离，创建辅助线、辅助点，用以调整整个模型的比例。

激活测量工具的方法：直接单击浮动工具面板 🖊 激活，或通过"主菜单"→"工具"→"辅助测量"激活。

使用测量工具的方法：

（1）确认测量起点：单击起点。

（2）确认测量终点：单击终点，右下角数值输入框出现测量数据。

📖 提示：

（1）创建辅助线：激活测量工具后，单击边线，按住鼠标向任意方向拖出辅助线，可以创建一条平行于该边线的无限长的辅助线。

（2）创建辅助点：激活测量工具后，单击端点，按住鼠标向任意方向拖出，可以创建一条带有辅助点的辅助线段，辅助点上有十字符号。

2. 量角器工具

量角器工具可以测量角度和创建辅助线。

激活量角器工具的方法：

方法一：通过"主菜单"→"工具"→"量角器"激活。

方法二：单击浮动工具面板 ⊘ 激活。

使用量角器的方法：

（1）确认顶点：单击需要测量的角的顶点。

（2）确认起始边：移动鼠标，对齐基线到测量角的起始边。

（3）确认第二条边：移动鼠标，对齐测量角第二条边的任意一点，此时鼠标处会出现一条绕量角器旋转的辅助线，单击确定，右下角数值输入框出现测量数据。

📖 **提示：**

量角器的方向：量角器工具会根据鼠标旁的坐标轴和几何体改变自身定位方向，平行于鼠标所在的面的方向。

放置角度辅助线：激活量角器后，单击辅助线要经过的角的顶点，单击起始边，移动鼠标，在数值输入框输入旋转角度，回车，可以创建一条和起始边有固定夹角的辅助线。

3. 坐标轴工具

坐标轴工具可以在模型中移动绘图坐标轴，在斜面上方便地建构起矩形物体，也可以更准确地缩放不在坐标轴平面的物体。

调用坐标轴工具的方法：直接单击浮动工具面板 ✱ 激活，或通过"主菜单"→"工具"→"坐标轴"激活。

坐标轴工具使用方法：

（1）确认原点：移动光标到要放置新坐标系的原点。

（2）确认红色轴：移动光标对齐红色轴的新位置。

（3）确认绿色轴，生成坐标轴：移动光标来对齐绿色轴的新位置，单击后生成坐标轴，其中蓝色轴自动垂直于红绿轴平面。

4. 尺寸工具

尺寸工具可以对模型进行尺寸标注，在任意两点间绘制尺寸线。激活尺寸标注工具的方法：

方法一：通过"主菜单"→"工具"→"尺寸"激活。

方法二：单击浮动工具面板 ✕ 激活。

尺寸标注工具使用方法：

（1）设置标注：在"主菜单"→"窗口"→"模型信息"→"尺寸"里设置全局样式，可以设置文本样式、引线样式、尺寸。

（2）确认起点：激活尺寸工具，单击需要标注的起点。

（3）确认终点：单击标注终点。

（4）确定标注位置：移动鼠标，拖出标注，再次单击确定位置。

5. 文字工具

文字工具可以插入文字到模型中，文字包括屏幕文字和引线文字。激活文字标注工具的方法：

方法一：通过"主菜单"→"工具"→"文字标注"激活。

方法二：单击浮动工具面板 �📁 激活。

文字标注工具使用方法：

（1）设置文字：在"主菜单"→"窗口"→"模型信息"→"文本"里设置全局字

体，可以设置屏幕文字、引线文字、引线样式。

（2）放置屏幕文字：激活文字工具，单击屏幕空白处，在出现的文本框中输入文本，两次回车或者鼠标单击屏幕空白处，完成文字放置。

（3）放置引线文字：激活文字工具，单击模型需要放置引线文字的位置，如顶点、边线、表面、组件等。移动鼠标单击放置文字的位置，在出现的文本框中输入文本或使用默认文本，两次回车或者鼠标单击屏幕空白处，完成文字放置。

6. 三维文字工具

三维文字工具可以在模型中快捷插入三维文字。激活三维文字工具的方法：

方法一：通过"主菜单"→"工具"→"3D 文字"激活。

方法二：单击浮动工具面板 激活。

三维文字工具使用方法：

（1）激活三维文字工具后，弹出"放置三维文本"面板。

（2）在输入框中输入文字内容，设置字体、对齐、高度、形状、延伸等内容。

（3）设置完后单击"放置"，生成三维文字。

（4）在模型中单击所需放置的位置。

7. 剖切面工具

剖切面工具用来创建剖切效果，获取剖切面以显示模型的内部细节。

激活剖切面工具的方法为：

方法一：通过"主菜单"→"工具"→"剖面"激活。

方法二：单击浮动工具面板⊕激活。

剖切面工具使用方法：

☑ 增加剖切面：激活工具，光标处出现一个新的剖切面，移动光标到几何体上，剖切面会对齐到每个表面上。这时可以按住 Shift 键来锁定剖面的平面定位，在合适的位置单击鼠标左键放置。

☑ 组和组件中的剖面：用选择工具双击组或组件，就能进入组或组件的内部编辑状态，从而编辑组或组件内部的物体，并在它们内部用剖面工具激活各自的剖切面。

☑ 创建剖面切片的组：在剖切面上右键单击鼠标，在关联菜单中选择"剖面创建组"，这时在剖切面与模型表面相交的位置产生新的边线，并封装在一个组中，由此可以创建复杂模型的剖切面的线框图。

五、相机工具

相机工具有环绕观察工具和平移工具，可以在视图窗口中显示模型不同角度的图像。

1. 环绕观察工具

环绕观察工具可以使相机绕着模型旋转，观察模型外观。激活环绕观察工具的方法：

方法一：通过"主菜单"→"相机"→"环绕观察"激活。

方法二：单击浮动工具面板 ⊕ 激活。

环绕观察工具使用方法：

☑ 转动视图：激活环绕观察工具，在绘图窗口中按住鼠标并拖拽，盘旋工具会自动围绕模型视图的大致中心旋转。

☑ 快捷键：在使用其他工具（漫游除外）的同时，按住鼠标滚轮，可以临时激活环绕观察工具。使用环绕观察工具时，按住 Shift 键可以临时激活平移工具。环绕观察工具开启了重力设置，可以保持竖直边线的垂直状态，按住 Ctrl 键可以屏蔽重力设置，从而允许照相机摇晃。转动工具的默认快捷键为"O"。

☑ 工具切换：在使用相机工具时，单击鼠标右键弹出快捷菜单，可以切换成其他相关的相机工具，如环绕观察、平移、绕轴旋转、漫游、窗口、充满视窗等。

2. 平移工具

平移工具可以相对于视图平面水平或垂直地移动照相机。激活平移工具的方法为：

方法一：通过下拉菜单"相机"→"平移"激活。

方法二：单击浮动工具面板 ⌔ 激活。

平移工具使用方法：

☑ 平移视图：激活平移工具，然后在绘图窗口中按住鼠标并拖拽即可。

☑ 快捷键：如果是三键鼠标或滚轮鼠标，可以在使用任何工具的同时，同时按住 Shift 键和鼠标中键 / 滚轮，临时切换成平移工具，进行视图平移。平移工具的默认快捷键为"H"。

本节习题

1. 绘制一个长 2000 mm、宽 1500 mm、高 1000 mm 的长方体，填充"深绿草色"材质，如图 4-21 所示。

2. 以坐标原点为中心，绘制一个外接圆半径为 1500 mm 的 10 边形，如图 4-22 所示。

3. 绘制一个直角边长为 1000 mm 的等边直角三角形，以一个底角为顶点，创建旋转角度 90° 的环形阵列，如图 4-23 所示。

4. 参考示例 4-8，绘制一个景观灯，如图 4-24 所示。

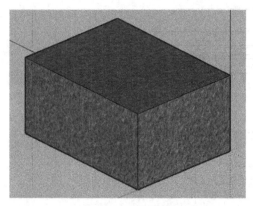

图 4-21　习题 1 例图

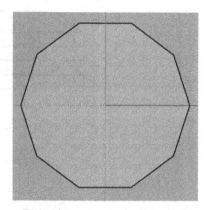

图 4-22　习题 2 例图

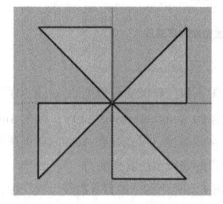

图 4-23　习题 3 例图

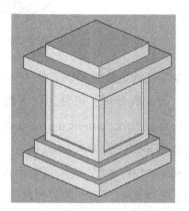

图 4-24　习题 4 例图

第四节　利用沙箱工具制作地形

沙箱工具也叫沙盒工具。主要有 7 个功能，分别是根据等高线创建、根据网格创建、曲面拉伸、水印（也有翻译为印章）、曲面投射、添加细部、翻转边线。沙箱工具拥有强大的曲面功能，可用于环境生态工程地形制作。

一、根据等高线创建

等高线法是 SketchUp 最常用的地形创建方法，根据等高线生成地形，其原理图如图 4-25 所示。

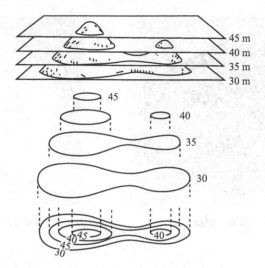

图 4-25　根据等高线创建地形原理

根据等高线创建地形的方法为：

（1）等高线处理：可分为以下两种情况：①下载已经带高程数据的 AutoCAD 等高线文件，可直接导入 SketchUp。②没有带高程数据的 AutoCAD 等高线文件，可在 AutoCAD 中绘制地形等高线，导入 SketchUp。为赋予等高线高度，可选择在 AutoCAD 里调整好标高导入 SketchUp，或在 SketchUp 中垂直移动每根等高线至所需高度。

（2）生成地形：选中所有等高线，单击沙箱工具栏中的"根据等高线生成"按钮，自动生成地形。

二、根据网格创建

网格法适用于对精度要求不高，或想要自己创建地形的情况。通过"曲面起伏"工具，在竖向上拉伸地形，从而达到地形制作的目的。

网格法创建地形的方法为：

（1）创建栅格：使用沙箱工具栏中的"根据网格创建"，确定平面范围。栅格间距默认 3000 mm，可自行设置，一般使用 500 mm、1000 mm、3000 mm、5000 mm。

（2）拉伸地形：双击网格进入群组内部编辑，使用"曲面起伏"工具拉伸地形。可使用"添加细部"工具对地形进行局部修改，如图 4-26 所示。

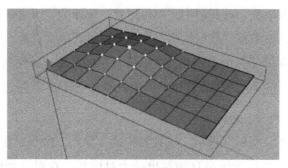

图 4-26 创建栅格并拉伸地形

（3）柔化边线：拉伸完毕后，退出群组编辑，选中群组，右键选择"柔化 / 平滑边线"，在"柔化边线"的"法线之间的角度"设置中，勾选"平滑法线"和"软化共面"，使地形平滑，得到最终地形（图 4-27）。

图 4-27 柔化边线效果

本节习题

1. 下载带高程数据的 AutoCAD 等高线文件，在 SketchUp 中使用等高线法创建地形。
2. 使用网格法创建一个自然滨水地形。

第五节 文件导入与导出

一、文件导入

1. 整理 DWG 文件

导入 DWG 文件之前，需要在 AutoCAD 中根据实际情况把不需要的线、图层全部清除掉。需注意：

☑ 清理过程要充分考虑草图立面体块的进退关系，保证内部需要的墙体不被清除。

☑ 将 AutoCAD 图形导出，在导出图形时根据需要可以将主体和阳台等分开导出。在 SketchUp 打开程序中，选择"查看"→"用户设置"命令，在出现的对话框中：

⌄ 将"设置基本单位"选择项中"单位形式"选择为"十进位"模式。

⌄ 在"渲染"选项中将"显示轮廓"选择一项进行取消选择。

☑ 此项操作是为了保证导入的 DWG 文件中线条变成细线，以便精确地建模。此操作步骤也可以在导入 DWG 文件之后进行，产生效果是一样的。

2. DWG 文件的导入

（1）选择菜单中的"文件"选项，选择其中的"导入"命令，在其子菜单中选择"导入 DWG/DXF"选项。之后系统会自动跳出一个对话框，在对话框的右下角有一个"选项……"，单击之后会出来一个新的对话框，在此对话框中选择"单位"为"mm"。

此选项中建议使用此单位，选择此单位是为了保证导入 SketchUp 的 AutoCAD 图与 AutoCAD 中的图比例保持 1：1，这样在建模型时就可以保证在由平面生成立体的时候，高度按照实际尺寸来进行拉伸。

（2）选择要导入的 DWG 图文件选择"导入"命令，AutoCAD 图自动导入 SketchUp 中。

二、文件导出

1. 视图导出

SketchUp 可以将视图导出为常见的二维图像，如 JPG、TIF、PNG 等格式。设置好需要导出的模型视图后，进行"文件"→"导出"→"二维图形"操作，选择导出文件按格式即可导出。

在"输出二维图形"对话框的"选项"命令中，可以设置导出图像大小、直线比例乘数（改变线条粗细）、是否消除锯齿和是否使用透明背景，如图 4-28 所示。SketchUp 还可导出适用于 AutoCAD 的 DWG 格式和 DXF 格式。

图 4-28　视图导出窗口

2. 剖面导出

SketchUp 能够以 DWG 或 DXF 格式将剖面图保存为二维矢量图。单击下来菜单中的"文件"→"导出"→"二维剖切"，在"保存文件"对话框中，可以在"导出类型"下拉列表中选择所需格式，如图 4-29 所示。

图 4-29　剖面导出窗口

【示例 4-9】AutoCAD 文件导入 SketchUp 建模。

在环境生态工程制图中，通常是在 AutoCAD 中绘制平面图，再导入 SketchUp 建模，本小节通过一个花坛实例，学习如何将 AutoCAD 的 DWG 格式文件导入 SketchUp 建模。

制作花坛的具体步骤如下：

第一步：利用 AutoCAD 绘制或整理底图。

利用 AutoCAD 绘制花坛平面图轮廓线，如果已有设计图，则导入时需要删去填充、注释等，保留工程造型的平面轮廓，并保存为"底图 .dwg"（图 4-30）。

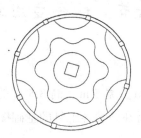

图 4-30　导入图的线框图

第二步：将 DWG 文件导入 SU。

新建 SU 文件。设置单位毫米，选择"主菜单栏→文件→导入"，弹出对话框。

导入 AutoCAD 文件。在对话框中，选择文件类型为"AutoCAD 文件（*.dwg，*.dxf）"，设置"单位"为"mm"。打开"底图 .dwg"，选择"导入"即可。

📖 提示：一般情况下，直接导入的 AutoCAD 文件中，组成面的线条常不会闭合，需分别用"炸开模型""直线"工具封闭后才可在 SU 定义成面域使用。

📖 提示：在后续完成造型和赋予材质中，既可以选择先使用工具制作立体造型，再赋予材质，也可以选择先在平面赋予材质，然后推拉完成立体造型。

第三步：对面域赋予材质，如图 4-31 所示。

（1）使用"油漆桶"工具，给栏杆填充"大理石"材质。

（2）柱子填充"大理石石材"材质，草地间隔填充"浅绿草色"和"深绿草色"。

第四步：完成造型，如图 4-31 所示。

（1）完成中心平台造型：使用"推 / 拉"工具，分别将柱子向上拉 500 mm。

（2）完成周边围墙柱造型：使用"推 / 拉"工具单击，同时单击平台顶平面。

（3）完成围墙造型：使用"推 / 拉"工具单击围墙面，同时单击柱顶平面，栏杆向上拉 350 mm。

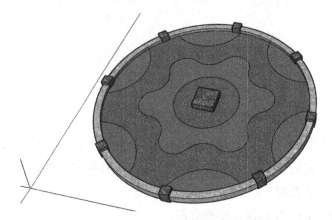

图 4-31　SU 中完成材质和造型的效果

第六节　综合应用实例

一、简单房屋制作

本小节将学习制作一个长 7 m、宽 5 m、高 3.5 m 的带阳台的简单房屋（图 4-32），会运用到第三节中的各种工具，旨在熟悉各工具的基础操作。

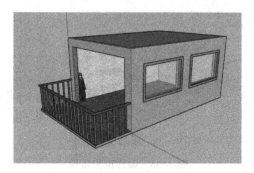

图 4-32　简单房屋制作例图

1. 制作房屋体块

（1）绘制底面：利用"矩形"命令在平面上形成 7000 mm 长，5000 mm 宽的平面闭合图形（平面只要是闭合的，闭合部分内部就自动带有一种填充颜色）。

（2）确认墙面位置：利用"偏移"工具，使矩形边缘向内偏移 240 mm，形成墙面。使用时可直接输入偏移数值。

（3）拉伸墙体：利用"推 / 拉"工具，向上拉伸墙体，在体块拉伸高度时，在建模型界面右下侧数据框中可以输入相应的高度 3500 mm，要注意将建立的模型按照实际需要进行清楚的编组。如果没有特殊情况一般都是分层拉伸，之后建立组块，将建好的各个层组块进行上下拼接，形成建筑的主体。墙体拉伸可以不先不考虑窗洞的问题，在体块墙体拉伸完毕之后，再在墙面上开窗洞，如图 4-33 所示。

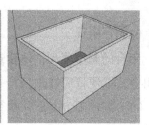

绘制底面　　　　　　　　确认墙面位置　　　　　　　　拉伸墙体

图 4-33　制作房屋体块步骤

2. 制作窗户

（1）确定开洞位置：把墙体边缘线偏移至应该开窗洞的边缘，或用矩形工具绘制，确定开窗洞位置。

（2）推出窗洞：将矩形向建筑内部进行"推 / 拉"命令，推拉深度与当面墙体的墙体厚度一致。

（3）窗框制作：在立面中运用矩形命令形成闭合窗框平面，之后对其进行拉伸，形成窗户，并将其编成组，如图 4-34 所示。

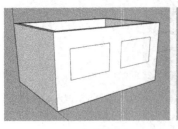
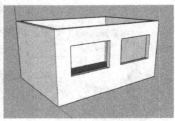
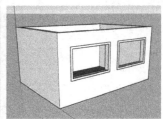

确认开洞位置　　　　　　　推出窗洞　　　　　　　制作窗框

图 4-34　制作窗户步骤

3. 制作玻璃

先使用"直线"工具，在窗洞中间封闭平面；再使用"推/拉"工具，向外推 6 mm，形成有厚度的玻璃，如图 4-35 所示。

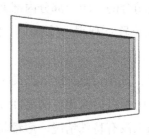

封闭窗户平面　　　　　　　绘制玻璃

图 4-35　制作玻璃步骤

4. 制作阳台

阳台的制作要和整体建筑的制作分开进行，并制作成组，以保证阳台是一个独立的体块组合，以便日后修改。

（1）制作阳台底面：执行"矩形"命令绘制阳台底面，长 5000 mm，宽 1800 mm，向上推拉 100 mm，如图 4-36。

（2）制作阳台栏杆：执行"矩形"命令，在底面绘制边长 50 mm 的正方形，并执行"推/拉"命令，赋予其高度 1200 mm。使用移动工具，按住 Ctrl 键，执行"复制"命令，向一侧移动，输入移动距离 =300 mm，接着再输入"×16"，完成横向栏杆制作，纵向同理，如图 4-36 所示。最后在栏杆上制作扶手。

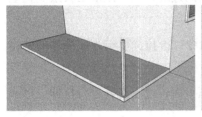

图 4-36　制作阳台底面及栏杆

（3）给墙面开洞及封顶：使用"偏移"和"推／拉"工具，给通向阳台方向的墙壁开洞；使用"直线"工具给房屋封顶，如图 4-37 所示。

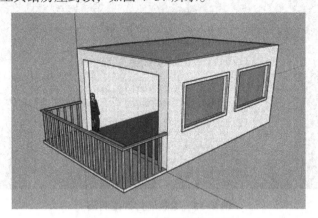

图 4-37　给墙面开洞及封顶

5. 赋予材质

给房屋赋予材质的方法：

（1）在"材质查看浏览器"对话框中选择"创建"按钮。

（2）在跳出的"添加材质混合"对话框中，勾选"使用贴图"选项，系统会自动跳出一个"选择图像"对话框，从文件中找到要应用的那种材质的图片之后，单击"打开"，在此后自动跳出的文件夹中选择"添加"命令。此时关闭此对话框，在"材质查看浏览器"的"模型中"将会显示出刚才添加的材质。

（3）单击添加的材质图案，之后单击你所要附材质的模型，材质会自动附加在模型上。

如果要对模型中显示的材质的比例进行调整：单击"材质查看浏览器"的模型中的该材质图案，之后在跳出的对话框中选择文件夹图标右侧的"锁头"标志右面的左右扩展和上下扩展命令，在数据区间输入比例，在调整的同时可以看到在模型中附加的该材质的比例关系变化。

对房屋各部分分别赋予木制、水泥、大理石、玻璃材质，如图 4-33 所示，完成制作。

二、利用照片匹配快速建模

SketchUp 照片匹配功能是根据一张真实图片，快速创建建筑模型的工具，做场景的时候快捷、高效，更真实，本节以一张建筑照片为例，讲解如何用真实照片在 SketchUp 中匹配建模，如图 4-38 所示。

图 4-38 建筑照片匹配例图

（1）导入图片，进入新建照片匹配模式：单击菜单栏"文件→导入"，弹出导入对话框。在对话框中选择 *.jpg 或 *.png 图片格式，点选"新建照片匹配"，选择需要快速建模的照片，如图 4-39 所示，即可进入新建照片匹配模式。

图 4-39 导入图片对话框

📖**提示：**对已打开的照片，也可以通过选择主菜单"相机→新建照片匹配"，进入照片匹配模式。

（2）匹配透视关系：打开照片匹配界面后，结合"照片匹配"面板和透视杆调节，匹配图片透视关系，如图 4-40 所示。方法是利用 x 轴（红色）、y 轴（绿色）各两条调节杆，分别匹配照片的"透视平行"边线，形成与照片一致的二点透视坐标系，移动原点对齐中间墙角接地点。调整完成后，单击"照片匹配面板"中的"完成"按钮。

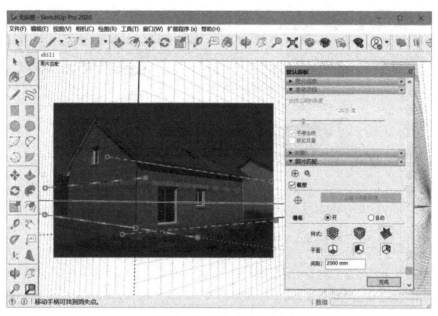

图 4-40 透视坐标匹配

（3）绘制左侧墙面：①用"矩形"工具在左边墙面的方向上绘制矩形，左右两边需对齐房屋边线。②用"直线"工具在矩形中绘制一条中线 / 对称轴。③参考照片，用"直线"工具绘制屋檐下方的边线。④墙面形状绘制完成后擦除多余线条，如图 4-41 所示。

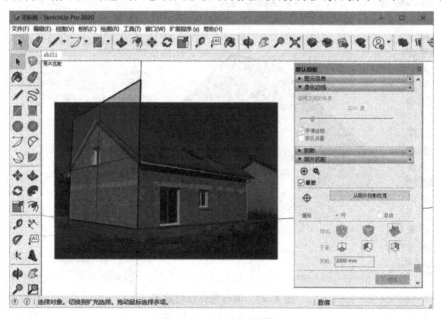

图 4-41 绘制左侧墙面

（4）推拉左墙侧面形成体块：用"推 / 拉"工具，将左侧墙面右推至匹配照片建筑右边线，如图 4-42 所示。

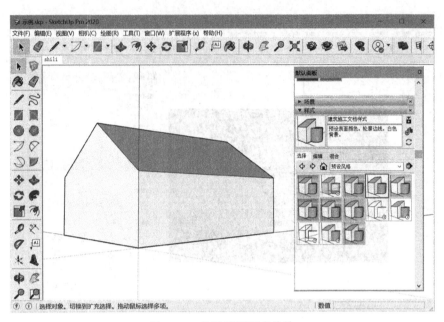

图 4-42 推拉墙面形成体块

（5）制作建筑墙体基面框：首先删除体块顶斜面，用"偏移"工具，单击底面边线，向内偏移出墙体厚度，构成墙体底面，如图 4-43 所示。

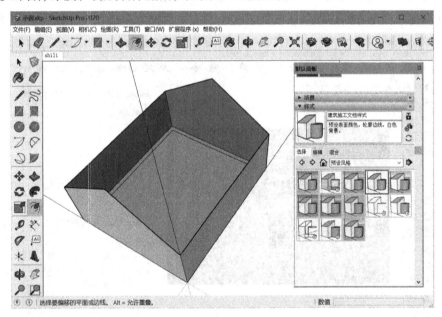

图 4-43 偏移墙体推拉底面

（6）通过分割面多次推拉成墙体：①推拉下部矩形墙面：用"推 / 拉"工具，向上拉墙体底面至矩形顶点。②推拉上部三角形墙面：用"推 / 拉"工具，将墙面三角形部左右推至墙厚度，如图 4-44 所示。

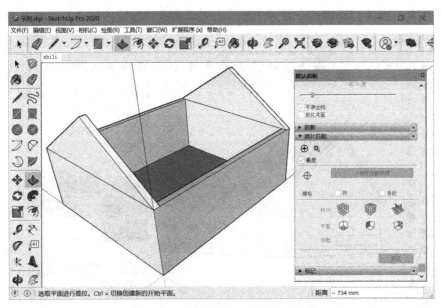

图 4-44 通过分割墙面多次推拉墙体

📖 **提示：** 也可先做屋顶斜面，再拉出墙面，选中全部模型，点击右键"模型交错"，利用屋檐平面切割墙体，完成后擦除多余的体块。

（7）在左侧墙面绘制三角形屋檐截面：①用"直线"工具向上绘制左侧墙面三角形的中垂直线至屋檐顶部。②依托屋檐顶点和墙面斜边，用"直线"工具绘制屋檐截面，如图 4-45 所示。

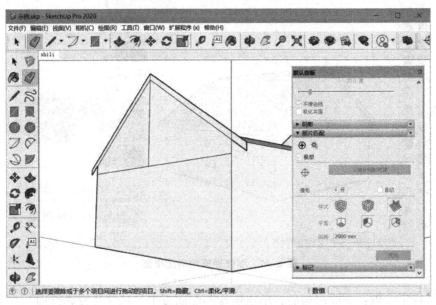

图 4-45 绘制屋檐截面

（8）推拉屋檐：①用"推 / 拉"工具，向后推屋檐断面到后方墙壁，形成体块。②用

"推/拉"工具，向外拉出屋檐至对齐图像，后方屋檐也外拉同样长度，如图4-46所示。

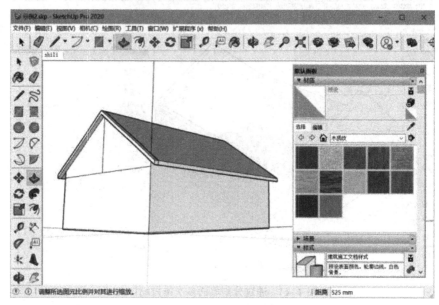

图4-46　推拉屋檐效果图

（9）制作门窗：①用"矩形"工具绘制门窗位置。②用"推/拉"工具，内推门窗深度，至此白模制作完毕，见图4-47。

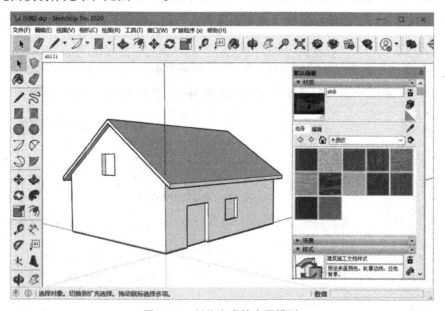

图4-47　制作完成的房屋模型

（10）投影纹理：完成白模后，单击照片匹配面板中"从照片投影纹理"，系统自动将照片上的纹理投影至白模上。此时只有可视面被赋予了材质，模型被遮挡部分（如房屋背面、门窗被墙体遮挡部分）未被赋予材质，显示白色，如图4-48所示。

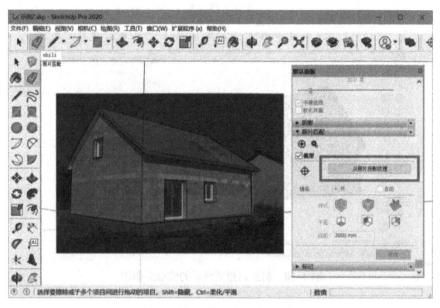

图 4-48　投影纹理按钮界面

（11）给房屋的后侧面调整材质：①赋予贴图：用"材质"工具吸取附近相似材质贴图，赋予白色部分材质。如图 4-49 所示，吸取窗户材质的部分，填充进窗户空白处；吸取屋檐材质的部分，填充进屋檐空白处。②调整位置：右键单击模型贴图，打开快捷菜单"纹理→位置"，拖动贴图，使其移动至合适位置。

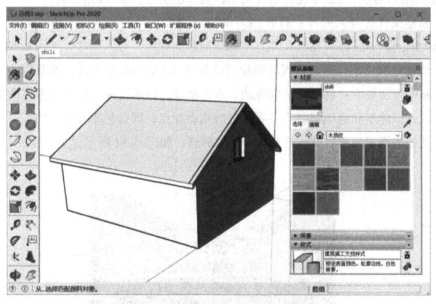

图 4-49　房屋的后侧面调整材质界面

（12）材质模型完成：模型效果见图 4-50。

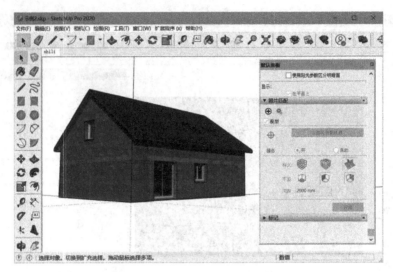

图 4-50　材质调整完成后的模型效果图

三、在现有场景中改造景观

本小节以厦门大学翔安校区金泉楼中庭为底图，演示如何利用现有场景照片，在SketchUp 中建模制作景观改造，这是 SketchUp 各工具的进阶训练。

1. 照片匹配

运用"照片匹配"功能来建立透视关系，确保建模符合照片的透视。

（1）新建文件，导入照片：打开 SketchUp，新建项目并进入，单击左上角文件→导入，选择 *.jpg 或 *.png 图片格式，点选"新建照片匹配"，导入照片，如图 4-51 所示。

（2）调整透视关系：两点透视的照片可以参考 7.2 中的调整方式，本节用的一点透视的照片，匹配方法如下：将两条红轴拖动，水平摆放，以最远处走廊为参考；两条绿轴选择一侧摆放，以建筑和地面铺装为参考；最后拖动原点，即蓝色垂直线上的点，放置于绘图原点，此处选择了画面右侧的建筑转角作为原点，如图 4-51 所示，单击完成。

图 4-51　导入照片并调整透视关系

（3）对照图片创建模型：选择左侧大工具栏上的"直线"工具，从坐标原点处开始绘制平面的边线，将线封闭形成平面，直至将地面、远处建筑、两侧建筑都创建平面，选择"从照片投影纹理"，这样一个简易的立体场景就搭建完毕，如图 4-52 所示。

图 4-52　对照图片创建模型

（4）修改尺寸：以中庭宽（约为 25 m）作参考，经测量模型为 3527 mm，因此要将模型整体放大约 7 倍。方法是：选中全部模型，使用"缩放"工具，单击模型一个顶点，输入"7"，将模型整体放大 7 倍，如图 4-53 所示。

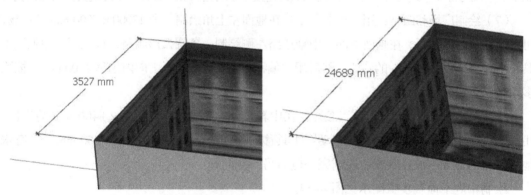

图 4-53　测量模型尺寸（左）并修改至实际大小（右）

2. 绘制中庭平面图

（1）调整视图为顶视图：选择顶部工具栏的"相机"，勾选"平行投影"，单击"标准视图"→"顶视图"，可以转换为顶视图，此步骤之后，可以选择单击"视图"→"动画"→"添加场景"，为顶视图添加一个场景，在顶部工具栏的下面一行会记录场景，单击可以快速返回此视图。

（2）给中庭地面重新赋白色底色：使用"材质"工具给此面赋予白色，方便后续绘制。

（3）绘制中轴道路：居中绘制宽 4 m 的道路。使用"直线"工具，在底面正中竖直绘制一条中线；使用"移动"工具，距离输入"2000"，将中线向左移动 2000 mm；再使用

"移动"工具,按住 Ctrl 单击此线,向右移动鼠标,距离输入"4000",复制一条距离此线 4000 mm 的线段,完成中轴道路绘制。

(4)绘制水池和水中树池:使用"直线"工具在地面上半部分绘制一个竖直边长度 28000 mm,横向边宽度 21000 mm,跨越中轴道路的水池,形状如图 4-54。在中轴路与水池边缘的夹角处,使用"矩形"工具绘制一个边长 3000 mm 的正方形树池,使用"偏移"工具,使正方形向内偏移 100 mm,形成树池边缘。

(5)绘制汀步:此步骤将在水池中环绕树池周围制作一圈汀步,如图 4-54。在树池周围用"矩形"工具绘制一个竖向的 400 mm×800 mm 的矩形,用"移动"工具选中矩形后按 Ctrl 键创建一个副本,输入距离"600",回车,确认后再次输入"*7"回车,创建两两间隔 200 mm 的矩形汀步的阵列。在创建纵向汀步时有以下两种方法:方法一,与横向汀步一样,先绘制一个横向的 800 mm×400 mm 的矩形,用同样的方法向下创建 6 个矩形的阵列;方法二,用"选择"工具选中其中 6 个矩形,使用快捷键 Ctrl+C 复制,Ctrl+V粘贴,用"旋转"工具将粘贴的副本旋转 90°,再用"移动"工具移动到所需位置。

(6)绘制亭子:在水池下方用"矩形"工具绘制 4000 mm×4000 mm 的正方形亭子,请注意亭子中线与汀步中线对齐。用"直线"工具连接亭子对角,在平面图上表示这是一个景观亭。

(7)绘制广场和园路:用"矩形"工具在地面左上角绘制一个 12000×7000 mm 的广场,可用于校园小型活动。在画面下部、中轴道路左侧绘制一条圆弧形园路,首先用"圆弧"工具绘制一个半径 9000 mm 的圆弧,然后用"偏移"工具选择圆弧,向内偏移 1500 mm,擦除多余线条。

(8)绘制座椅:用"矩形"工具,在中轴道路一侧绘制 450 mm×1400 mm 的座椅。用"选择"工具单击矩形,用"移动"工具移动并创建副本,移动距离 5000 mm,在有水池或园路的地方不放置座椅。绘制完一侧后另一侧同理。

绘制中庭平面各步骤图示见图 4-54。

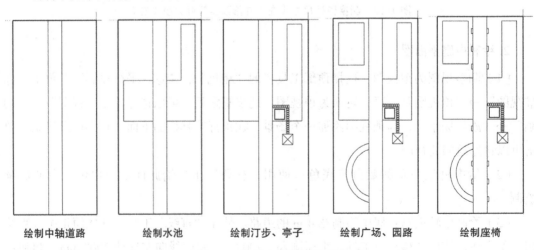

绘制中轴道路　　　　绘制水池　　　　绘制汀步、亭子　　　绘制广场、园路　　　绘制座椅

图 4-54　绘制中庭平面图步骤

3. 创建立体模型

（1）单击"相机"→"透视显示"，按住鼠标中键拖拉模型，可以看到上一节中绘制的平面图在立体模型中的位置，如图 4-55 所示，在此基础上建模。

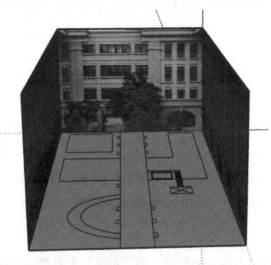

图 4-55　透视显示的模型

（2）水体和汀步制作：使用"推/拉"工具，将左侧水面下推 200 mm，双击右侧的水面进行同样高度的推拉。水中树池内部向下推 100 mm，延伸到岸上的汀步均向上拉 50 mm，如图 4-56 所示。

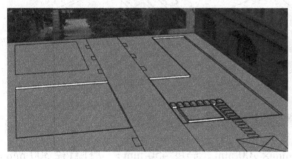

推拉水面

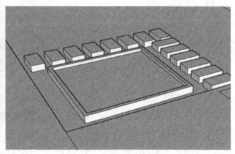

推拉树池及汀步

图 4-56　水体和汀步制作步骤

（3）制作座椅：找到平面图上座椅的位置，使用"推/拉"工具，将座椅向上拉 420 mm，使用"直线"工具，在顶面下 50 mm 处分割出座椅椅面，擦掉侧边。在底面四角绘制支柱位置，确定圆心在距离边线 60 mm 处，使用"圆"工具，绘制半径 30 mm 的圆。擦去多余线条，推拉四个支柱至椅面底部，全选座椅并鼠标右键单击，选择"创建组件"，完成座椅制作，如图 4-57 所示。使用"移动"工具中的复制功能，将座椅组件复制到平面图上每个座椅的位置。

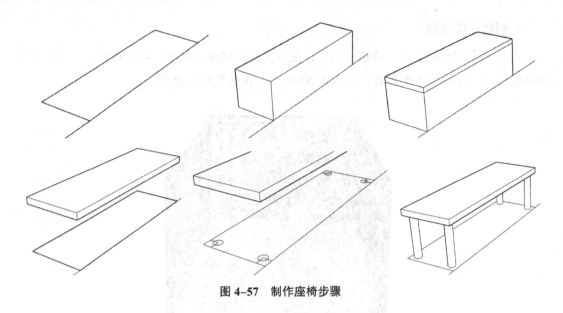

图 4-57　制作座椅步骤

（4）制作亭子：

①底座：找到平面图中亭子的位置，用"擦除"工具擦掉中间线条。使用"推/拉"工具把正方形向上推拉 150 mm，完成第一层底座；使用"偏移"工具，选择顶面向内偏移 300 mm，使用"推/拉"工具选择顶面内部正方形向上推拉 150 mm，完成第二层底座，如图 4-58 所示。

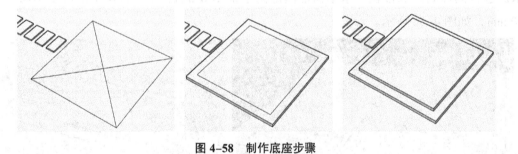

图 4-58　制作底座步骤

②制作立柱和坐凳：坐凳尺寸 1400 mm × 700 mm，高度 450 mm；立柱直径 300 mm，高度 3000 mm，如图 4-59 所示。

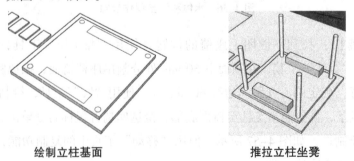

绘制立柱基面　　　　　　　　　推拉立柱坐凳

图 4-59　制作立柱和坐凳

③细化座椅：首先，分割座椅椅面，使用"移动"工具，按住 Ctrl 键单击顶面边线，向下移动 50 mm 复制一条平行线，对四条边进行同样操作。接着，切割座椅基部，使用"移动"工具，按住 Ctrl 键单击侧面边线，向内移动 300 mm 复制一条平行线。对正反两面都进行同样操作。然后，使用"推/拉"工具，将两侧下方的面向内推 50 mm。最后，删除椅面下方中间区域，使用"直线"工具将缺失的面补齐，使用"擦除"工具将多余的线条擦掉。一个座椅制作完成，如图 4-60 所示。将其全选制作组件，复制到对面座椅位置。

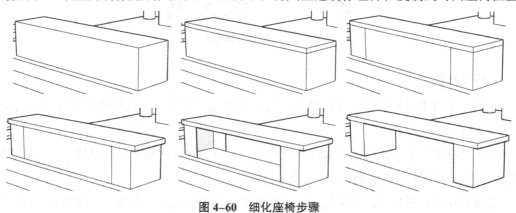

图 4-60　细化座椅步骤

④制作亭子顶部：首先找到亭子底座正方形的中心，使用"直线"工具，竖直绘制一条 3000 mm 的线段。使用"矩形"工具，单击直线顶端作为起点，如果此时起点为矩形的一个角，按 Ctrl 键切换成起点为矩形中心，移动鼠标将方向定为水平，输入"4500 mm × 4500 mm"。使用"推/拉"工具将此面向上拉 150 mm，使用"直线"工具在顶面几何中心画一条长度为 1000 mm 的竖直线段，连接顶点和顶面四角。最后擦去杂线，完成亭子建模，如图 4-61 所示。

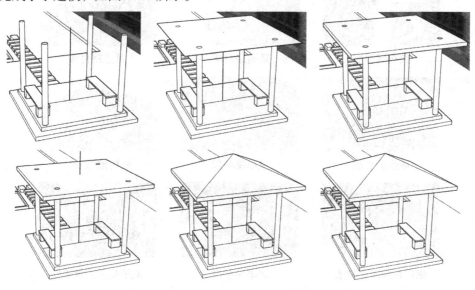

图 4-61　制作亭子顶部步骤

立体模型建好后，整体预览如图 4-62 所示。

图 4-62　创建立体模型

4.赋予材质

在上一小节中已经完成了基础建模，接下来使用"材质"工具给模型填充不同材质，如图 4-63 所示。

单击"材质"工具，鼠标变成油漆桶样式，右侧"默认面板"→"材质"，可以选择 SU 自带的实用贴图，也可以使用导入的素材贴图。

具体材质为：通过"园林绿化、地被层和植被"下拉选项，选择"浅绿草色"赋予草地和树池材质、"人字纹绿色铺面"赋予园路材质、"灰色石板石材铺面"赋予小路以及汀步和树池材质、"光滑沙子地被层"赋予广场材质，通过"砖、赋层和壁板"选择"棕褐色壁板赋层"赋予主路材质，选择"瓦片"中"主要的正方形砖片"赋予主路边缘材质，通过"水纹"选项选择"浅蓝色水池"赋予水面材质，通过"石头"选项选择"大理石"赋予坐凳材质，通过"木质纹"选项选择"原色樱桃木"赋予亭子材质。

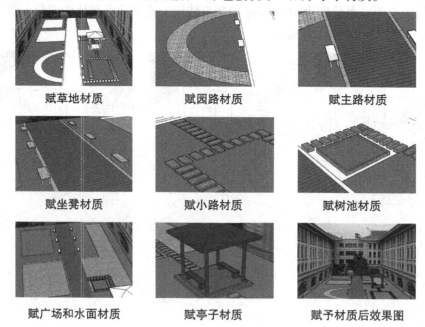

赋草地材质　　　　　赋园路材质　　　　　赋主路材质

赋坐凳材质　　　　　赋小路材质　　　　　赋树池材质

赋广场和水面材质　　赋亭子材质　　　　　赋予材质后效果图

图 4-63　赋予景观小品材质

5. 放置植物

为了丰富植物景观和色彩，推荐下载插件辅助完成放置植物绘制，具体如下：

（1）放置乔灌木：下载插件"树木生成器（3DArcStudio Tree Maker）"，（插件的使用可参照本书第二节中的"插件安装"）。在插件中预览并选择合适的植物，单击"确定"，插入到模型中，如图 4-64 所示。

树木生成器界面　　　　　　　　　　　　　树木生成效果

图 4-64　放置乔灌木

（2）生成草地：下载插件"毛发生成器（Make Fur）"，使用"选择"工具单击需要生成草地的面，单击"生成毛发"，等待片刻即可自动在所选择的面上生成草地，如图 4-65 所示。

毛发生成器界面　　　　　　　　　　　草地生成效果

图 4-65　生成草地

6. 渲染出图

建完模型后，在出成图时可以在 SketchUp 中调整模型效果，也可选用渲染软件（如 Lumion 或 V-Ray for SketchUp）渲染出逼真的材质，也可以直接导出图片后在 PS 中进行后期制作。本教程展示使用 SketchUp 中自带的效果，如需深入学习可以自行下载学习渲染软件和 PS 技法。

（1）去除边线：在"默认面板"→"样式"→"编辑"中，取消勾选"边线"和"轮廓线"，即隐藏画面中的所有线条，如图 4-66 所示。

（2）调整阴影：在"默认面板"→"样式"→"阴影"中，可根据画面效果，自由调整时间和明暗，此处选择的 8 月 11 日中午 12：00，亮 100，暗 50。取消勾选"使用阳光参数区分明暗面"，并勾选"在平面上"，如图 4-67 所示。

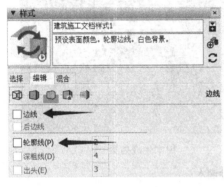

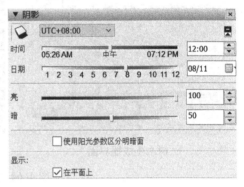

图 4-66　去除边线　　　　　　　　　　图 4-67　调整阴影

修改完成后的模型有了简易的渲染效果，至此，就完成了在现有场景中改造景观，原鸟瞰视角改造前后对比图如图 4-68 所示，同时因为照片匹配，可以在场景中任意旋转角度，建筑背景也会随着相机移动。

中庭原状

设计后的全景

设计的道路局部

设计的亭子及草地局部

图 4-68　原图及设计的全景及局部效果图

本节习题

1. 参考本节"一、简单房屋制作"的步骤，制作一个带阳台的房屋。

2. 参考"三、在现有场景中改造景观"的步骤，拍摄一张真实的照片，在 SketchUp 里匹配建模，在照片中搭建一个带水景与景观亭的场景。

第七节 SketchUp 快捷键汇总

本节汇总了使用 SketchUp 时需要用到的各种命令及其快捷键，方便用户快速查询（表 4-1）。

表 4-1 SketchUp 快捷键汇总

类型	命令	快捷键
显示	显示 / 旋转	鼠标中键
	显示 / 平移	Shift+ 中键
编辑	编辑 / 辅助线 / 显示	Shift + Q
	编辑 / 辅助线 / 隐藏	Q
	编辑 / 撤销	Ctrl + Z
	编辑 / 放弃选择	Ctrl+T；Ctrl + D
	文件 / 导出 /DWG/DXF	Ctrl + Shift+D
	编辑 / 群组	G
	编辑 / 炸开 / 解除群组	Ctrl + Shift+D
	编辑 / 删除	Delete
	编辑 / 隐藏	H
	编辑 / 显示 / 选择物	Shift + H
	编辑 / 显示 / 全部	Shift + A
	编辑 / 制作组建	Alt + G
	编辑 / 重复	Ctrl + Y
查看	查看 / 虚显隐藏物体	Alt + H
	查看 / 坐标轴	Alt + Q
	查看 / 阴影	Alt + S
	窗口 / 系统属性	Shift + P
	窗口 / 显示设置	Shift + V
工具	工具 / 材质	X
	工具 / 尺寸标注	D
	工具 / 偏移	O
	工具 / 删除	E
	工具 / 缩放	S

类型	命令	快捷键
工具	工具 / 文字标注	Alt + T
	工具 / 选择	Space
	工具 / 测量 / 辅助线	Alt + M
	工具 / 量角器 / 辅助线	Alt + P
	工具 / 剖面	Alt + /
	工具 / 设置坐标轴	Y
	工具 / 推拉	U
	工具 / 旋转	Alt + R
	工具 / 移动	M
绘制	绘制 / 多边形	P
	绘制 / 徒手画	F
	绘制 / 圆形	C
	绘制 / 矩形	R
	绘制 / 圆弧	A
	绘制 / 直线	L
物体	物体内编辑 / 隐藏剩余模型	I
	物体内编辑 / 隐藏相似组件	J
相机	相机 / 标准视图 / 等角透视	F8
	相机 / 标准视图 / 前视图	F4
	相机 / 充满视图	Shift + Z
	相机 / 上一次	TAB
	相机 / 标准视图 / 顶视图	F2
	相机 / 标准视图 / 左视图	F6
	相机 / 窗口	Z
	相机 / 透视显示	V
渲染	渲染 / 线框	Alt + 1
	渲染 / 消影	Alt + 2
其他	文件 / 保存	Ctrl + S
	文件 / 新建	Ctrl + N

　　📖 **提示：** 自定义快捷键的设置。

　　快捷键对话框位于下拉菜单"窗口"→"系统设置"→"快捷方式"（图 4-69），"命令"栏中列出可定义快捷键的所有命令，在"添加快捷方式"栏中，按住所需的控制键（如 Ctrl、Shift、Alt 键），或定义给该命令的按键，可以使用组合按键，如 Ctrl+Shift+B，也可以直接使用单个键，如 B 键。单击"+"按钮添加，如果快捷键设置冲突，软件会发出警告，可单击"重设"重新设置快捷键。

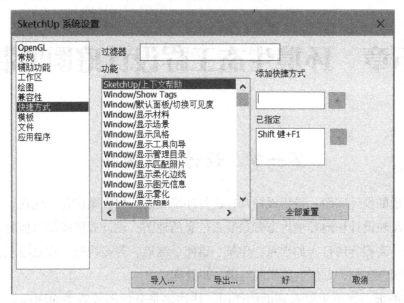

图 4-69　自定义快捷键设置

第五章　环境生态工程设计底图的制作

第一节　设计底图简介

这里所说的设计底图，是指设计师在进行环境生态工程方案设计、规划、分析图绘制时所需的，反映设计场地环境生态背景要素信息的地图。设计底图应简明扼要地表示场地的不同地物、高程等信息，如水系、建筑、道路、绿地、等高线等。在底图上，各地物元素应以不同颜色区分，方便后续作图时进一步处理。

底图在图纸表现中主要起辅助的作用，往往多张分析图或者平面图都需要在一张底图上完成制作，因此底图虽然不用像总平图一样精确，但也要具备一定的精度、包含丰富的内容和信息，否则制作出的平面图和分析图会显得非常空洞乏味。底图是设计图纸的基础，所以一张底图的美观与否，也会极大影响最后的成图。制作底图的方法有许多，如通过 ArcGIS 等专业软件直接处理地图形成底图，或通过 AutoCAD、Locaspace Viewer 等软件，以地图数据为参照自行绘制底图。本章将分别介绍专业软件处理制作底图以及自行绘制底图的方法，前者采用电子地图结合 Photoshop（PS），后者通过 Locaspace Viewer 完成。

第二节　利用电子地图提取制作底图

一、底图制作的主要方法

设计底图的制作方式有很多，本节介绍用网络在线地图和 PS 软件结合的底图制作方式。通过编辑网络在线地图，可以获得地物特征简洁鲜明、色块反差明显且利于编辑的地图。而 PS 则提供图片整合、图像修饰和利用色块抠图分离技术，可以将网络在线编辑图转换成高像素、多要素分层的底图，两者复合应用具有如下优点：

☑ 简单易上手。充分利用网络公共资源即可导出一张信息丰富的设计底图。

☑ 图片清晰度高。通过自动拼接使图片拥有更大分辨率和更多信息。

☑ 多要素分层。利用编辑好的个性化地图，可以建立不同的要素分层图，比如绿地、道路、水体图层等。这些要素分离的图像，对设计分析十分重要。

实现地图个性化编辑有很多途径，常见的有百度地图个性在线编辑器和 OpenStreetMap，二者适用场景不同，知有优缺点，可根据情况选择：

☑ 通过百度地图个性在线编辑器截取底图，优点是预设配色丰富、色块清晰，缺点是元素不够多、不能显示等高线，建议大尺度场地使用。

☑ 通过 OpenStreetMap 截取底图，优点是精度更高，能显示等高线，缺点是文字无法去除，在大尺度场地中，过多的文字显示会影响底图质量，建议小尺度场地使用。

本章将分别介绍两个在线地图编辑器结合 PS 制作底图的方法。

二、利用百度地图制作底图

1. 百度地图个性在线编辑器介绍

百度地图个性编辑器是一款网页版编辑器，支持用户使用 JavaScript API 设置地图底图的样式风格以及控制组成地图底图的元素类的显示和隐藏，创建满足用户特定需求的地图，如通过隐藏某类地图元素，突出展示自己的数据，可以方便地制作个性化地图，用于底图制作。其特点如下：

☑ 支持 18 类底图元素的配置，包括道路、绿地、建筑物、河流等。

☑ 支持修改几何形状及文本标注。

☑ 支持多种样式设置，如颜色、宽度、高度、饱和度等。

☑ 覆盖全部浏览器。

2. 界面及工具介绍

百度地图个性在线编辑器的界面如图 5-1 所示，其工具主要包括：搜索框、平移工具、缩放工具、添加样式工具、个性化模板、查看 JSON、帮助以及收起与展开键。

图 5-1 百度地图个性在线编辑器界面

各工具的含义如下：

☑ 搜索框：可在此输入地名进行搜索定位。方法：输入目标区域名称，单击"百度一下"按钮，即可定位到目标区域。

☑ 平移工具：有"向上平移""向下平移""向左平移""向右平移"4 个按钮，分别单击方向键，可以平移当前视图。

☑ 缩放工具：有"放大一级""缩小一级"两个按钮和中间的滑块。可通过单击按钮、拖动滑块或使用鼠标滚轮对视图进行缩放操作，一共有 15 级。

☑ 添加样式规则：样式规则是对元素、属性及样式的统一描述，地图样式由多条样式规则组合而成。编辑首个元素时会有一条默认规则，用户可基于该样式规则进行修改，后续编辑元素时，需要重新创建一条规则。

☑ 个性化模板：百度地图提供的预设样式模板，单击"个性化模板"按钮，弹出个性化主题列表和示例图，单击图片载入风格配置。

☑ 查看 JSON：使用 JSON 编码编辑地图样式，自定义方便，需要掌握基本的 JSON 编码规则。使用方法：单击右侧"查看 JSON"，编辑 JSON 编码，单击"修改后并应用"，界面会自动刷新，若一直刷不出来，刷新网页即可。

☑ 帮助：单击跳转到百度地图开放平台的使用说明。

☑ 收起与展开：单击可以收起屏幕下方样式规则栏，方便查看地图，再次单击可以展开样式规则栏。

百度地图个性在线编辑器对地图各元素的个性化编辑是通过添加样式完成。添加式样的规则主要分为 5 个步骤（图 5-2），创建规则、选择元素、选择属性、选择样式和获取 JSON。

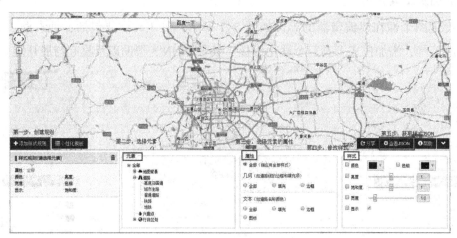

图 5-2　添加样式规则步骤

使用 JSON 编码编辑需要一定的基础，通常只需前 4 步就可完成初步编辑，其步骤解释如下：

（1）创建规则：直接单击"添加样式规则"按钮即可，类似于自动为某元素编辑新建一个图层。

（2）选择元素：创建完样式规则后，需要选择要修改的地图元素。目前可以修改的地图元素如表 5-1 所示。

表 5-1　元素说明

元素	说　　　明
地图背景	主要包括地图里的面状元素，如陆地、水系、绿地、人造区域及高级别下的建筑物等
道路	区分为高速及国道、城市主路、一般道路、地铁及火车线路
兴趣点	指地图里的点状元素，如银行、学校、餐馆、酒店等，由文本标注和图标组成
行政区划	包括国界、省界及省、市、县、区等行政单位的标注

（3）选择属性：诸如道路这类元素由文本和线状元素组成，属性用来指定是修改文本还是线的边框、填充色。

（4）选择样式：选定属性后，下一步是选择要修改的样式，如要设置道路边框的颜色为红色。

3. 以厦门岛底图制作示例

3.1　指定编辑器

（1）进入百度地图个性在线编辑器，网址：https：//lbsyun.baidu.com/custom/index.htm。

（2）在地图中找到设计场地厦门本岛位置。

3.2　编辑个性化地图

地图的个性化编辑，实质上是针对各元素的个性化编辑，文字和各元素的编辑过程如下：

（1）去除文字的编辑：首先，单击"添加样式规则"；其次，在"元素"栏中选择"全部"；再次，在属性栏中选择"文本"栏，勾选"全部"；最后，在"样式"栏中，取消勾选"显示"框，这样就去除了所有的文字显示，如图 5-3 所示。

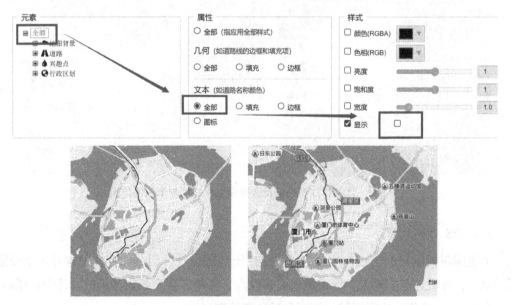

图 5-3　去除文字注释的对话框选择及其效果

（2）其他各元素的调色编辑：各元素的编辑同样按照前述的4步展开。以绿地这一元素为例，其个性化编辑步骤为：首先，单击"添加样式规则"；其次，在"元素"栏中选择"绿地"；然后，在属性栏中勾选"全部"；最后，在"样式"栏中勾选"颜色"框，利用颜色下拉菜单挑选适合的颜色，这里挑选绿色。

其他元素，包括道路、河流、水系、建筑等，均按绿地类似步骤，并选择相应的颜色进行编辑。

通过上述对文字及元素的个性化编辑，就形成了我们所需要的初步个性化地图，用于后续编辑。

📖 **提示：** 使用编辑器时，每一个新的调色方案（不管是大类如道路，还是小类如道路子菜单中的高速及国道）必须先单击添加样式规则，否则之前设定的样式就会失效。

选择不同元素的颜色要体现较大的色差，便于后续处理，本例的配色为：陆地→深灰色、水系→浅蓝色、绿地→绿色、建筑→白色、道路→浅灰色，如图5-4所示。

在元素个性化编辑时，也可以使用自带模板定义建造，其方法是单击"个性化模板"，在弹出窗口中选择一个喜欢的配色风格。

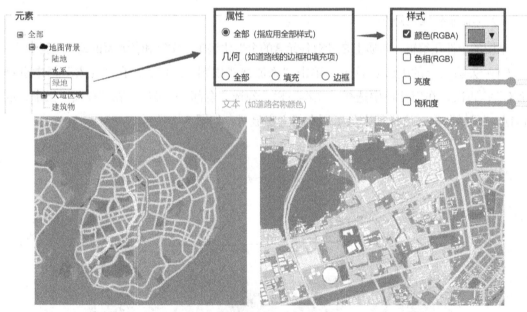

图5-4　添加样式对话框及选择颜色样式等规则后的效果

3.3　PS后期处理

上述编辑器编辑的个性化地图可以直接用于底图设计。但是，存在图像分辨率受限、图层单一，在设计范围较大、图像质量要求较高、需要多要素景观分析的设计中，还需要进一步利用PS软件，进行拼接、抠图和调色等处理。

3.3.1 利用 PS 拼接提高像素

PS 软件具有良好的图片处理和融合能力，尤其是更新到 Photoshop CC 系列版本时，可自动拼图，极大地提高拼接效率。利用该性能，可以将普通的网络个性化地图制作成分辨率较高的底图，方法如下：

（1）截图：在百度地图个性在线编辑器中，放大已编辑好的个性化地图至要求的清晰度，通过多次移动地图→截图→保存截图，将所需要区域分块截取保存。

（2）拼接：打开 PS，选择主菜单的"文件"→"自动"→"Photomerge"→"浏览"命令，选中所有截图，PS 将自动拼接所选图像。

（3）合并：选择主菜单的"图层"→"合并可见图层"命令，合并所有图层图像。

（4）裁剪：使用主菜单的"图像"→"裁剪"命令，将图片裁减到合适大小。

（5）存储：将裁减好的图片存储备用。

3.3.2 利用 PS 进行元素的图层分离

如果需要进一步将上述图像分离成各元素的底图，如水体、道路、绿地等，在 PS 中可利用颜色或魔棒选择工具建立选区抠图的方法完成：

（1）打开个性化地图：点选主菜单"文件"→"打开"，在 PS 中打开前述制作的底图，命名为"总图"。

（2）新建元素图层：多次选择主菜单栏"图层"→"创建新图层"，分别命名为"水系""道路""土地""绿地"。

（3）建立元素选区：选择总图图层为当前图层，单击工具栏"魔棒"工具，将容差设为"10"（可根据底图颜色自行调整容差），选中某一元素，单击，自动建立该元素选区。

（4）给选区填充指定颜色：把上述元素图层选为当前图层，单击"油漆桶"工具，按住 Alt 键单击相应元素，进行颜色取样，再单击选区，在新图层选区中填充相应的颜色。

（5）出图：可以将各元素图层分别或分类组合后合并出图。

其效果如图 5-5 所示。

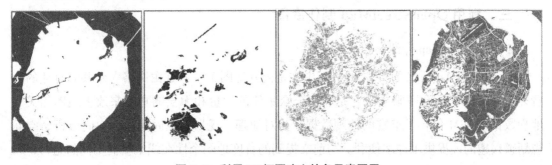

图 5-5 利用 PS 抠图建立的各元素图层

📖 **提示：** 由于总图和元素属不同图层，建立选择和填充选区它们之间转换，因此，要注意对当前图层的转换操作，避免直接在总图上填色。

3.3.3 利用 PS 进行图像修饰与导出

（1）调色：对图片进行调色的方法主要有两种：

方法一：使用"油漆桶"工具给各区块上色。点击工具栏→油漆桶，在顶部进行设置：模式→正常，不透明度→ 100%，容差→ 20（"容差"是指选取颜色的差值，容差越大，选取的那部分颜色的范围就越大。可根据实际使用调整容差大小），勾选"消除锯齿"，取消勾选"连续的""所有图层"。点击工具栏中的"前景色"，依次选择浅蓝色填充进水系、浅灰色填充进道路、中灰色填充进土地、浅绿色填充进绿地，完成调色，调色结果如图 5-6 所示。

方法二：通过调整亮度、对比度、饱和度等进行整体调色。点击"图层"工具栏下方第四个图标→创建新的填充或调整图层→色相 / 饱和度，饱和度→ –40，明度→ +15，完成调色，调色结果如图 5-6 所示。

（2）裁剪：使用"裁剪"工具，将图片裁剪到合适大小。

（3）导出：点击"文件"→"储存"，选择需要的图片格式（如 JPG、PNG）进行保存。

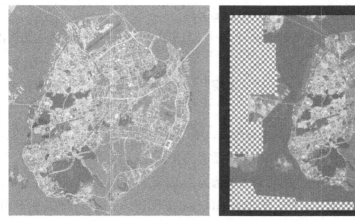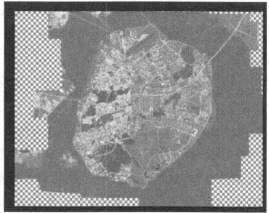

图 5-6　Photoshop 高像素拼接图及其调整和裁剪后导出的效果

三、利用 OpenStreetMap 制作底图

1. OpenStreetMap 介绍

OpenStreetMap（以下简称 OSM，中文是公开地图）是一款由网络大众共同打造的免费开源、可编辑的地图服务。它是利用公众集体的力量和无偿的贡献来改善地图相关的地理数据。OSM 包含了丰富的地理数据，为对地理、规划、空间句法、空间分析、空间规划感兴趣的人提供了许多便利。与前文提到的百度地图个性在线编辑器不同的是，OSM 拥有更多细节，如等高线。可根据不同需求选择底图制作的工具。

2. 界面介绍

OSM 的主界面如图 5-7 所示，主要包含如下元素：

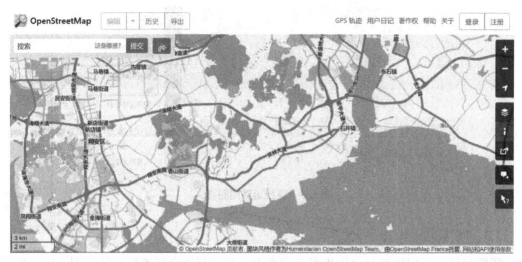

图 5-7　OpenStreetMap 主界面

☑　搜索框：在搜索栏内输入地名，单击"提交"可定位到搜索区域。

☑　放大、缩小、显示我的位置："放大"和"缩小"工具可以缩放地图视图，"显示我的位置"工具可在授权用户定位后在地图上显示用户位置。

☑　图层：地图图层，包括"标准""自行车地图""骑行运动地图""交通运输地图""公共交通地图""人道救援地图"，各图层有不同的地图信息。

☑　图例：显示当前视图下地图图例，会根据缩放程度的不同，显示不同细节的图例。

☑　比例尺：地图左下角显示当前视图比例尺。

3. 厦门大学翔安校区底图制作示例

3.1　指定编辑器

（1）打开 OSM 网站：https：//www.openstreetmap.org，进入主界面。

（2）以厦门大学翔安校区为例，在左上角"搜索"框输入"厦门大学翔安校区"，找到设计场地。

3.2　编辑 OSM 地图

OSM 提供了丰富的预设样式，配色清新，每种样式都有各自的侧重点和配色风格。为了显示等高线和地形，选择"骑行运动地图"样式：单击右侧"图层"，展开图层选项，选择"骑行运动地图"。可看到地图中用不同深浅的线条标注出了山体高度，放大后可以清楚看到等高线（图 5-8）。

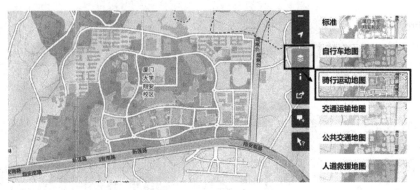

图5-8 骑行运动地图样式

3.3 PS后期处理与导出

截图拼接、图像修饰与导出步骤可参考上一节"利用百度地图制作底图"中"PS后期处理"的步骤。

因为OSM导出的地图包含不可去除的等高线、少量标注文字、随地形起伏深浅不一的填色，因此元素的图层分离较利用百度地图制作的底图更为困难，一般不进行图层分离，而是直接使用（图5-9）。

与上一部分"利用百度地图制作底图"步骤相同，最终导出裁剪好的图像。

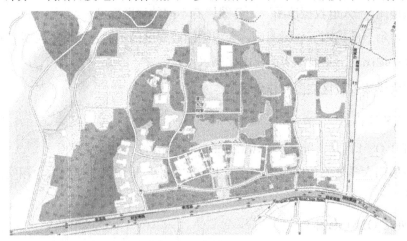

图5-9 导出效果图

第三节 应用Locaspace Viewer制作底图

一、Locaspace Viewer简介

1.软件介绍

Locaspace Viewer（LSV）是三维数字地球软件，集成了Google Earth、天地图、百度

地图等影像和三维地形在线浏览功能，多来源数据可自由切换。具有绿色免安装、支持倾斜摄影数据浏览、支持离线使用等特点。使用该软件能够快速地浏览、测量和标注三维地理信息，绘制底图亦十分便捷。尽管它和专业地图软件 Arcgis 的功能还有差距，但正因为其提供了基本且相对准确的地理测量、简单的绘图等诸多功能，具有快速便捷的特点，可以满足工程方案初期阶段所需要的一些底图要件制作，包括野外调查底图、手稿底图等，因此在环境生态工程设计初级阶段经常用到。

2. 界面介绍

Locaspace Viewer 的界面主要分为 3 个区域：上侧的菜单栏、左侧的侧栏以及右侧的渲染区域（图 5-10）。由于该软件版本不断更新，各选项下的具体选项可能会改变，但总体功能变化较小，具体介绍如下：

☑ 菜单栏：包括开始菜单、地图数据、导入/导出、编辑、测量分析、演示、工具箱、视图、收费服务、帮助等 10 个主菜单，用户使用软件的各项功能基本通过该菜单栏实现。

☑ 左侧栏：呈现用户操作结果和数据的地方，包括场景数据和搜索两部分。

　⚓ 场景数据：包括多个复选框，可通过勾选控制其显隐。"我的地标"中显示用户自己添加的点、线、面、标注等。"图层"组内显示用户自己添加的图层。"地形"是一种特殊的图层，是三维仿真的关键，默认加载谷歌地形数据，用户也可添加自己的数据。

　⚓ 搜索：包括地名搜索、路径规划、图层内搜索 3 部分。其中，通过地名搜索，输入关键词可进行快速定位和查询。

☑ 渲染区域：既是呈现数据最终效果的区域，也是用户交互的区域。该区域右上角有导航面板，下方快捷工具栏内有快捷选项，方便用户快速执行一些命令。左下方有比例尺，底部显示坐标和高程。

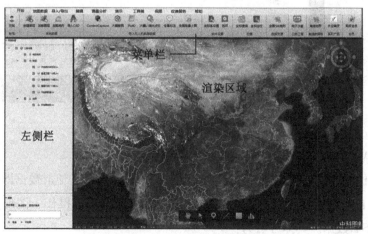

图 5-10　Locaspace Viewer 界面

二、Locaspace Viewer 基本操作介绍

Locaspace Viewer 是一个集在线地图资源查看、数据下载、测量标注分析等功能于一身的轻量级软件。使用该软件时，常用到地图数据加载、形状绘制、高程提取、测量分析等功能，接下来将进行具体操作的介绍（由于该软件版本在陆续更新，部分功能可能会有所变化）。

1. 鼠标操作

在使用 Locaspace Viewer 软件时，首先需了解最基础的鼠标操作。

单击鼠标左键并拖拽可拖动地图。键盘中的 W、A、S、D 键，以及 ↑、↓、←、→ 方向键也可以平移地图。

滚动鼠标滚轮可对地图进行缩放。

右键拖拽鼠标，可以调整地图三维视角。

2. 本地数据加载

LSV 可以实现本地数据的加载，具体方法为：

单击菜单栏的"开始"，选择"加载图层"，然后选择所需加载的矢量或栅格数据，即可在场景中加入所选图层（图 5-11）。

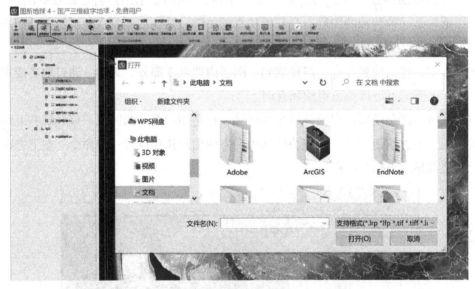

图 5-11　本地数据加载

同时，LSV 也可以实现本地地形的加载，具体方法为：

单击菜单栏的"开始"，选择"加载地形"，然后选择所需地形数据即可。

用户也可自行创建图层文件，并在其上进行绘制、编辑等操作，图层文件类型包括 KML 数据和 LSV 数据。具体方法为：

单击菜单栏的"开始"，选择"创建图层"，输入文件名、选择保存地址以及保存类型后即可创建成功。

3. 在线地图数据加载

LSV 自带的在线地图数据主要包括：天地图影像、天地图地形、地质图系列、分省图系列、天地图系列等（图 5-12）。用户可以根据自身需要，选择数据进行加载查看。具体方法为：

单击菜单栏的"地图数据"，根据需要选择"卫星图""地形图""地质图"等选项，即可加载查看。

图 5-12 在线地图数据加载

4. 绘制地标

4.1 添加地标

LSV 中可添加地标来标注位置，具体方法为：

单击菜单栏的"编辑"，选择"地标"（或单击快捷工具栏的"添加地标"），在地图的所需位置单击即可（图 5-13）。

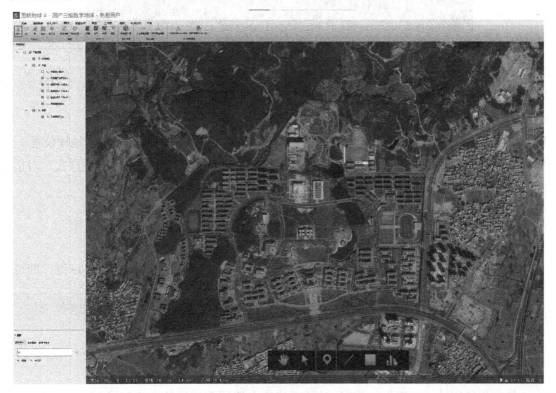

图 5-13 添加地标

此时系统弹出"添加地标"对话框（图 5-14），可在其中对地标进行设置，各选项含义如下：

☑ 说明：用户可在该栏内查看并修改对于该地标的说明。

☑ 空间信息：用于填写地标的定位信息，包括经纬度、高度等。

☑ 样式：用户可在该栏内修改图标风格（图标样式、颜色、大小、透明度等）和标注文字的标签风格（字体、颜色、大小、透明度等）。

☑ 定位参数：该栏内可勾选"使用相机定位"，显示当前场景相机位置。

图 5-14　地标设置

4.2　修改地标

用户可根据需要对已添加的地标进行修改：

☑ 单击渲染区域下方快捷工具栏里的"选中对象"，然后选中地标，可移动地标位置。

☑ 单击"选中对象"后，双击地标（或直接右键→"属性"）可打开"属性样式"对话框，修改地标属性信息。

4.3　删除地标

删除地标的方法为：

方法一：单击渲染区域快捷工具栏的"选中对象"，选中地标后单击 Delete 键，即可删除该地标。

方法二：在左侧栏"我的地标"下右键单击该地标并选择删除。

5. 绘制线

LSV 中可进行线的绘制，具体方法为：

单击菜单栏的"编辑"，选择"线"（或单击快捷工具栏的"绘制线"），然后在地图上连续单击鼠标左键即可，双击则完成绘制（图 5-15）。同时，系统自动打开属性对话框，可以查看线的长度、命名该线并对其进行设置，各选项含义如下：

☑ 说明：用户可在该栏内查看并修改对于该线的说明。

☑ 空间信息：该栏中可以看到节点的坐标信息，双击节点的坐标信息后可进行修改，也可在地图中用"选中对象"工具选中节点直接移动修改。

☑ 样式：用户可在该栏内修改线的颜色、透明度、线宽、线型等。

☑ 拉伸：该栏中可以启用拉伸、自定义立面风格、自定义末端线风格，以设置线条的风格特点。启用拉升后，可以使线变成以其为底的竖直面，并可自由填充颜色或贴图。拉伸后的线要素只可通过另存为 .lgd 格式文件的方式保存。

☑ 定位参数：可选择启用相机定位。

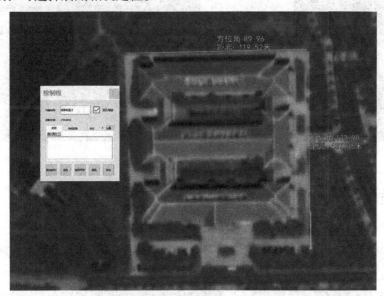

图 5-15 绘制线

此外，线的删除、修改方式与地标相似：

删除：使用"选中对象"工具选中线，用 Delete 键删除，或在"我的地标"下右键删除所选线。

修改：使用"选中对象"后，直接拖拽线的节点来修改，或双击线（或右键→"属性"）打开"属性样式"对话框，更改线的样式、位置。

6. 绘制面

LSV 中可以绘制不规则的面，通过指定各节点完成，具体方法为：

单击菜单栏的"编辑"，选择"面"（或单击快捷工具栏的"绘制面"），然后在地图上连续单击鼠标左键即可，双击则完成绘制。

同时，系统自动打开属性对话框，可以查看绘制的面的投影面积与轮廓线的长度（图

5-16）。该对话框中可设置面的名称、样式、拉伸、定位参数等，各选项含义同线的属性对话框基本一致。

面的修改与删除方法同样参考线，通过"选中对象"工具实现。

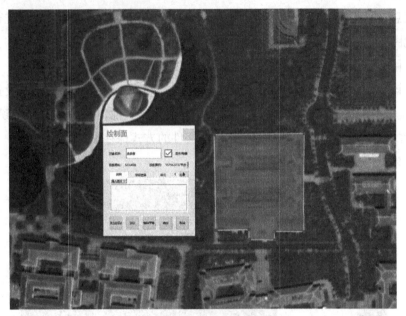

图 5-16　绘制面

7. 绘制矩形

LSV 的绘制矩形功能常在数据下载时使用，具体方法为：

单击菜单栏的"编辑"，选择"矩形"，然后在地图上单击指定矩形的两角点，系统自动打开属性对话框，其中的信息与绘制面相同（图 5-17）。

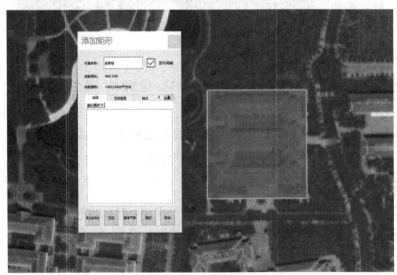

图 5-17　绘制矩形

矩形的修改与删除同样可通过"选中对象"工具实现。

8. 提取高程

用户可在 LSV 中选中某区域提取其高程,具体方法为:

单击菜单栏的"测量分析",选择"提取高程点",然后通过"绘制面"(直接绘出区域)或"选择面"(选择加载的图层或之前绘制的面)来选定区域。

圈定范围后,系统弹出"提取高程点"对话框(图 5-18),用户可根据自身需要修改采样间距,单击"开始提取",即以该间距提取区域内高程点,最后单击导出即可。

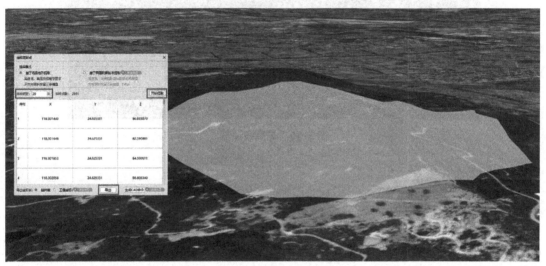

图 5-18　提取高程

9. 等高线分析

用户可在 LSV 中进行等高线分析来预览等高线,也可使用地形数据生成等高线。

9.1　等高线预览

在线预览等高线的方法为:

(1)选择"菜单栏→测量分析→等高线分析",然后通过"绘制矩形"(直接绘出区域)或"选择面"(选择加载的图层或之前绘制的面)来选定区域。

(2)系统自动弹出"等高线分析"对话框(图 5-19),其中"取点密度"与"等高线间距"可根据需要修改,再单击"预览"即可。

该方法是根据内存中加载的地形数据采样并动态生成的,若需要更精准的等高线数据,则需下载地形数据后借助"等高线生成"功能。

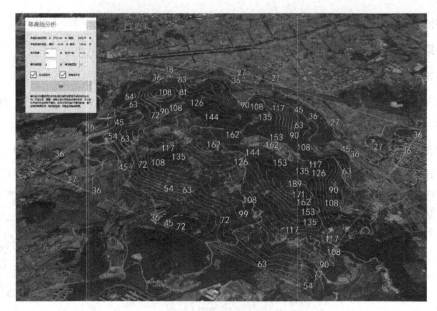

图 5-19　等高线预览

9.2　等高线生成

等高线生成的方法为：

单击菜单栏的"工具箱"，选择"等高线生成"，系统即弹出"等高线生成"对话框（图 5-20），加载用于生成等高线的高程数据、设置存储路径和等高线间距，单击"开始生成"即可。生成的等高线数据为 .shp 文件，可导入支持该格式文件的软件查看。

图 5-20　等高线生成

10. 剖面分析

在 LSV 中，用户可通过剖面分析生成剖面示意图，查看剖面的高程变化，具体方法为：

单击菜单栏的"测量分析"，选择"提取剖面线"，然后通过"绘制线"（直接绘出剖面线，双击结束绘制）或"选择线"（选择已有的线）来确定剖面线。此时系统弹出"剖面分析"对话框（图 5-21），设置"采样间距"后单击"分析"即可生成剖面示意图。

单击"导出"右侧的收放按键可显示各个采样点的经纬度和高程信息，单击"导出"可将其导出为 .csv 格式数据，用于在 AutoCAD 中制作剖面图。

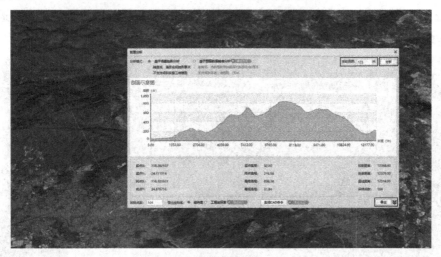

图 5-21　剖面分析

11. 测量

LSV 中有多种测量工具，包括距离测量、高度测量、三角测量、面积测量等，用户可根据需要进行使用。

11.1　距离测量

LSV 中的距离测量包括地表距离、空间距离和投影距离。

11.1.1　地表距离测量

地表距离表示两点在地表上的连线的长度，其数值与地形有关。测量方法为：

单击菜单栏的"测量分析"，选择"距离测量"→"测量地表距离"，然后通过单击鼠标指定端点，系统将自动得出地表距离，双击结束测量（图 5-22）。

图 5-22　地表距离测量

11.1.2 空间距离测量

空间距离表示两点间直接相连的线段长度（不计地形），测量方法为：

单击菜单栏的"测量分析"，选择"距离测量"→"测量空间距离"，然后通过单击鼠标指定端点，系统将自动得出空间距离，双击结束测量（图5-23）。

图 5-23　空间距离测量

11.1.3 测量投影距离

投影距离表示空间中的两点投影到地面的距离，测量方法为：

单击菜单栏的"测量分析"，选择"距离测量"→"测量投影距离"，然后通过单击鼠标指定端点，系统将自动得出投影距离，双击结束测量（图5-24）。

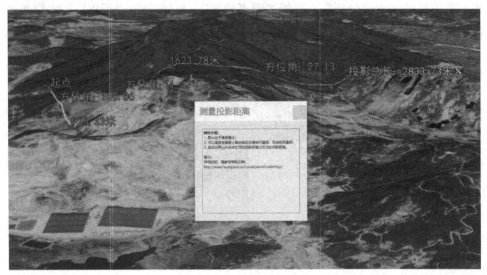

图 5-24　测量投影距离

11.2 高度测量

高度测量通过指定两点来测定其垂直高差，具体方法为：

单击菜单栏的"测量分析"，选择"高度测量"，然后单击鼠标指定起始点与终点即可（图 5-25）。

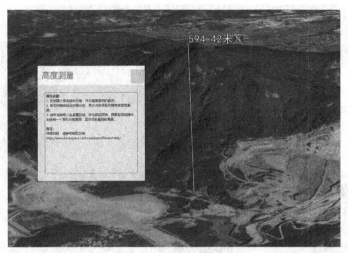

图 5-25 高度测量

11.3 三角测量

三角测量可测量出空间上两点的水平距离、空间距离及垂直距离。具体方法为：

单击菜单栏的"测量分析"，选择"三角测量"，然后单击鼠标指定起始点与终点即可（图 5-26）。

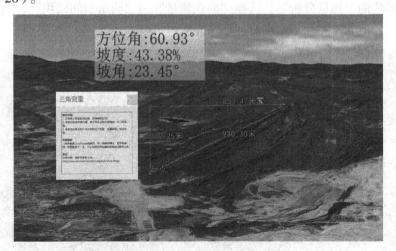

图 5-26 三角测量

11.4 面积测量

LSV 中的面积测量包括地表面积、空间面积和投影面积。

11.4.1　地表面积测量

地表面积指的是选定面的贴地面积，其数值与地形有关。测定方法为：

单击菜单栏的"测量分析"，选择"面积测量"→"测量地表面积"，然后通过单击鼠标绘制面，双击完成绘制，系统即自动计算面积（图5-27）。

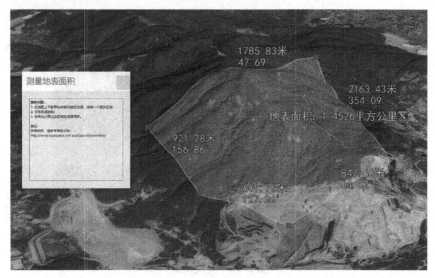

图 5-27　地表面积测量

11.4.2　空间面积测量

空间面积表示面的各要素节点所构成的空间面的面积，其大小与地形无关，与各点的高程相关。测量方法为：

单击菜单栏的"测量分析"，选择"面积测量"→"测量空间面积"，然后通过单击鼠标绘制面，双击完成绘制，系统即自动计算面积（图5-28）。

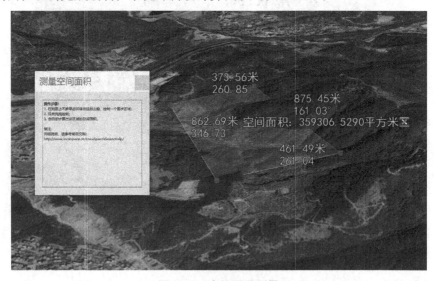

图 5-28　空间面积测量

11.4.3　投影面积测量

投影面积表示不考虑面的各节点高程，将该面投影到平面上的面积。测量方法为：

单击菜单栏的"测量分析"，选择"面积测量"→"测量投影面积"，然后通过单击鼠标绘制面，双击完成绘制，系统即自动计算面积（图5-29）。

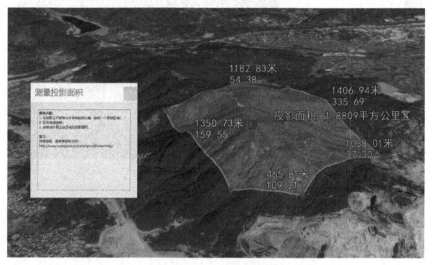

图 5-29　投影面积测量

11.5　清除测量

测量分析后，测量的距离、面积等数据会保持存在，若需要清除，有以下两种方法：

方法一：单击测量数据末端的"▦"来清除该测量信息。

方法二：单击菜单栏的"测量分析"，选择"清除测量"，即一键清除所有测量结果。

12. 影像地图下载

LSV 当前加载的不同图源的在线影像、地图数据，可以实现叠加下载，具体方法为：

单击菜单栏的"地图数据"，选择"影像/地图"，通过"绘制面""绘制矩形"或"选择面"来指定下载范围。例如想下载福州市的影像，则先在左侧栏搜索福州市，然后通过"选择面"选定该范围。

之后系统弹出"下载任务配置"对话框（图5-30），用户在其中设置底图与叠加图层（可供选择的图层为左侧栏列表中显示的当前加载的在线地图），下载任务名称即为下载的目标文件夹名称。设置完毕，单击"开始下载"即可。

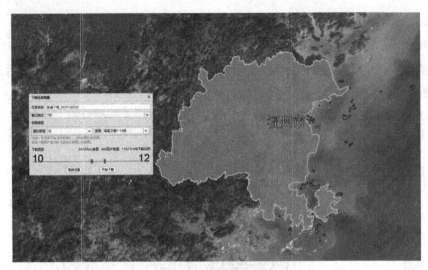

图5-30　影像地图下载

三、土地利用类型底图绘制示例

以小金门岛的土地利用类型图为例，具体绘制方法为：

（1）打开LSV，单击菜单栏的"地图数据"→"分省图"→"35-福建"→"福建卫星7-18级"，加载福建卫星图。

（2）左侧栏"地名搜索"处搜索"小金门岛"，确定其位置（图5-31）。

图5-31　定位小金门岛

（3）菜单栏→编辑→面，描绘出岛屿轮廓，双击结束绘制，命名为"小金门岛"（图5-32）。

（4）菜单栏→编辑→高级编辑→↓（插入节点），可对轮廓线插入节点并移动调整。

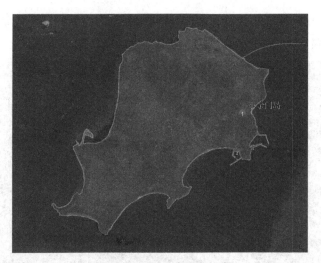

图 5-32 绘制小金门岛轮廓

（5）左侧栏→取消勾选"小金门岛"（暂不显示该图层）。

（6）根据卫星图的显示结果，识别土地利用类型。

（7）菜单栏→编辑→面，圈出土地利用类型为农田的区域，双击完成绘制，命名为"农田"。

（8）重复上一步，圈出所有农田区域（为了更快捷地绘制，农田区域可以包含建筑区域，之后再覆盖上建筑图层即可）。

（9）快捷工具栏"选中对象"→双击各个"农田"面，打开"属性样式（面）"对话框→"样式"选项→勾选"自定义面样式"→修改填充颜色、线颜色为浅绿色，不透明度为 70%（图 5-33）。

图 5-33 绘制农田区域

（10）菜单栏→编辑→面，圈定所有土地利用类型为水域的区域，命名为"水域"。

（11）参考步骤（9），将水域区域颜色修改为蓝色（图5-34）。

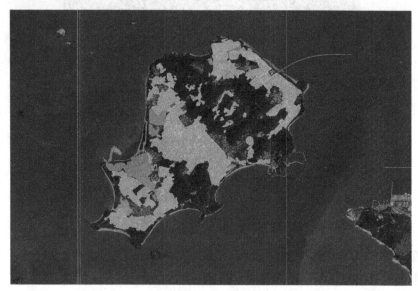

图5-34　绘制水域区域

（12）菜单栏→编辑→面，圈定所有土地利用类型为建筑的区域，命名为"建筑"。

（13）参考步骤（9），将建筑区域颜色修改为白色，不透明度100%（图5-35）。

图5-35　绘制建筑区域

（14）菜单栏→编辑→面，圈定所有土地利用类型为裸地的区域，命名为"裸地"。

（15）参考步骤（9），将裸地区域颜色修改为橙黄色（图5-36）。

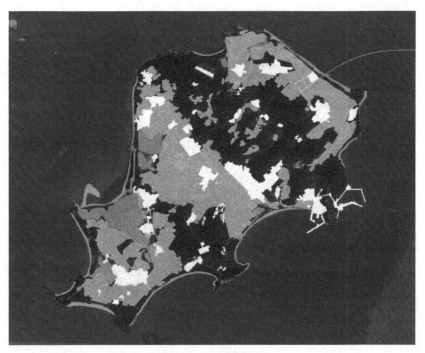

图 5-36 绘制裸地区域

（16）左侧栏→勾选"小金门岛"（显示该图层）。

（17）将"小金门岛"面的填充色设为深绿色（表示林地）。

（18）左侧栏→勾选"我的地标"（让各个图层按顺序叠放显示，图 5-37）。

图 5-37 绘制效果图

（19）菜单栏→视图→高清截屏，输出该土地利用类型图。

（20）打开其他画图工具，为土地利用类型图添加图例（图 5-38）。

图 5-38　最终效果图

第六章　环境生态工程图绘制实例

计算机辅助绘图的关键在于综合应用专业设计软件表达设计思路。尽管环境生态工程类型多样，但其主要的工程图件及规范等制图要素，多包含于环境工程及景观园林工程的设计图件及规范中。本章以环境生态工程相关的景观绿化工程的实际案例，详细讲解典型环境生态工程的图件要求以及绘制规范实例。

第一节　工程图本概述

环境生态工程的图本根据其项目类型的不同存在差异，但总体上与其他工程图件要求一样，一般包括总平图、分幅图以及各种详图，按照图纸目录、设计说明、总平面索引图、分幅图的顺序排列，其后根据项目需要，附上竖向图、节点详图、铺装详图等，即构成完整的工程图本。不同图件的含义、作用及示例如下：

（1）图纸目录：图纸目录在工程图本的最前页，其主要作用是方便人们查找图纸。图纸目录一般通过表格的形式编写，说明该工程项目由哪些图纸组成，以及各图纸名称、序号、图号、图幅大小等，便于查阅（图6-1）。

（2）设计说明：设计说明主要介绍工程概况和工程要求，其内容一般包括工程设计依据、工程概况、设计标准、施工要求以及需要特别注意的事项等，以文字的形式一一列出，如有需要可配图说明（图6-2）。

（3）总平面索引图：总平面索引图用于表示工程项目的总体布局，包括整个项目内的建筑物的方位、间距以及道路网、绿化、地形情况等。总平图上应圈定出需要放大、分幅打印的区域并标注，便于与后续的分幅图、详图相对应（图6-3）。

（4）分幅图：由于总平图的范围太大，通常不能清晰地显示出具体工程符号，需要将其放大为分幅图一一打印，从而将各工程详尽展示（图6-4）。

（5）竖向图：即标高图，是在平面图上对相应点位进行标高的图件，用于控制项目地形高程，常应用于地形整理工程、给排水、控制道路坡度时的地面标高，以及管道埋深的标高、绿化种植效果的标高图等（图6-5）。

（6）节点详图：即将整图中无法表示清楚的节点部分以较大的比例单独绘制，从而表现出构造做法、尺寸及建筑材料等（图6-6）。

（7）铺装详图：用于表明铺装材料、铺装方式的图，在涉及道路铺装等的工程项目时，需绘制铺装详图（图 6-7）。

序号	图 纸 名 称	图 号	规格	附 注
1	景观施工设计说明	SM01	A2	
2	索引总平面图一	ZT01	A1	
3	索引总平面图二	ZT02	A1	
4	索引总平面图三	ZT03	A1	
5	索引总平面图四	ZT04	A1	
6	步行系统总平面图一	YS1.01	A1	
7	步行系统总平面图二	YS1.02	A1	
8	步行系统总平面图三	YS1.03	A1	
9	3.5米景观桥详图一	YS1.04	A2	
10	3.5米景观桥详图二	YS1.05	A2	
11	3.5米景观桥详图三	YS1.06	A2	
12	文笔桥详图一	YS1.07	A2+2	
13	文笔桥详图二	YS1.08	A2	
14	文笔桥详图三	YS1.09	A2	
15	3.5m宽景观桥结构图	JS1.01	A2	
16	庙入口节点索引总图	YS2.01	A1	
17	庙入口节点种植总平面图	LS2.01	A1	
18	庙入口节点乔灌木种植平面图	LS2.02	A1	
19	庙入口节点地被种植平面图	LS2.03	A1	
20	庙入口节点景观给水总图	SS2.01	A1	
21	庙入口节点景观照明设计说明	DS2.01	A2	
22	庙入口节点景观照明平面图	DS2.02	A1	
23	庙入口广场索引总图	YS3.01	A1	
24	庙入口广场尺寸标注图	YS3.02	A1	
25	庙入口广场竖向标高图	YS3.03	A1	

				建设单位		业务号	
				工程名称		图别	
专业负责		设 计		图纸	图 纸 目 录	日期	
						版本	
校 对		编 制		内容		共5页 第1页	

图 6-1　图纸目录示例

图 6-2　设计说明示例

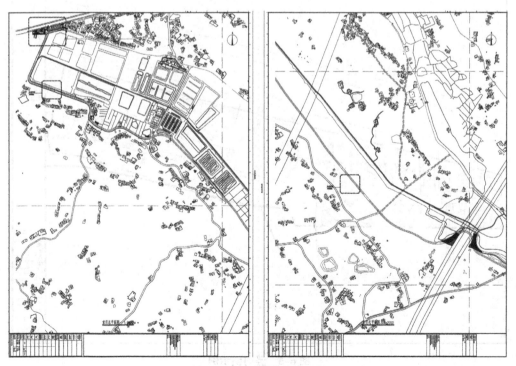

图 6-3　总平面索引图示例

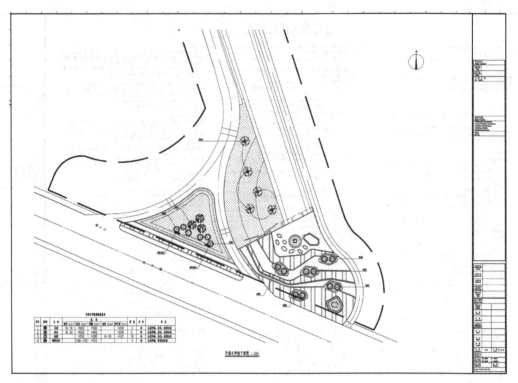

图 6-4 分幅图示例

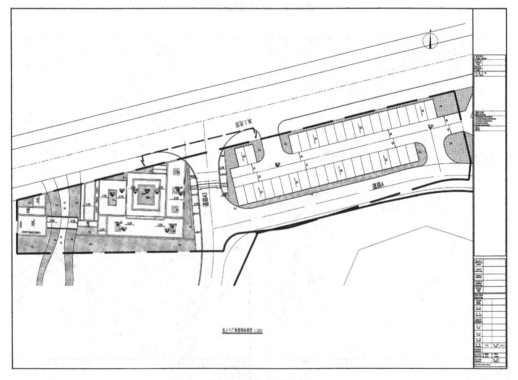

图 6-5 竖向图示例

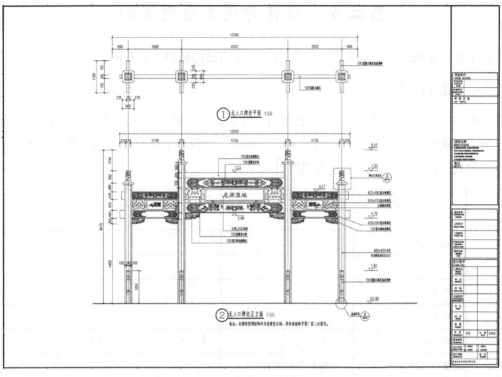

图 6-6 节点详图示例

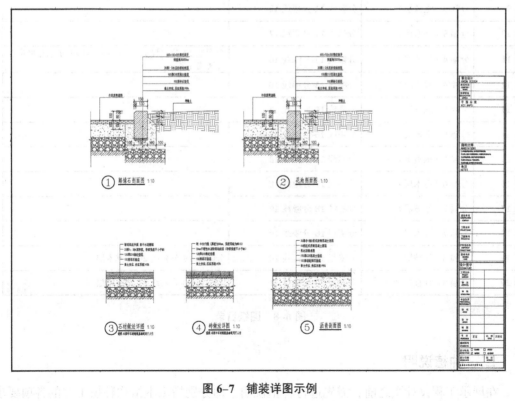

图 6-7 铺装详图示例

第二节　植物种植工程图实例

本节以"某河段生态隔离带工程"为例，介绍植物种植工程图的实例。

一、图纸目录

植物种植工程的图本应包括种植说明与要求、全工程项目的总平面索引图以及分幅图，为了清晰展示不同植被，可将乔木层与地被层的种植工程分别绘图。各图纸按图 6-8 的顺序排列，以表格的形式汇总成图纸目录。

序号	图纸内容	图示范围	说明
1	种植说明		
2	种植技术要求		
3	苗木说明		
4	总平面索引图		
5	控制点坐标		
6	分幅 1（乔木层）	分幅线 9-分幅线 10	分幅 1 的地被层，已在一期工程中完成
7	分幅 2（地被层）	分幅线 10-分幅线 11	
8	分幅 2（乔木层）	分幅线 10-分幅线 11	
9	分幅 3（地被层）	分幅线 11-分幅线 12	
10	分幅 3（乔木层）	分幅线 11-分幅线 12	
11	分幅 4（地被层）	分幅线 15-分幅线 16	分幅线 12-分幅线 14 间区域因地形因子未开展生态隔离带工程
12	分幅 4（乔木层）	分幅线 15-分幅线 16	
13	分幅 5（地被层）	分幅线 16-分幅线 17	
14	分幅 5（乔木层）	分幅线 16-分幅线 17	
15	分幅 6（地被层）	分幅线 17-分幅线 18	
16	分幅 6（乔木层）	分幅线 17-分幅线 18	
17	分幅 7（地被层）	分幅线 18-分幅线 19	
18	分幅 7（乔木层）	分幅线 18-分幅线 19	
19	分幅 8（地被层）	分幅线 19-分幅线 20	分幅线 19-分幅线 20 无乔木层
20	分幅 9（地被层）	分幅线 20-分幅线 21	分幅线 20-分幅线 21 无乔木层

图 6-8　图纸目录

二、种植说明

在展示工程设计图之前，需先进行种植说明，即分别指出本植物种植工程的各项要求及注意事项，包括苗木规格的要求，种植土壤的要求，土挖大小的要求，种植地被、草坪以及乔木的要求，支撑要求，灌溉水要求等等，最好辅以图片，以便更形象地表现种植技术要求（图 6-9）。

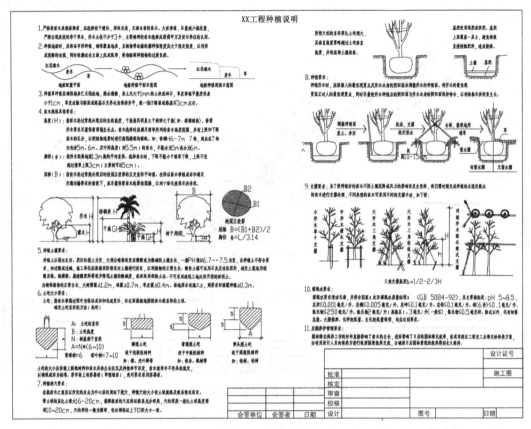

图 6-9　种植说明

三、总平面索引图

总平面索引图需要用到工程范围的底图，如果甲方提供了 AutoCAD 底图，则直接打开绘制即可，若没有该底图，则需自行描图。总平面索引图的总体制作步骤为：

（1）在百度地图或 OpenStreetMap 等在线地图网站上截取本工程项目的电子地图，或通过 Locaspace Viewer 截取影像图。

（2）将图片插入 AutoCAD，进行线条描图，绘制出道路、建筑物等要素，表征该工程范围内的地物特征，不同要素可采用深浅不一的颜色，区分主次。

（3）通过"缩放"命令将描画好的底图缩放为真实大小，方便后续的绘制以及比例控制。

（4）按一定距离添加分幅线并标注，为后续绘制分幅图定位。

（5）切换至 AutoCAD 布局空间，调整视口大小、设置图形比例并添加比例尺、指北针。

（6）在图形下方添加图名、绘制标题栏并填写信息，即可打印出图（图6-10）。

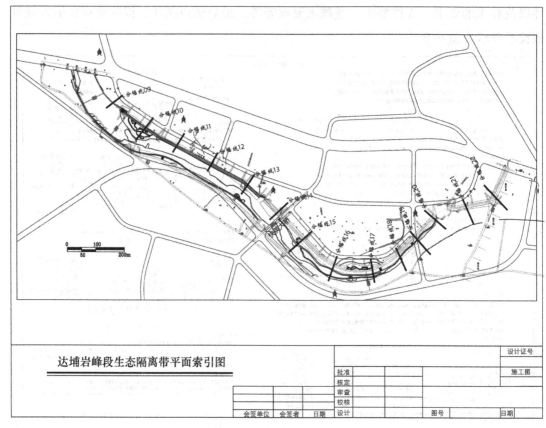

<table>
<tr><td colspan="8">达埔岩峰段生态隔离带平面索引图</td><td></td><td></td><td colspan="2">设计证号</td></tr>
<tr><td></td><td></td><td></td><td></td><td></td><td></td><td>批准</td><td></td><td></td><td></td><td colspan="2">施工图</td></tr>
<tr><td></td><td></td><td></td><td></td><td></td><td></td><td>核定</td><td></td><td></td><td></td><td></td><td></td></tr>
<tr><td></td><td></td><td></td><td></td><td></td><td></td><td>审查</td><td></td><td></td><td></td><td></td><td></td></tr>
<tr><td></td><td></td><td></td><td></td><td></td><td></td><td>校核</td><td></td><td></td><td></td><td></td><td></td></tr>
<tr><td colspan="2">会签单位</td><td>会签者</td><td></td><td>日期</td><td></td><td>设计</td><td></td><td></td><td>图号</td><td></td><td>日期</td></tr>
</table>

图 6-10　总平面索引图

四、分幅图

在总平面索引图的基础上，放大图形至各个分幅图的范围，即可进行分幅图绘制。如图 6-11 所示，是分幅图 1 的绘制结果，绘制步骤为：

（1）网格绘制：实际施工中，一般通过网格进行定位，可通过 AutoCAD 的阵列或偏移命令进行绘制，如图 6-11，为 5 m×5 m 的网格。

（2）植物配置：调用素材库中已有的植物图例，根据需要复制至工程图上。不同的植物种类采用不同的图例表示。绘制时，注意图例表征的植物冠幅大小，以及各个植物的种植间距。

（3）文字注释：通过"文字样式"命令设置文字的字体、高度等参数，通过"单行文字"对不同的植物图例分别标注，并通过"直线"命令添加引线。同时，根据需要对部分建筑、河流添加文字注释。

（4）绘制指北针：通过直线、圆、镜像、修剪、旋转等命令，绘制指北针。

（5）调整视口及比例：切换至 AutoCAD 布局 – 图纸空间，调整视口大小、设置图形显示比例。

（6）调整图形位置：切换至 AutoCAD 布局 – 模型空间，平移调整图形位置（不要缩放更改图形比例）。

（7）制作植物名录表：切换回 AutoCAD 布局 – 图纸空间，添加植物名录表，说明所用的植物名称、数量、规格及其图例等信息。图 6-11 的植物名录表较为简单，可参考图 6-12 的格式制作植物名录表。

（8）添加标题栏：在图形下方绘制标题栏，填写相关信息，并添加图名、比例尺以及网格尺寸注释，即完成分幅图 1 的绘制，可打印出图。

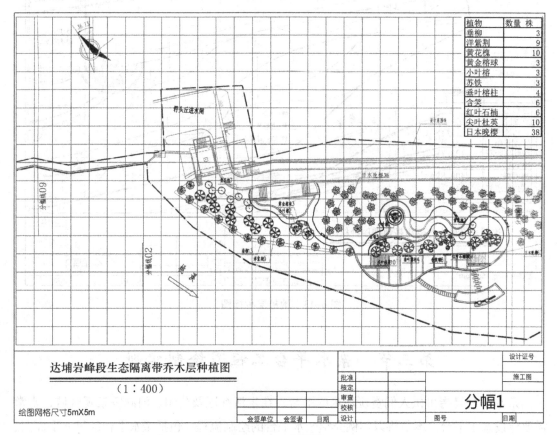

植物	数量 株
垂柳	3
洋紫荆	9
黄花槐	10
黄金榕球	3
小叶榕	3
苏铁	3
垂叶榕柱	4
含笑	6
红叶石楠	6
尖叶杜英	10
日本晚樱	38

达埔岩峰段生态隔离带乔木层种植图
（1：400）
绘图网格尺寸5m×5m

图 6-11　分幅图

乔灌木种植规格数量表

序号	图例	名称	规格 胸径 (cm)	高度 (cm)	冠幅 (cm)	地径 (cm)	净杆高 (cm)	数量	单位	备注
1		栾树	14–15	>600	>450		>200	77	株	全冠种植，姿态，造型优美
2		银杏	18–20	>600	>400		>200	6	株	全冠种植，姿态，造型优美
3		桂花		>250	>200	8–10	>100	5	株	全冠种植，姿态，造型优美
4		深山含笑	14–16	>500	>350		>200	21	株	全冠种植，姿态，造型优美
5		柞木桩景		>200		18		2	株	全冠种植，至少五层

图 6-12　植物名录表

其他分幅图的绘制方法可参考上述分幅图1的步骤，需要注意的是，地被层的种植图与乔木层种植图略有不同，如图6-13，地被层植物不通过植物图例表示，直接在相应区域添加文字标注，说明种植的植物种类与面积即可。

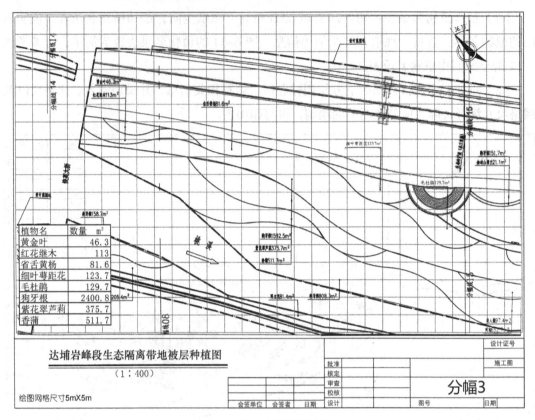

植物名	数量 m²
黄金叶	46.3
红花继木	113
省舌黄杨	81.6
细叶萼距花	123.7
毛杜鹃	129.7
狗牙根	2400.8
紫花翠芦莉	375.7
香蒲	511.7

达埔岩峰段生态隔离带地被层种植图

（1：400）

绘图网格尺寸5mX5m

图 6-13　地被层种植图

第三节　亲水平台工程图绘制实例

亲水平台是指可供人们赏玩戏水的平台，在生活社区及公园、河湖等景观区域，常常需要建设亲水平台，本节将以实例介绍亲水平台的绘制流程，包括亲水平台的尺寸平面图、铺装平面图、剖面图以及大样图，成图数据及要求见最终出图（图6-33至图6-34），具体绘制流程如下。

一、绘制亲水平台平面结构

1.绘制平台结构轮廓

平台结构轮廓绘制过程如图6-14所示。具体步骤如下：

（1）打开 AutoCAD，导入工程地电子地图或影像图，建立"水岸"图层，通过样条曲线描画水岸形状。

（2）建立"平台轮廓"图层，通过圆、直线及修剪命令绘制平台轮廓。

（3）建立"步道"图层，通过矩形、样条曲线及路径阵列命令绘制步道。

（4）建立"景观石"图层，通过手绘线命令绘制景观石，并镜像复制在景观场地两侧。

（5）建立"景观构筑物外框"图层，通过圆弧、直线命令，偏移命令等，绘制景观构筑物外框。

建立"铺地分割线"图层，通过圆、圆弧、直线等命令，绘制木平台、花坛的轮廓。

通过直线命令绘制建筑轴线，通过圆、圆弧、环形阵列及修剪命令，绘制花坛轮廓。

过程示意如图 6-14 所示。

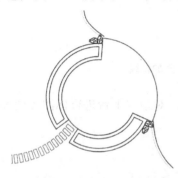

　　　步道、外框和景观石轮廓　　　　　　　　木平台、花坛轮廓

图 6-14　绘制亲水平台轮廓

2. 填充各结构图层

平台结构填充过程示意如图 6-15 所示。具体步骤如下：

（1）建立"草地填充"图层，在花坛中心及两侧的景观构筑物外框中填充草地图案。

（2）建立"木平台"图层，通过直线、环形阵列及修剪命令，在木平台填充木纹，通过圆、圆弧、直线、复制等命令，在木平台外侧绘制栏杆。

（3）建立"铺地填充"图层，在平台的不同材质区域分别填充不同的图案。

（4）至此，亲水平台大体绘制完毕，此图形用于铺装平面图出图。全选并复制该图形，接下来将据此制作尺寸平面图。

　　　　　填充草地　　　　　　　　　　　填充花坛及木平台

图 6-15　平台图层填充

3. 标注尺寸

（1）删去图案填充，建立"构筑轴线"图层，绘制构筑轴线与小品轴线，修剪掉小品轴线一侧的木纹，如图 6-16。

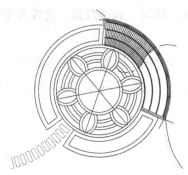

图 6-16　调整填充及添加轴线

（2）新建"尺寸标注"图层，设置标注样式，对亲水平台进行标注（图 6-17），此图形用于亲水平台尺寸平面图出图。

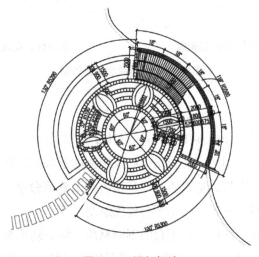

图 6-17　添加标注

二、绘制木条及花坛组件结构

1. 绘制木条大样图

新建"木条大样"图层，通过直线命令绘制木条大样图，并标注（图 6-18）。

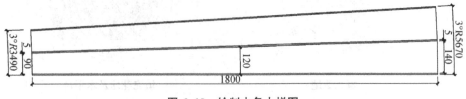

图 6-18　绘制木条大样图

2. 绘制花坛剖结构图

（1）绘制花坛剖面图：新建"花坛剖面"图层，利用直线、圆结合偏移、修剪命令，绘制景观构筑物外观以及剖切结构线（图6-19），不同类型的线条用不同颜色区分。

图6-19 绘制花坛剖面图

（2）切换至"铺地填充"图层，添加必要的辅助线以形成填充区域，利用填充命令在不同结构层次分别填充不同的图案，再将辅助线删除（图6-20）。

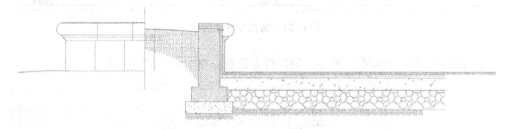

图6-20 填充花坛剖面图

（3）新建"灌木"图层，复制素材库中的灌木图案进行粘贴，或通过圆弧命令绘制简单的灌木（图6-21）。

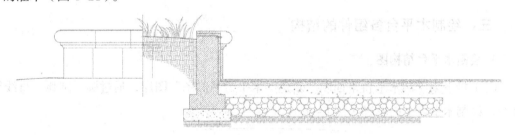

图6-21 绘制灌草丛

（4）切换至"尺寸标注"图层，为花坛剖面图添加标注（图6-22）。

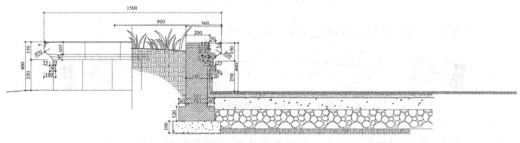

图6-22 添加标注

3. 绘制栏杆结构图

（1）绘制栏杆立面图：新建"栏杆"图层，通过直线、矩形、修剪等命令绘制立面栏杆的轮廓（图6-23）。

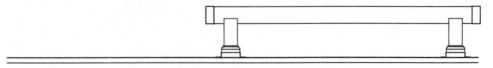

图6-23　绘制栏杆立面图

（2）在栏杆的不同材质区域分别填充图案（图6-24）。

图6-24　填充栏杆立面图

（3）切换至"尺寸标注"图层，为栏杆立面图添加标注（图6-25）。

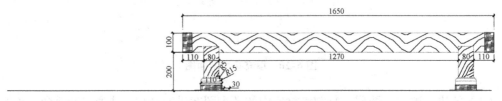

图6-25　添加标注

三、绘制木平台各组件的结构

1. 绘制木平台结构图

（1）接下来绘制木平台平面图。新建"木平台平面图"图层，通过圆、圆弧、直线等命令，绘制木平台平面轮廓（图6-26）。

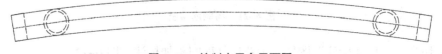

图6-26　绘制木平台平面图

（2）在图形两侧的矩形区域填充图案（图6-27）。

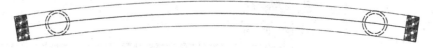

图6-27　填充木平台平面图

（3）切换至"尺寸标注"图层，为木平台平面图添加标注（图6-28）。

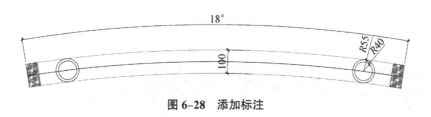

图 6-28　添加标注

2. 绘制木栏杆结构图

（1）绘制木栏杆剖面及钉子：新建"木栏杆剖面图"图层，绘制剖切结构线及木栏杆上的钉子，如图 6-29 所示。

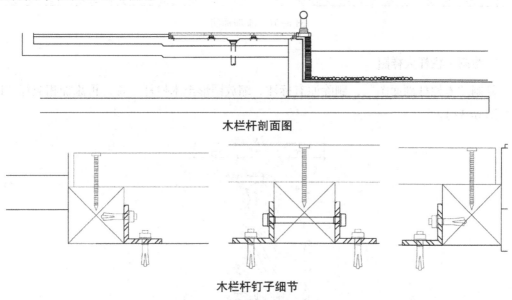

木栏杆剖面图

木栏杆钉子细节

图 6-29　木栏杆剖面及钉子细节

（2）填充木栏杆剖面图：用不同材质区域分别在填充木栏杆剖面结构中填充不同的图案（图 6-30）。

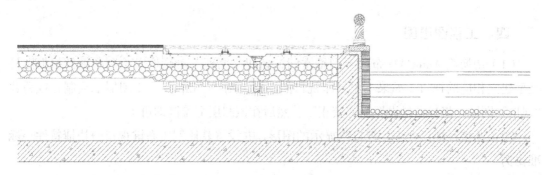

图 6-30　填充木栏杆剖面图

（3）切换至"尺寸标注"图层，添加标高以及其他标注（图 6-31）。

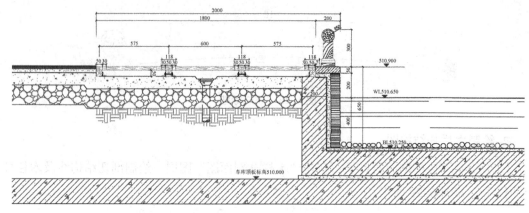

图 6-31 添加标注

3. 绘制木栏杆大样图

复制"木栏杆剖面图",删除原有标注,缩放图形至木栏杆位置,再添加相应标注即可(图 6-32)。

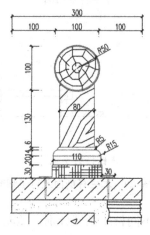

图 6-32 绘制木栏杆大样图

四、工程图出图

(1)切换至 AutoCAD 布局 – 图纸空间,新建"图框"对话框,绘制图框并根据图件类型建立相应的视口(如果不想打印视口的图框,则在"dfpoint"1 图层上绘制,或另建"视口"图层,将打印机设置为"禁止",然后在该图层上绘制即可)。

(2)调整各视口大小、视口内显示的图形,并设置其比例(右键视口→快捷特性→标准比例)。

(3)切换至 AutoCAD 布局 – 模型空间,平移调整图形位置,切记不要缩放更改图形比例。

(4)切换至 AutoCAD 布局 – 图纸空间,新建"文字说明"图层,为各图添加图名、比例尺，以及相应的文字说明及索引线。

（5）最后，在标题栏添加相关信息，即可打印出图（图6-33、图6-34）。

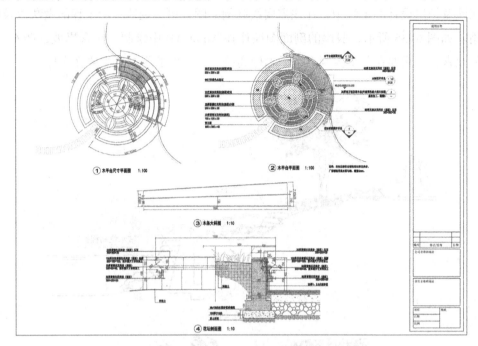

图 6-33 亲水平台平面及花坛施工详图的出图效果

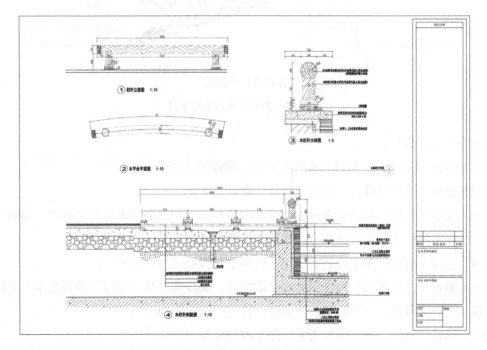

图 6-34 亲水平台木栏杆施工详图出图效果

第四节 护岸工程图绘制实例

在涉及护岸设计的工程中，往往需要绘制剖面图，更直观地展示工程的做法以及材料的使用。如图 6-35 所示，驳岸的剖面图往往在 AutoCAD 中绘制，包含岸坡、砖石、水、植物等元素，并需要在各个控制点位添加标高符号，相应的石材也需要文字标注。

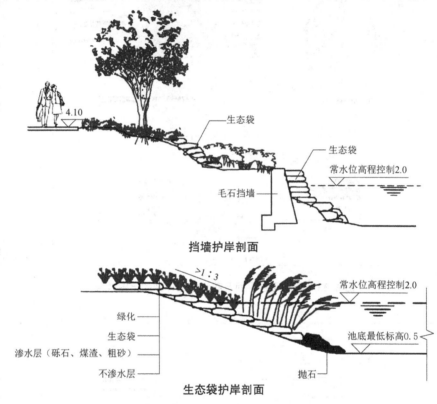

挡墙护岸剖面

生态袋护岸剖面

图 6-35 护岸工程剖面图示意

总体绘制流程为：

（1）打开 AutoCAD，通过"直线"命令绘制岸坡、挡墙。

（2）根据实际工程设计，绘制生态袋、抛石等元素。

（3）通过"复制"命令将素材库中已有的植物立面图复制至本图形文件中，通过"缩放"命令将植物缩放至合适的大小，并调整植物的颜色。

（4）通过"直线"命令绘制水位线，调整水位线的线型、颜色。

（5）通过"文字样式"命令设置文字的字体、高度等参数，通过"单行文字"对图中的材料、图形符号进行文字说明，并通过"直线"命令添加引线。

（6）通过"直线"及"单行文字"命令添加标高。

（7）至此，驳岸的剖面图绘制完成，打印出图即可。

第七章 环境生态工程效果图制作实例

相较于传统的环境工程对工程图的绘制要求而言，环境生态工程方案设计过程中，往往需要进行效果图绘制。本书前面章节已经分析了效果图对表达设计思路、加深理解设计意图的重要性，并系统地讲解了平面图绘制、三维图制作及图像后期效果处理等基础软件的使用方法，本章将进一步讲解综合运用这些软件辅助绘制意向效果图、平面效果图、立体效果图的方法和案例。但无论哪一种效果图，都离不开透视、光的色彩和阴影的表现，因此，这三个绘图的要素作为基础知识在本章加以介绍。

第一节 透视与光影基础

一、透视原理

1.透视的基本概念

作效果图时，透视表达是还原场景真实性的重要组成部分，也是绘图（包括手绘和计算机绘图）的基础。无论在手绘图或者是计算机绘图中，画面中的物体的空间布置都要以合理的透视为依据，即明确观察者与被观察物体的位置关系，图 7-1 简要概括了这些关系。为了便于理解，这里介绍一些关于透视的基本概念。

- ☑ 立点：人站立的位置。
- ☑ 视高：立点到视点的高度。
- ☑ 画面：人与物体间的假设面。
- ☑ 基面：物体放置的平面。
- ☑ 基线：视点在画面上的投影点。
- ☑ 视点：人的眼睛的位置。
- ☑ 视平线：视点的左右水平延伸，又称眼在画面高度的水平线。

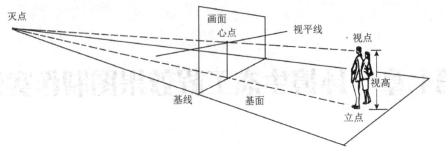

图 7-1　透视关系

2. 透视图的基本特点

除了上述基本概念外，还需要了解透视图的几个特点（图 7-2），归纳起来：

（1）近大远小：两个体积相同的物体，离画面越近，则物体越大。

（2）近宽远窄：两个同样宽度的边长，离透视画面越近，则越宽，反之，则变窄。例如，如果站在铁路中间往远处看，会看到铁路越来越窄的视觉效果。

（3）近实远虚：距离画面近的物体会看得更清晰，远处的就比较模糊。

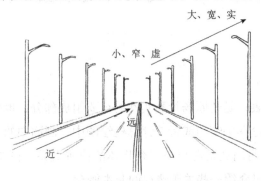

图 7-2　透视图的基本特点

3. 几种透视画法

（1）一点透视：又称平行透视，其画法特点是，一点透视只有一个消失点，且立方体正对画面时，其各边平行于画面的边线。如图 7-3 所示。

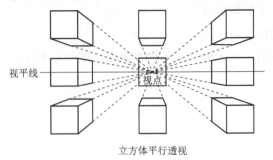

立方体平行透视

图 7-3　一点透视画法

（2）两点透视：又称成角透视。它有两个消失点，体现在画面上，表现为立方体的任何一面的水平边都不与画面平行，但垂直边与画面平行，如图 7-4 所示。

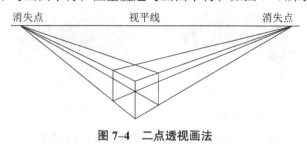

图 7-4　二点透视画法

（2）三点透视：有三个消失点，因此，立方体的任何一面水平边，都不与画面平行，如图 7-5 所示。

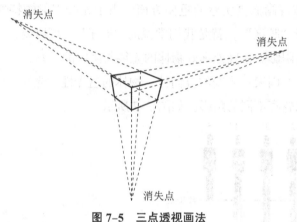

图 7-5　三点透视画法

二、调色基础

色彩在一副作品中有着关键性的作用。一幅照片给我们带来第一眼冲击的便是照片的色彩。色彩原理是调色的基础，只有了解色彩原理后，运用调色工具调整色彩才会得心应手，事半功倍，色彩模式与混色是了解色彩的基础。

常见的色彩模式有：RGB、CMYK、HSB 以及 Lab 等。在 PS 中，使用最多的便是 RGB 色彩模式与 CMYK 色彩模式。前者多应用在电子显示，后者则广泛用于印刷配色。RGB 色彩模式基于三基色原理。在物理的三棱镜实验中，白光穿过棱镜后被分解成红、橙、黄、绿、青、蓝、紫的过渡，我们的人眼对红、绿、蓝三色最为敏感，大多数的颜色都可以通过红、绿、蓝按照不同比例合成产生，这种比例的合成我们将之称为混色。在使用 PS 进行调色时，运用最多的便是混色。

混色在我们生活中非常常见，例如水彩绘画中，通过将不同的颜料混合在一起得到更加丰富的色彩。PS 中可以使用调色工具，通过混色来得到我们所需的色彩。我们熟知的色彩原理中，RGB 三色的混色：蓝色 + 红色 = 紫色、蓝色 + 绿色 = 青色、红色 + 绿色

= 黄色。CMYK 三色的混色：黄色 + 蓝色 = 绿色、黄色 + 洋红 = 红色、洋红 + 青色 = 蓝色。PS 的调色基于 RGB、CMYK 等色彩模式的混色，如图 7–6 所示。

图 7–6　RGB（左）与 CMYK（右）三色调色

三、光线与阴影

光影的运用是体现画面真实感的重要方面。由于光线直射的特性，遇到不透光的物体，会产生一个投影"暗区"，就是我们常说的"影子"。可以说，无论什么样的设计图片，只要有光，就有阴影。正确处理好物体的光线与阴影的关系，会让作品更具真实感。

阴影的形成有三个因素：光线的方向性；物体的透光性；光线与物体的角度。由此而形成了大小、浓淡和轮廓不同的阴影。如图 7–7 所示。

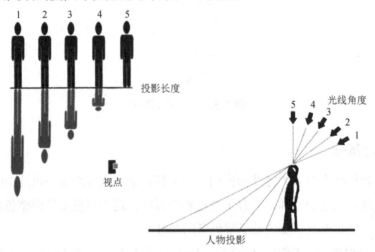

图 7–7　光线与阴影的关系

第二节　光影的处理

一、绘制阴影效果

阴影的逼真程度直接影响到图形的真实感。在 PS 中，要制作一个逼真的阴影，通常要结合多种工具，例如，变形、蒙版、色彩的调整以及滤镜中的动感模糊和高斯模糊等，而且还要根据日照方向和角度、物体的高度等，把握阴影的走向，甚至还要考虑地面材质，考虑叠加后阴影的深浅，甚至还要考虑阴影投落的平面起伏等。下面用实例说明制作平面效果图和立体效果图中树的阴影的方法。

1. 平面效果图添加阴影

平面效果图的阴影添加相对简单，通常采用两种方法：对于边缘较为规整的物体，例如围墙、建筑等，可以直接根据阴影的走向，采用选框或路径工具绘制轮廓，并采用填充工具，填充黑色，以形成阴影；对于一些不规则的物体，则一般采用图层样式设置直接添加阴影。这里介绍用图层样式设置添加阴影的方法，以平面效果图的树冠层投影为例，步骤如下：

在图层调板中，选择需要投影的树冠层（图7-8），找到图层调板下面的 $f(x)$ 键，点开菜单，选择"混合选项"，调出"图层样式"对话框。

📖 **提示：** 将鼠标移至图层调板中的图层栏，双击鼠标左键，也可以直接调出"图层样式"对话框。

在弹出来的"图层样式"对话框界面中，单击投影，面板右边出现"投影"设置选项，根据选项参数设置，可以调动阴影的方向、大小、深浅等等，还可以给阴影添加杂色等效果。

根据整体光影的要求，将各投影参数调节到满意效果之后，单击确定即可。

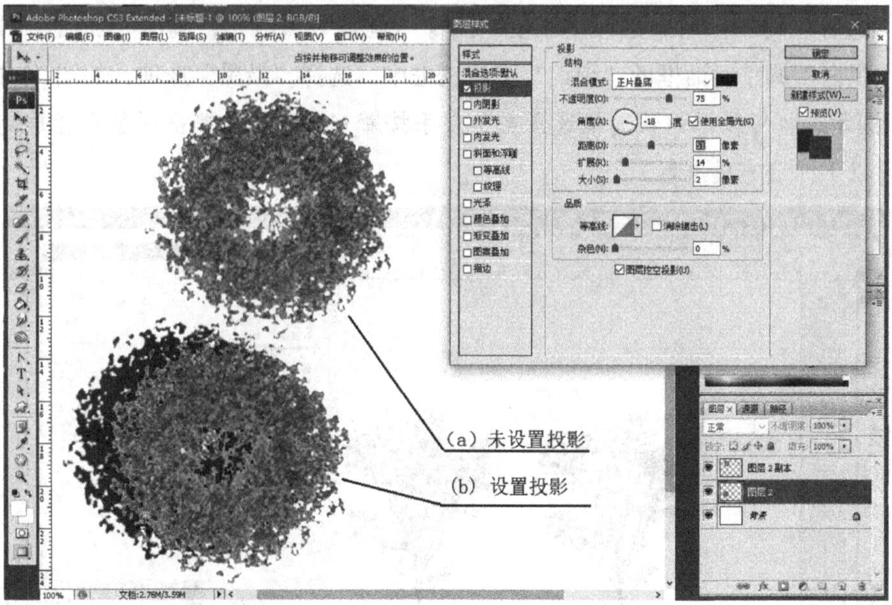

图7-8 图层样式中投影参数设置面板

2. 立体效果图添加阴影

立体效果图中添加阴影相对较为复杂，对形状规整的物体可以采用"绘制轮廓"→"填充黑色绘制"，但不能采用平面效果图中的"图层样式"添加投影方式。这里介绍一种采用颜色调整加变形的方法来制作阴影。

（1）新建图层，图层命名为"树"，拷入立面树素材，单击选择"树"图层，单击鼠标右键，从快捷菜单中选择"复制图层"，复制出"树副本"图层（图7-9）。

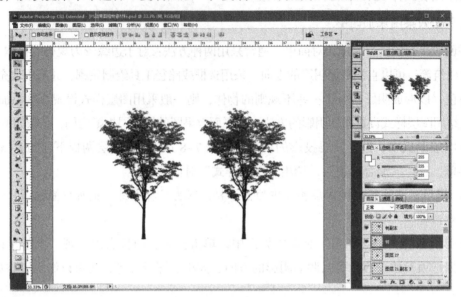

图7-9　新建并复制的树图层

（2）选择"树"图层，选择主菜单"图像→调整→黑白"，调出"黑白"调整对话框。在"黑白"调整对话框的"预设"下拉选框中，选择"最黑"选项，如图7-10所示。

📖 **提示：** 也可以采用快速框选图层（左手按着Ctrl，右手单击图层或者是使用选框工具都可以）并填充成黑色。

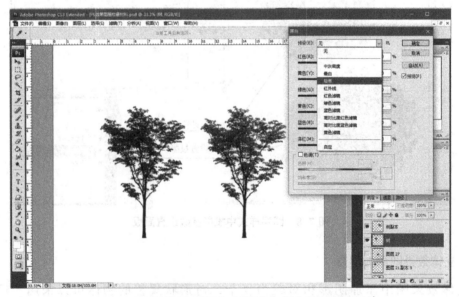

图7-10　调整树图层的颜色（"黑白"颜色调整对话框）

（3）采用自由变换对阴影层变形：先按Ctrl+T键，形成变形框后，左手按着Ctrl键，鼠标左键选择变形框周边的点，直接拉动变形到合适位置即可，如图 7-11 所示。

图 7-11 采用余切变换树影层

（4）选择阴影图层的透明度，将透明图改动调整到适合的透明度，变形完成后，还应调整一下阴影位置对齐原实体，如图 7-12 所示。

图 7-12 图层调板调整树影层填充透明度

二、水波与倒影效果

1. 制作水波纹

水景往往是生态工程效果图中重要的元素，水景效果除了光影处理外，添加合适的水波纹往往可以直到增强真实性的效果。应用水波纹的场景有很多，例如实际效果图中，陆岸景色在水中的倒影，或者置于玻璃桌面物体形成倒影等，往往需要结合水波纹的处理提高真实性。制作水波纹的方式有很多，可以利用图形融合、滤镜中"扭曲"滤镜组等方式。这里介绍一种利用"模糊"滤镜组和图层混合相结合的方式，具体步骤如下：

（1）新建两个图层，设置前景色和浅蓝色，背景色为深蓝色，并选择工具栏"油漆桶"工具，将图层 2 直充前景色，选择工具栏"渐变工具"，将图层 2 填充渐变色，如图 7-13 所示。

图 7-13　填充颜色设置及渐变填充图层

（2）选择主菜单"滤镜→杂色"，为图层 2 添加杂色，参数见图 7-14。

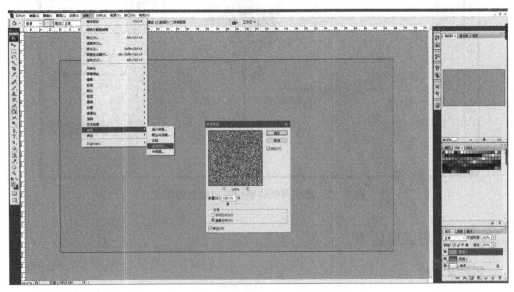

图 7-14　添加杂色的参数设置面板

（3）选择主菜单"滤镜→模糊→动感模糊"，将添加杂色的图层增加模糊效果。同时选择主菜单"图像"，调整颜色成为自动对比度（图7-15）。

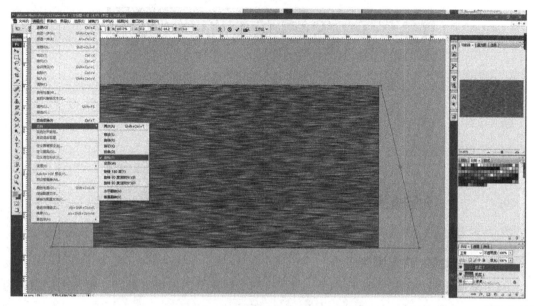

图7-15 动感模糊及自动对比度的效果

（4）设置图层调板中"混合样式"为"叠加"，效果如图7-16所示。

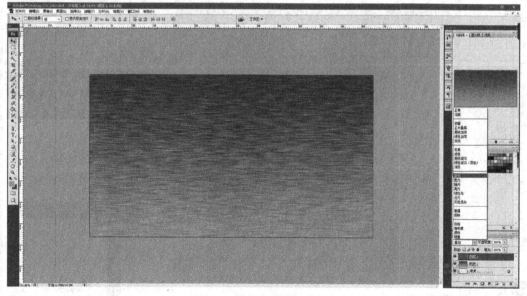

图7-16 水波纹制作效果

2. 制作水面倒影

水波倒影相对于其他倒影制作方法要复杂一点。但有了上面的基础，就比较容易了。大致可以分3个关键步骤：利用（陆上部分）垂直翻转作为倒影的素材；用蒙版加渐变拉出倒影透明过渡；最后利用前述方法制作水波纹素材，再用置换滤镜做出水纹效果。现用如图 7-17 所示照片为例制作水面倒影。

图 7-17 例图

（1）新建文件，拷入原照片。

（2）复制原照片图层：按 Ctrl+T，向下拉动变形框至图像垂直翻转，将该图层命名为"反射层"，并置于原图层的下方，如图 7-18 所示。

图 7-18 制作反射层

（3）按前节所述方式制作"水波纹层"，并置于"反射层"下方。

（4）选择反射层，设置图层蒙版，采用渐变模式改变反射层的透明度至合适为止，如图 7-19 所示。

图 7-19　利用图层蒙版及图层叠加后的效果

　　上述方法只是制作水波倒影的一种简单方法，如果要制作逼真的效果，步骤则复杂得多，比如利用"扭曲→置换"滤镜等，可以参考相关的资料深入学习。

第三节　意向图的绘制

　　尽管因表达内容和要求有所不同，意向图的性质基本一样，即只要能传达设计理念或思路即可。因此，一般情况下，意向图的绘制要尽可能简洁而抽象。本节重点介绍利用 PS 的图形整理和图层融合方式合成意向图的方法。下面以美丽乡村建设方案设计为例，说明对村貌改造意向图绘制的关键环节。

一、拍摄现状照片

1. 拍摄要求

　　为了更具有真实感，一般采取现场照片进行修图和改造的模式。现场照片的完整和美观性，直接决定了后期图形处理成功与否，因此要十分重视现场照片的拍摄过程，具体如下：

　　（1）拍摄前的要求：完整了解设计总体构思和传达的理念，确定拍摄节点。在初步确定改造平面布局及改造分部工程段面后，根据改造要求及表达意向，选取节点工程作为拍摄现场照片的位置。

　　（2）拍摄要求：照片须具大景深、高清晰像素，同时，取景时，还需要选择合适的拍摄角度，展现重点改造区域，尽量拍摄成类似一点透视视角的正面影像，便于后期透视处理（一般要多拍照片便于筛选）。

2. 照片初步处理

主要筛选标准：以人物较少、画面简洁明快、景深大、色彩层次分明作为照片的筛选标准。筛选照片后，可根据需要，保存照片，并进一步进行色彩和画幅处理，如添加位置标识后备用（如用作效果图的备份不应添加标识）。

以某村庄美丽乡村生态提升改造为例，就某村庄入口改造的意向设计，拍摄的入口照片如图 7-20 所示。

图 7-20　村庄入口现状照片（添加位置图标）

二、准备绘图素材

根据改造意向，收集相关素材，可以从网络查找或直接绘制素材，包括：

（1）人物素材：网络查找相关人物场景图片，通过 PS 抠图处理，获得合适的素材。

（2）小品素材：根据设计要求，准备或制作石头、亭子、栈道等小品。本设计中主要小品为刻村名的立石，须自己绘制。

（3）自然景物素材，如根据需要选择各种乔、灌、花草等植物，或者水景、鸟儿等素材。本设计主要是植物及农田作物素材。

三、图像处理

根据设计要求，利用 PS 结合拍摄照片和素材进行图片处理，表达村庄入口改造效果，如图 7-21 所示。

村庄入口改造后效果图

图 7-21 村庄入口改造效果图

意向图的 PS 处理关键步骤如下：

（1）新建文件，拷入现状照片作为背景图层。

（2）照片修整：利用工具栏中的仿制图章工具，将照片中一些不和谐的景物擦掉，例如，背景照片中的电线杆、电线等。

（3）路面提亮及阴影：新建颜色调整图层，选择道路区域调整亮度。

（4）路面树影效果：新建路面树影图层，采用前述阴影制作方式制作树影，透视变形至贴合路面，调整透明度至合适即可。

（5）添加远景农田效果：对照背景图片，根据透视原理，选择相应农田改造区域建立选区，选择农田素材，采取选区贴入的命令，将素材贴入并调整（形状变换或移动）至合适。

（6）植物添加：新建各植物素材图层，根据透视原理和色彩要求，根据合适的透视角度，由远及近，由后及前，放置相应的植物素材图层并改变大小及虚实。植物素材大小及虚实通过 PS 的旋转、变形、色彩和透明度的调整等工具实现。

（7）制作村庄入口文字标志景观石并放置在合适位置：制作方法参考本书前面章节介绍。

（8）人物添加：在路口等人群活动位置放置人物素材，增加真实感。

（9）整体画面氛围的营造：根据生态特点，增加山体的云雾，调整局部色彩等。其中，云雾素材可以采用图层颜色混合带方式添加。

至此，基本可以完成效果图的表达。

第四节　平面效果图的绘制

平面效果图通常要结合几个软件共同完成。首先，工程的总平布局图，要基于

AutoCAD 绘制，而总平效果图则需要结合 PS 软件进行后期处理完成。本节以某河岸生态整治提升工程为例来演示 AutoCAD 结合 PS 制作平面效果图的方法。

一、AutoCAD 绘制总平图

总平图的绘制通常在 AutoCAD 里完成。绘制总平 CAD 图时，要求分层作图，做到简洁、准确。譬如道路、建筑、植物、铺地等。这是因为，具有干净图层的 AutoCAD 图层，不仅有利于 AutoCAD 绘制过程的修改、整理，在后期效果图绘制中，也可以提高工作效率，节约时间。

总平图完成后，要按 PS 填充需要，分层处理。这是因为大部分的 PS 处理是基于选区完成的。供做总平效果图的 AutoCAD 图分层，要适应于 PS 选区建立。尤其是一些需要大面积色块填充的区域，在绘制过程中要注意区域的封闭性。

图 7-22 显示了某河岸生态整治提升工程绘制效果图区域，相较于总平图，该效果区域图隐去了不必要的标注、填充等。同时对道路、河流等一些可能不封闭的地方进行了封闭，方便 PS 后期建立选区。

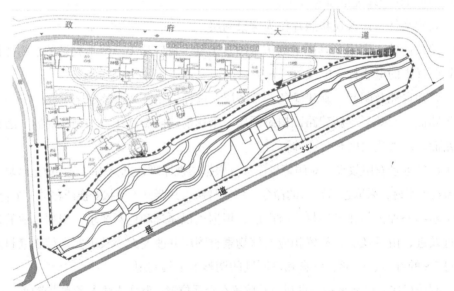

图 7-22　制作平面效果图区域的底层线框分层图（红虚线区）

二、导入 Photoshop

方法一：AutoCAD 打印为 .eps 文件

要打印 .eps 文件需要在打印机管理器中添加一个打印机，方法如下：

（1）打开 AutoCAD，选择绘图仪管理器。

（2）选择下一步→添加绘图仪→我的电脑→生产厂商（Adobe）→类型→ Postscript Level 1

（3）选择下一步→选择打印到文件。

（4）选择打印→选打印机，选所需要的图纸大小→打印。

打印后形成 .eps 文件，在 PS 中打开设定分辨率和图纸大小即可。

方法一：在 AutoCAD 里输出 *.eps 格式文件。

方法二：在 AutoCAD 里另存位图文件。

位图文件可选 *.bmp 和 *.tif 文件。

上述转化的 *.eps 、*.bmp 和 *.tif 格式文件，可以直接用 PS 打开。本例线框分层图导入 Photoshop 如图 7-23 所示。

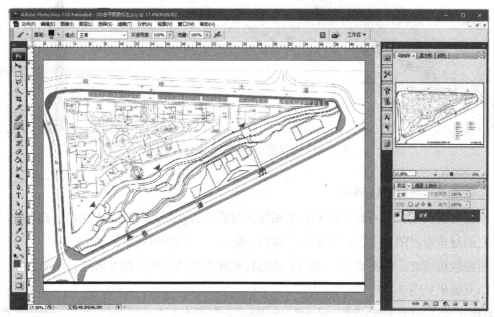

图 7-23　线框分层图导入 Photoshop

三、填充色块

填充面积大的部分，如草坪、建筑等大块的东西，要先确定图形整体的颜色倾向、色彩基调，才能在填充完成后，保证整体色调的谐调和美观。其中一个方法就是在网格上找一个自己满意的平面效果图，整体按该效果图的色彩基调进行配色和填色。

1.地被及水体大色块填充

（1）地被色块填充：新建不同图层，分别根据草坪、近岸植被等植被类型，建立选区，设置不同深度的绿色为前景色，并按选区在相应的图层填充前景色。如果植被色块类型多时，建议每个新增加的图层都作相应的命名。

（2）水体色块的填充：新建水体图层，填充蓝色。

填充效果如图 7-24 所示。

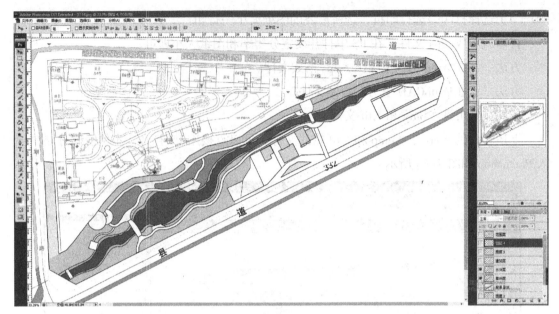

图 7-24 分层图中地被和水体填充色块

2. 道路及平台建筑区填充

平台材质填充：具有材质的平台采用贴入材质的方式填充材质，方法是：选择相应区域，复制材质素材图片，选择主菜单"编辑→贴入"，调整素材至铺满。

道路色块填充：根据要求，采用上述的材质或色块填充方式按要求进行填充。

填充效果见图 7-25。

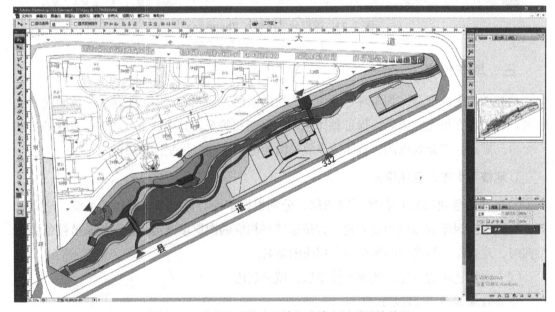

图 7-25 道路及建筑分层填色或填充材质后的效果

四、乔灌木配置及颜色调整

1.乔灌木配置

（1）配置乔灌木：新建乔灌木图层，拷入相应的乔灌木素材，采用框选，按 Alt 键 + 移动工具直接拖动复制至相应的位置。

（2）给图层加阴影：利用图层样式中的投影选项，设置阴影。

2.颜色调整

颜色主要体现在水体和整体关系上。由于水体不同区域反光不同，需要采用海绵工具进行局部减淡或加深，其中，岸边要适当加深，中部水域要适当减淡，同时通过亮度 / 对比度，或色相 / 饱和度对各个图层颜色进行调整，使整体协调。

乔灌木配置及阴影设置的效果如图 7-26 所示。

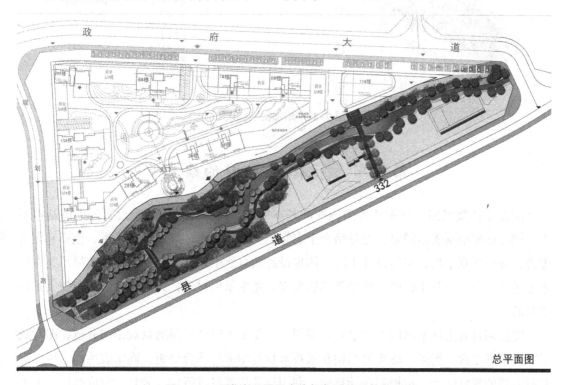

图 7-26　乔灌木配置及水体颜色调整后的效果

五、添加文字

完成绘制后，还需要添加道路名称、关键节点的名称等，如图 7-27。同时，效果图层完成后，宜加上比例尺、指北针、风玫瑰，以增加效果图的可读性和规范性。

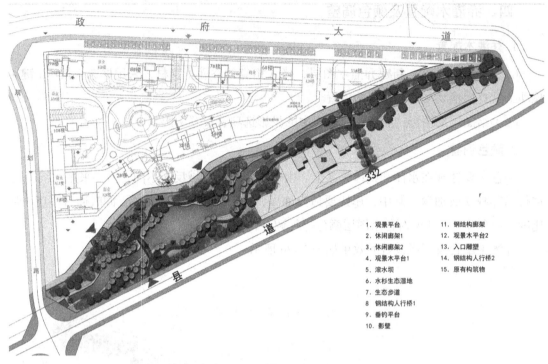

1. 观景平台
2. 休闲廊架1
3. 休闲廊架2
4. 观景木平台1
5. 滚水坝
6. 水杉生态湿地
7. 生态步道
8. 钢结构人行桥1
9. 垂钓平台
10. 影壁
11. 钢结构廊架
12. 观景木平台2
13. 入口雕塑
14. 钢结构人行桥2
15. 原有构筑物

图7-27 增加文字标识

第五节 立体效果图的绘制

绘制立体效果图，首先要遵循透视的基本原理，符合近大远小，近实远虚的基本要求。同时还要根据表达需要，充分结合生态学、美学等思想，综合运用光影、色彩和虚实配合，分明景观主次，突出设计主题，体现设计的自然生态理念。绘制立体效果图，在技术上还要把握4个基本原则，即先总体后局部，先主景后衬景，先近景后远景，先实景后虚景的。

要绘制符合上述要求的工程景观效果图，需要先进行效果图的景观结构分析，即对效果图的景观主次、远近、虚实等结构和景观素材类型进行综合分析，确定表达的主体思想和所需要的素材图片，再根据设计意向，利用软件将素材进行融合调整，形成画面。下面以一个景观湿地改造工程示例，该示例工程主要的工程目的是通过水生态及岸线生态景观的提升，打造适宜休闲观光的滨水岸生态景观。拟设计的改造效果如图7-28所示。

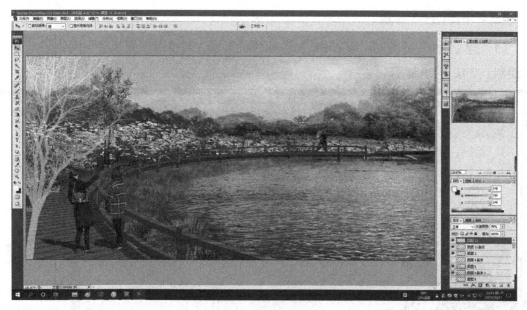

图 7-28　例图

一、绘图的景观结构分析

重点从 3 个方面分析：

（1）从景观主次、远近等方面分析：工程主景为湿地水面及栈桥，近景为栈桥、周边种植的树木、水面植物等，背景为远处的花草，天空等。

（2）从素材类型分析：绘图所需要的素材，栈桥、水面、植物（水草和花木）、人物、天空。

（3）从素材来源分析：水面、植物（水草和花木）、人物、天空等不具有特定性，可以从网上找到类似的素材通过 PS 抠图整合，栈桥则属于特定工程，也是主体工程之一，需要专门绘制，用 SU 软件绘制比较便捷。

二、准备素材

准备素材对绘制效果图十分关键，包括绘制特定素材和收集非特定的素材。

1. 绘制素材

在 SU 中绘制木栈道，并导出为图片，命名为"栈桥"。

2. 收集素材

（1）建立文件夹，打开该"栈桥"图片查找相关的树木、湖面、花草、天空等图片，在"素材"文件分图层打开备用。

（2）打开 PS 新建文件，命名为"素材"文件，打开相应的文件，建立图层，并抠图备用。

三、构筑主体场景

（1）建立 PS 栈桥图层，导入 SU 制作的栈桥素材，调整画布到足够空间供天空及背景绘制，如图 7-29 所示。

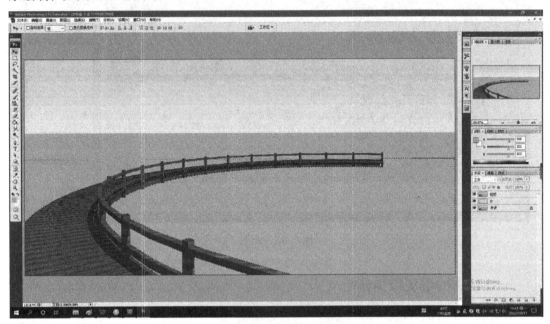

图 7-29　导入 SU 制作的栈桥素材图

（2）素材的贴入和填充：利用工具栏的选择工具，选择湖面区域，如图 7-30 所示。

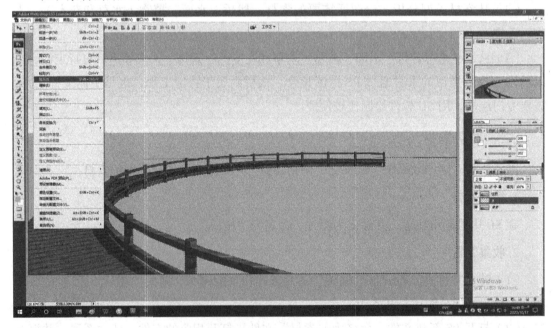

图 7-30　建立湖面区域选区

（3）在湖面区域内"贴入"湖水素材并变形填充。复制水景素材，并选择主菜单"编辑→贴入"，选择"编辑→自由变换"，将贴入的素材变形填满湖面，如图7-31所示。

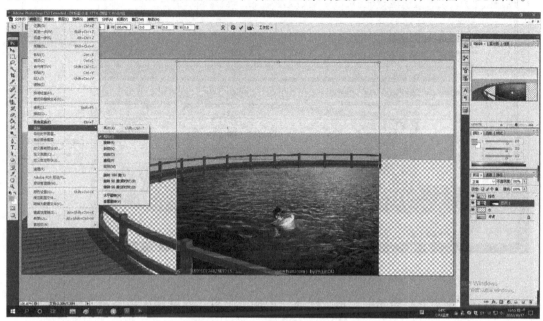

图 7-31　湖面选区贴入水景素材

（4）根据需要进行移动修整后，获得合适的湖面水体，如图7-32所示。

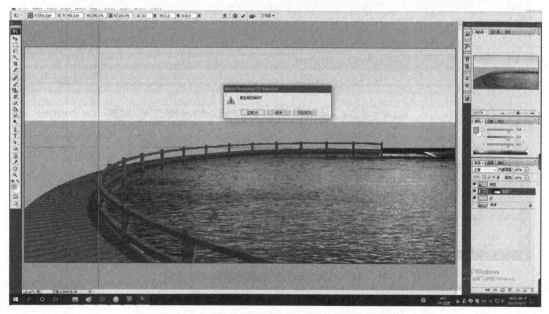

图 7-32　湖面水景素材变形并移动后填充的画面

（5）贴入水草层并建立蒙版：同样选择水面区域，采用"贴入"方式，粘贴水草素材。选择水草素材层，建立图层蒙版，如图7-33所示。

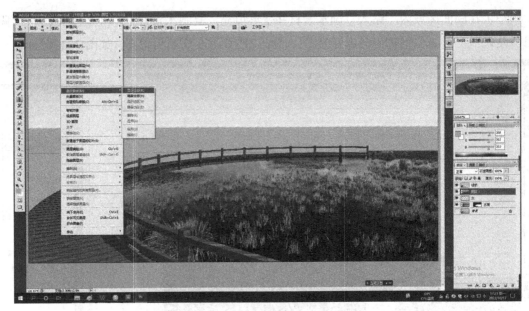

图 7-33　湖面选区再贴入水草素材

（6）调整湖面水草透明度：根据需要，用橡皮工具，在蒙版图层隐藏不需要的水草。设置画笔注意"不透明度"和"流量"，如图 7-34 所示。

图 7-34　湖面水草素材的图层蒙版处理效果

四、构建远景和天空

　　远景的构建根据地势选用带有类似植被的风景图片，通过剪切、抠图、缩放变换、图层融合等方式，组合成背景图片。本图采用带有成片白花及草地、具有地形的林草过渡带作为素材进行整合。

（1）新建"河岸 1"和"河岸 2"图层，从素材文件中，拷入花草、林带背景素材，如图 7-35 所示，同时，根据景观前后关系调整河岸和栈桥图层的顺序。

图 7-35　新建带花草、林带背景素材的河岸图层

（2）旋转图形：选择"河岸 1"图层，选择主菜单"变换"，旋转图片，调整至花被与所需要的河岸走向匹配，如图 7-36 所示。

图 7-36　图层的旋转变换

（3）根据地形要求整理"河岸1"图形：选择工具栏中的"橡皮擦"工具，擦掉素材图片中不需要的部分，并形成起伏的地形轮廓（图7-37）。

　📖 **提示：** 可利用工具栏中的海绵工具，减淡或加深草地的颜色，形成地形起伏效果。

图7-37　橡皮擦和海绵工具处理河岸1图层的效果

（4）整理"河岸1"花被：考虑成片花被的效果，需要将"河岸1"素材图片中白色花被复制扩大，方式有两种，一是用Alt+选框拖动复制，另一种是采用仿制图章工具复制，如图7-38所示。

图7-38　河岸1图层的花被复制后的效果

（5）缩放"河岸 2"林带素材：选择"河岸 2"图层，直接利用主菜单"编辑→变换"中的缩放工具，将林带拉伸至需要的宽度（"河岸 2"图层置于"河岸 1"图层之上），如图 7-39 所示。

图 7-39　缩放河岸 2 图层

（6）根据地形要求整理"河岸 2"图形：选择工具栏中的"橡皮擦"工具，擦掉该素材图片中不需要的部分，露出近岸的花草，并形成起伏的地形轮廓。同时，根据景观前后关系调整河岸和栈桥图层的顺序，如图 7-40 所示。

图 7-40　橡皮擦工具整理河岸 2 图层的效果

五、构筑衬景

由于草地和林带素材图片擦出的连线过于生硬，直接作为天际线边缘不自然，需要进一步柔化和虚化处理。主要方法是通过添加不同透明度的植物，由植物冠层重新构建具有层次感的天际线。

（1）远景和近景植物配置：新建乔、灌、草素材系列图层，拷入不同乔、灌、草素材，充分利用素材的冠层形状、质地和颜色，通过缩放变形，并根据远、中和近景顺序移至相应图层位置，形成天际线，以及缀中、近景植被。其中，中景和近景单株乔灌木须根据透视需要添加阴影，并保持光照方向等的一致性，如图 7-41 所示。

📖 **提示**：树景虚化的方法：远景植物可以直接调整图层的透明度，镜头前则可用颜色调整方法，先去色后反相，再调整透明度，将镜头前的树木虚化成白色半透明形式，增加画面的层次感。

图 7-41　远景和近景植物素材的处理与配置

（2）配置人群：选择适合场景的人物图像，放置在需要强调人物活动的位置，并根据透视关系调整大小，以及根据透视需要添加阴影，并保持光照方向等的一致性，如图 7-42 所示。

图 7-42 人物远近配置与阴影的处理

至此，效果图基本绘制完成。如果需要出图，可以合并图层，整体进行色彩调整至满意后输出。

六、调整光影及色彩

（1）添加天空素材：新建图层，直接拷入天空背景图片，缩放移动至合适位置。

（2）根据总体色调，调整人物、天空、植被等的颜色，形成明快的色调。

（3）合并图层，打印或另存为图片。

新建天空图层并调整颜色后的成图效果如图 7-43 所示。

图 7-43 成图效果图

本章练习

1. 网上分别查找一点、二点及三点透视视角的照片或风景图画，分析其消失点。

2. 找一张带云彩、天空和水彩的素材图片，采用主菜单"图像→调整→可选颜色"，分别将不同色彩滑块至正向满格后，比较调整效果。

3. 根据图 7-44 所示的村庄节点现状图及设计意向，重绘意向效果图。

图 7-44　例图（现状和设计意向）

参考文献

[1] 王长柳，陈娟 . 风景园林计算机辅助设计入门操作图解 [M]. 北京：科学出版社 , 2018

[2] 李波，等 . SketchUp 2016 草图大师从入门到精通 [M]. 2 版 . 北京：电子工业出版社 , 2017

[3] 谭荣伟，等 . 环境工程 CAD 绘图快速入门 [M]. 北京：化学工业出版社 , 2016

[4] 罗敏 . 环境工程计算机辅助设计 [M]. 北京：化学工业出版社 , 2012

[5] 黄海英，胡仁喜，等 . AutoCAD 2014 中文版实用教程 [M]. 北京：机械工业出版社 , 2013

[6] 张燕，胡大勇 . AutoCAD+Photoshop 园林设计实例 [M]. 北京：中国建筑工业出版社 , 2013